Azure コンテナ アプリケーション 開発

開発に注力するための実践手法

真壁　徹 Toru Makabe
東方雄亮 Yusuke Tobo
米倉千冬 Chifuyu Yonekura
谷津秀典 Hidenori Yatsu
阿佐志保 Shiho Asa
［著］

技術評論社

本書のサンプルプログラムについて

本書のサンプルプログラムは、下記のGitHubにて公開しています。

サンプルプログラムを提供しているリポジトリ
https://github.com/gihyo-book/azure-container-dev-book.git

本リポジトリをご自身のGitHubアカウントにforkしてご利用ください。詳しくは第2章で解説しています。本書に掲載するコードは可読性を高めるためimport文を省略したり、紙面の都合のためコードの途中で折り返したりしています。そのためサンプルプログラムを手もとで確認できるようにしながら読み進めることをお勧めします。

これからAzureを使い始める方へ

まずは無料アカウントを登録し、30日間使用できる200ドル(本書では米国ドル(USD)をドルと表記)クレジットを取得しましょう。

Azureの無料アカウントを使ってクラウドで構築
https://azure.microsoft.com/ja-jp/free/

第2部、第3部ではAzure PortalというWebベースのコンソールを使用するので、あらかじめブックマークしておくと便利です。また、Azureを最初から体系的に学びたい場合、無料のトレーニングサイトが役立ちます。

Microsoft Azure Portal
https://portal.azure.com/
Azureの基礎：Azureのアーキテクチャとサービスについて説明する
https://learn.microsoft.com/ja-jp/training/paths/azure-fundamentals-describe-azure-architecture-services/

本書の正誤表や追加情報について

本書の正誤表や追加情報は、下記の本書サポートページをご参照ください。

https://gihyo.jp/book/2023/978-4-297-13269-9

はじめに

近年、業界や規模を問わずさまざまな企業、自治体、銀行といった組織でDX（*Digital Transformation*）が注目され、インターネットや雑誌などのメディアやイベントでも事例が取り上げられるなど、盛り上がりを見せています。また、日本国内では、2020年より経済産業省では東京証券取引所、情報処理推進機構（IPA）の共同で、国内上場会社の中からDX銘柄、DXグランプリ、DX注目企業を選定、紹介する活動[注1]を毎年行ったり、2021年にはデジタル社会形成の司令塔としてデジタル庁が発足されたりといった状況から、DX推進を国策として後押しようとしている様子がうかがえます。

IPAによってDX推進の動向がまとめられた「DX白書2021」[注2]では、スピードや柔軟性が求められるDXの実現のための手法としてアジャイル開発、DevOpsなどが挙げられています。また、これらと親和性の高い「コンテナ」と「クラウド」、それを基に構成される「マイクロサービス」を採用した新しいITアーキテクチャの採用が望ましいと言及されています。以上のように、コンテナやクラウドは普及からそれぞれ10年前後経った今日でも、社会や多くの方々から期待されていると考えています。

以下は「DX白書2021」のマイクロサービス、その対比となるモノリシック[注3]の説明です。本書ではマイクロサービスの詳細までは触れませんが、サーバサイドでコンテナを利用するための前提知識として押さえておくとよいでしょう。

> それ以前のエンタープライズにおけるITシステムは、強力な一台のコンピューターに一つのプログラムを実行させるという考え方で作られていた。そのため、プログラムは業務単位でモノリシックな構造をとることが多かった。モノリシックとは「一枚岩」という意味で、各サブシステムが適切に分割されず密結合な状態となっている。そのため一部のサブシステムに変更を加えた場合のシステム全体に対する影響範囲を見極めることが難しく、システム改修時に影響調査やテストに時間がかかる、開発規模が大きくなり費用がかさむ、結果として頻繁なシステム改修が困難になる、などのさまざまな問題が発生しやすい。
>
> こうした課題を解決するために、一つのプログラムをより小さな機能の独立したプログラムの連携として記述しようというオブジェクト指向のプログラミング、ソフトウェア開発が登場した。その後、古い既存システムを分割して再利用性や汎用性を高める技術が流行した。
>
> こうした、独立したプログラム＝機能サービスが連携して一つのソフトウェアの全体を形作るというSOA（Service Oriented Architecture）などのコンセプトをより発展させたものとして、最近注目されているのが、マイクロサービスアーキテクチャーである。マイクロサービスアーキテクチャーとは、小規模かつ軽量で互いに独立した複数のサービスを組み合わせて、システムを実現するという開発コンセプトである。マイクロサービスアーキテクチャーの導入によってITシステム内部構造におけるアプリケー

注1　「デジタルトランスフォーメーション銘柄（DX銘柄）」https://www.meti.go.jp/policy/it_policy/investment/keiei_meigara/dx_meigara.html

注2　「第4部 DXを支える手法と技術 - DX白書2021」https://www.ipa.go.jp/files/000093702.pdf

注3　モノリシックは形容詞なので、例えばアーキテクチャという名詞を修飾して「モノリシックアーキテクチャ」のように使います。一方、モノリシックアーキテクチャやモノリシックアプリケーションは長いので、名詞の「モノリス」を用いる場合もあります。

ションの疎結合化を図り、個別のサービスの変更に伴う影響範囲を小さくすることにより、デプロイ（開発したソフトウェアを本番環境に配置し、利用可能な状態にすること）の柔軟性、拡張性を高める狙いがある。先に挙げた問題を低減されデプロイがやりやすくなると、システム開発のスピードが高まり頻繁な改修が可能になる。

——「第4部 DXを支える手法と技術 - DX白書2021」https://www.ipa.go.jp/files/000093702.pdf

マイクロサービスまたはモノリス、それともほかのものか……といった開発対象のアプリケーションのアーキテクチャの選定については、情報がまとまった別の書籍[注4]をご参照ください。

本書では、アプリケーションアーキテクチャの検討のあとの「開発」を加速、「運用」をしやすくするためにコンテナ、クラウドを活用した実践手法を扱います。いまこれを読んでいるそこのあなた！ あなたは本書の表紙を見て手に取ったり、またはAmazonや技術評論社のECサイトから本書の紹介ページにたどり着いたことでしょう。また、本書を開いていただいたきっかけは「コンテナ」「Docker」「GitHub Actions」「Azure」などのアプリケーション開発に関係するキーワードではないでしょうか。あなたがアプリケーション開発に関わる方であっても、そうでない方でも、本書はあなたやあなたの周囲の方々の開発の効率化に役立つでしょう。そう信じて読むことが大切だと私は思います。

対象読者

特にこれらに該当するエンジニア、リーダーは、読むかどうかを悩む前にいますぐ試し読みしてみてください！

- **開発・運用の効率を上げたいWebアプリケーション開発に関わる方（コンテナの使用経験、インフラ構築・運用の経験は問いません）**
- **コンテナについて学びたい、あるいは学んでいて、そのしくみというよりは活用方法を知りたい方**
- **DevOpsやアジャイル開発などを検討中、あるいは実施中で、開発スピードを上げたい方**
- **アプリケーションの開発環境の構築や管理をしている方**
- **エンジニア不足で困っている開発現場をリードする方**
- **複数プロダクトを抱えている忙しい方**

注4　Mark Richards、Neal Ford著／島田浩二訳『ソフトウェアアーキテクチャの基礎 —— エンジニアリングに基づく体系的アプローチ』オライリー・ジャパン、2022年

本書の特徴

本書を読むことで以下の知識を身に付けられます。

- **コンテナを使った開発環境構築の方法**
- **コーディング、ビルド、テスト環境としてVisual Studio Code＋Remote Container拡張の使い方**
- **コンテナアプリケーションの運用負担を軽減するクラウド(Azure)のサーバレス、フルマネージドなコンテナサービスの使い方**
- **回復性および可観測性のあるコンテナアプリケーションを開発する指針**

なお、本書は技術評論社の『WEB+DB PRESS Vol.126』の特集として掲載された「実践コンテナ活用」の内容をベースに、詳細な説明の加筆や最新の状況を踏まえたトピックの変更を行っています。

謝辞

本書の出版にあたり多くの方々にお世話になりました。本書のベースとなったWEB+DB PRESSの読者の方々、筆者一同の執筆期間中またはエンジニア人生において指導や助言をくださった方々や成長の機会を与えてくださったお客様、さらには参考となる情報を公開されている世界中のエンジニアの方々など、できることなら時空を超えて直接全員にお礼をお伝えしたいところですが、この場を借りて心より御礼申し上げます。また第3部の執筆にあたり、いつも優しくアドバイスをくれたロジ子さんことMicrosoftの西川彰広氏に心から感謝いたします。

技術評論社の菊池猛さんをはじめ本書の制作にかかわった方々には、制作全般の作業に加えて執筆の進め方のご提案や内容のレビュー、タスク管理など、様々なサポートをいただきまして誠にありがとうございました。私には初めてのことばかりでしたが、菊池さんのきめ細やかなサポートのおかげで進め方でつまづくことはなく、執筆に集中することができました。

筆者の真壁さん、東方さん、谷津さん、阿佐さんには執筆作業全般で大変助けられ、そして私自身の学びにもなりました。真壁さんには技術面全般や共同作業の進め方など、様々な場面で大変参考になるアドバイスをいただきました。東方さんにはベースイメージの選定やサンプルアプリの作成、デプロイ周りのトラブルシューティングなど幅広くご対応をいただきました。谷津さんには製品のサポート終了に伴い急ぎの対応が必要となったにもかかわらず、柔軟にご対応いただきました。阿佐さんには、テーマとして正式リリースしたばかりの製品を前向きに採用し、魅力が伝わるようなストーリーにまとめていただきました。

最後に、なかなか起きない私を粘り強く起こしてくれた妻、絵本を書いていると思って応援してくれたともちゃん、どうもありがとう！

筆者代表 米倉 千冬

目次

第1部

コンテナ技術の概要と動向、コンテナを活用したアプリケーション開発ワークフローを学ぶ

第1章 アプリケーション開発者のためのコンテナ技術

開発の道具や環境がパッケージ化でき、開発スタイルに頻繁なリリースと迅速なデプロイをもたらす

コンテナは古くからある抽象化、分割のための技術です。ここ数年で脚光を浴びた理由は、Dockerがコンテナをアプリケーション開発者が使いやすいように再定義したからと言えるでしょう。しかし普及に合わせインフラ、基盤目線での議論が目立つようになり、注目されるきっかけであったアプリケーション開発者にとっての利点がないがしろになっているように感じます。そこで本書では、アプリケーション開発者目線でその価値を、動向や活用例を交えて見なおします。

本書の構成を紹介します。第1部ではコンテナ技術の概要と動向を整理し、コンテナを活用したアプリケーション開発ワークフローを体験します。続いて第2部からは、サンプルアプリケーションをクラウドで動かし、理解を深めていきます。第2部ではシンプルなコンテナアプリケーションの実行に適したAzure Web App for Containersを利用します。そして第3部では、コンテナ実行基盤の事実上の標準であるKubernetesをベースとしたAzure Container Appsで、マルチコンテナアプリケーションを動かします。異なる実行環境を知り、比べることで、コンテナの利点や活用にあたっての課題を、よりイメージしやすくなるでしょう。

1.1 いまアプリケーション開発者が抱える課題

世界はネットワークでつながり、行き交う情報は人々の行動に早く、強く影響するようになりました。いまやITは社会やビジネスを支えるしくみとして不可欠です。アプリケーション開発者は変化への追従を求められ、さまざまな課題を抱えています。

1.1.1 » 頻繁なリリースと迅速なデプロイ

筆者は多くの企業、公共システムに携わってきましたが、従来、機能変更の周期やライフサイクルは数ヵ月、数年でした。しかし、社会やビジネス環境が激しく変わる現在、そのしくみを支えるソフトウェアも変化を強いられています。その結果、アプリケーションの頻繁なリリース、迅速なデプロイを求められるようになりました。毎日、毎週デプロイしているシステムも珍しくありません。

1.1.2 » 道具、環境の多様化

アプリケーションを作り、動かす道具や環境も変化しています。OSS(*Open Source Software*)やクラウドのマネージドサービスの浸透により、コンポーネント指向が強くなっている印象があります。道具も環境も、ゼロから作るのではなく、すでにある部品を組み合わせるアプローチです。そして、その部品が多様です。流行り廃りもあり、キャッチアップに苦労します。

◆プログラミング言語

プログラミング言語の習得やノウハウの蓄積には時間を要します。よって組織では優先する言語を決め、標準言語とするのが一般的でしょう。しかし、やりたいことがすでに実現されている、あるいは楽ができるOSSが存在するなら、どうでしょうか。標準言語ではなくとも採用したくなりますよね。たとえば、標準言語はJavaやC#だが、機械学習用途では豊富なOSSエコシステムを期待してPythonを使う、というパターンです。

また、同じ言語であっても、バージョンの多様性に苦しむことがあります。みなさんもプロジェクトの移行期やかけ持ちする際、端末内でバージョンが混在しないよう、nvm(*Node Version Manager*)[注1]やvenv[注2]などで分離しているのではないでしょうか。このようなツールや手段にも流行り廃りがあります。筆者は新しい環境を準備するたびに「今、この言語とそのエコシステムではどのようなやり方が推奨されているか」を確認しますが、いつも面倒に感じます。

◆ツール

コーディング、テスト、リリースの手法と、それを支える道具も多様化しています。みなさんのチームで使っているエディタやIDE(*Integrated Development Environment*、統合開発環境)、テストライブラリ、CLI(*Command Line Interface*)など、開発に必要なツールはいくつありますか? 新メンバーの端末セットアップに何時間かかりますか? また、時間の経過とともに、環境は汚れていくものです。チームで同じバージョン、依存関係を維持するために、日々苦労、工夫していることでしょう。

◆実行環境

本書では、システムの使い手に対し直接的に価値を提供する環境を「実行環境」と呼ぶことにします。いわゆる本番、商用環境がそれにあたります。

開発環境だけでなく、実行環境も多様化しています。その背景には、先に述べたコンポーネント指向とクラウドの普及があります。サーバの存在を強く意識することなくアプリケーションを実行できるサーバレスサービスなど、クラウドのマネージドサービスがその代表例です。マネージドサービス

注1　https://github.com/nvm-sh/nvm
注2　「venv --- 仮想環境の作成」https://docs.python.org/ja/3/library/venv.html

の制約やルールを受け入れることで、高いリソース効率や生産性が期待できます。制約を受け入れられる部品はマネージドサービスを、そのほかでは仮想マシンを使う、というパターンは一般的になりました。

このパターンでアプリケーション開発者は、マネージドサービスの特徴と制約を学ぶ必要があります。また、仮想マシン、OSを複数のアプリケーションで共有して動かす場合は開発環境と同様、言語やバージョンの混在をコントロールしなければなりません。軽くない負担です。

1.1.3 » 役割分担とコラボレーション

フルスタックエンジニアという概念がありますが、筆者は懐疑的です。常人が、ここまで述べたような変化に追従し、多様な技術を網羅するのは難しいと考えるからです。しかし、OSSやクラウドを活用し、役割の壁は越えやすくなりました。アプリケーション開発者がアプリケーションに必要なネットワーク設定を行ったり、インフラ技術者が回復性検証のためプロトタイプアプリケーションを開発したりすることは珍しくありません。

一方で、お互いにそれを期待して自発性を失う「お見合い」状態が、検討や実装の漏れにつながってしまうこともあります。また現在は、ハードウェアをソフトウェアでコントロールしたり、ソフトウェア機能をハードウェアにオフロードして性能を上げるなど、システムの構成要素をレイヤ化しにくい「レイヤバイオレーション」の時代です。インフラ技術者との間に、責任分解のきれいな線を引くのは難しくなっています。アプリケーション開発者の役割と他チームとのコラボレーションは、組織の数だけ答えがあります。

1.2 コンテナで解決した課題、見過ごされた価値、新たに生じた／複雑化した課題

ではコンテナは、アプリケーション開発者の抱えるこれらの課題を解決したのでしょうか。

1.2.1 » コンテナ技術の概要と特徴

コンテナのしくみについてはWeb上に多くの情報があり、良質な書籍[注3]もあります。よって詳細な解説はそれらに譲り、ここでは概要と特徴をまとめます。本書を読み進めるうえで理解すべき仕様や内部構造は、次章以降で必要に応じて解説しますので、ご心配なく。

注3　徳永航平著『イラストでわかる DockerとKubernetes』(Software Design plusシリーズ)技術評論社、2020年

なお、コンテナを操作するインタフェースやランタイムは、Dockerを前提とします注4。

◆概要

図1.1に、コンテナ技術を構成する要素を整理しました。

図1.1 コンテナを構成する要素

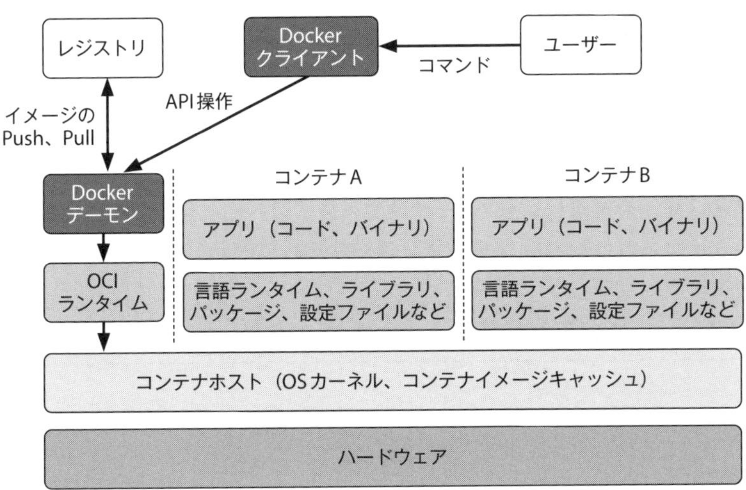

ハイパーバイザによる仮想マシンとは異なり、コンテナはOSカーネルを共有します注5。大雑把に言うと仮想マシンはハードウェアを、コンテナはOSカーネルを仮想的に分割したものです。そして、それぞれのコンテナは、アプリケーションとその実行に必要なランタイムやライブラリを個別に持てます。

◆分離しやすい

まずわかりやすい特徴は、アプリケーションの分離のしやすさです。コンテナへアプリケーションが必要とする言語ランタイムやライブラリを閉じ込められるため、ほかのアプリケーションの都合を気にする必要がありません。もちろん仮想マシンでも分離は可能ですが、コンテナでは、より軽量に実現できます。仮想マシンでは贅沢だったアプリケーションやプロセス単位での分離は、コンテナではむしろ推奨されます。

◆再現しやすい

環境によってアプリケーションの動作が異なる、テストした機能が再現しない、という経験はない

注4　Podman、containerdなど代替実装も本格化しています。検討する際は、Dockerとの実装や実現範囲（ランタイムレベル高／低）の違いを意識しましょう。

注5　軽量VM（*Virtual Machine*、仮想マシン）などを利用してOSカーネルを共有しない方式もあります。

でしょうか。その原因が言語ランタイムやライブラリ、OS設定など依存リソースの違いだったことはありませんか。コンテナはアプリケーションを依存リソースとともにイメージにまとめるため、再現性が高いです。

◆デプロイが速い

軽量な分割技術に加え、コンテナイメージのキャッシュ、共有によりコンテナ作成時間、つまりアプリケーションのデプロイ時間を短くできます。同じコンテナホストで動くほかのコンテナが対象イメージをすでにpullしている場合に、再度ダウンロードする必要がないからです。

◆デプロイが容易

環境の違い、例外、実行者のスキルを考慮してデプロイ手順やスクリプトを作るには相応の時間と手間を要します。Dockerコンテナであれば`docker run`コマンドを実行するだけです。

1.2.2 » Build/Share/Run —— コンテナが価値を生むまでの流れ

図1.2は、コンテナが価値を生むまでの流れです。Docker社はBuild/Share/Run[注6]と表現しています。

図1.2 コンテナが価値を生むまでの流れ

◆Build

コンテナイメージをビルドします。`Dockerfile`にベースとするイメージ、含めるアプリケーションやファイル、ライブラリなど必要情報を記述し、`docker build`コマンドを実行します。

◆Share

コンテナイメージをレジストリへpushし公開、共有します。公開レジストリとしてDocker Hubが広く知られていますが、プライベートレジストリを作ることもできます。マネージドサービスも多数あります[注7]。

注6 Build/Ship/Runと表現する時期もありましたが、2021年時点ではShareとしています。https://www.docker.com/

注7 Microsoft Azure、AWS(*Amazon Web Services*)、Google Cloudなど大手パブリッククラウドサービスはそれぞれコンテナレジストリサービスを提供しています。

◆Run

レジストリからイメージをpullし実行します。拡張性や可用性を担保したい場合は、コンテナオーケストレータと呼ばれる基盤上で動かします。Kubernetesはその代表例です。

1.2.3 » 解決した課題

これらコンテナの持つ特徴は、アプリケーション開発者の抱える課題を解決する助けとなりました。

◆頻繁なリリースと迅速なデプロイ

アプリケーションを頻繁にリリースしても、実行環境へのデプロイが長時間にわたるリスクの高い作業であれば、そこがボトルネックになります。せっかくリリースしたアプリケーションや機能が、価値を生み出しません。テプロイが速く容易、再現性も高いというコンテナの特徴がこのボトルネックを解消します。また失敗した場合には、元の状態に戻しやすいです。

◆道具、環境の多様化（実行基盤）

コンテナはサーバへDockerを導入すれば使えます。また、クラウドのマネージドサービスも、コンテナをサポートするケースが増えてきました。本書の後半で紹介するAzure Container Apps、Azure Kubernetes ServiceやWeb App for Containersはその例です。もちろん周辺機能やサービスとの統合など、コンテナの外のしくみの違いを意識する必要はあります。しかし、アプリケーション開発者が実行環境の差異を吸収するために費やす労力は、従来と比較して軽くなりました。

1.2.4 » 見過ごされた価値

ですが、課題解決の助けとなる可能性がありながら、見過ごされた価値もあります。

◆道具、環境の多様化（プログラミング言語、ツール）

実行環境で多様なアプリケーションを動かすのであれば、アプリケーションを開発する環境も多様化します。ですが、アプリケーションごとに開発端末がある、というケースはまれでしょう。実行環境をコンテナで分離しているのに、そのうえで動くアプリケーションは「汚れた」環境で開発してしまいがちです。

もちろん、コンテナはアプリケーション開発環境でも活用できます。しかし、Build/Share/Runのうち、後半のShare/Runへの期待が強く先行した場合に、その価値を見過ごしがちです。基盤の視点、利点でコンテナの採用を決めた、というケースで散見されます。

Build＝コンテナイメージのビルド、と連想しやすいので、そこに至るまでのコーディングやテストがぼやけているのも理由の一つでしょう。これらアプリケーション開発で行うことをDevelopとし、

Develop/Build/Share/Runと定義しておけば、価値が見過ごされなかったのではないか、と筆者は考えています[注8]。

1.2.5 ≫ 新たに生じた／複雑化した課題

課題の解決によって、新たな課題が生まれることがあります。コンテナでもそうです。

◆学習コスト

コンテナ自身についてはもちろん、オーケストレータや周辺ツール、エコシステムの学習コストついても考慮する必要があります。特にKubernetesは機能豊富、かつ活発に開発されているため、習熟と追従に苦労している、という話をよく見聞きします。マネージドサービスの利用である程度は緩和できますが、それでも筆者は「学習コストが小さくなった」とは言えません。

また、アプリケーションで意識すべきこともあります。一時的な不具合から回復するためのリトライが代表的です。リトライは従来からある概念ですが、これまで安定した環境を暗黙の前提として実装に至らず、意識していない、もしくは未経験の開発者が多い印象です。しかし、コンテナの利用においては強く意識すべきです。詳しくは第3部で説明します。

道具や基盤ですべてを解決できるわけではなく、使い手の理解や知識も必要です。今後、より使いやすい道具やサービスの登場を期待すると同時に、使い手目線でより理解しやすい情報、そして浸透する時間が必要でしょう。本書がその助けになることを願っています。

◆役割分担とコラボレーション

仮想マシンであれば、その作成や維持はインフラ技術者にお願いできたでしょう。しかし、コンテナではどうでしょうか。Kubernetesのマニフェストが典型例です。マニフェストにはコンテナに必要なCPUやメモリの量、ネットワークの制限、実行権限などを記述します。では、アプリケーション開発者はマニフェストを主体的に書くべきでしょうか？

また、CI（*Continuous Integration*、継続的インテグレーション）/CD（*Continuous Delivery*、継続的デリバリ）パイプラインに代表されるワークフローの作成と維持も役割分担が悩ましいです。アプリケーション開発チームがオーナーとなるべきでしょうか？ それともインフラチームでしょうか？ コンテナに限った話ではありませんが、コンテナの採用に合わせてワークフローを整備するケースは多く、課題となりがちです。

注8　Developのためのコンテナを Build/Share/Runするため、再帰的でわかりにくいかもしれませんが……。

1.3 コンテナ活用の幅をアプリケーション開発（Develop）まで広げよう

筆者はコンテナの見過ごされた価値に光を当て、活用の幅を広げていただきたいと考えています。また、新たに生まれた課題の中には、コンテナを使って解決できるものがあります。

1.3.1 ≫ Develop/Build/Share/Run —— アプリケーション開発を支えるコンテナ

先に述べたお勝手なコンセプトではありますが、コンテナが価値を生む流れを、Develop/Build/Share/Runととらえなおすと、コンテナ活用の幅がアプリケーション開発へと広がります。

◆開発環境（コーディング、ビルド、テスト）

筆者は仕事柄、複数のプロジェクトに参加しています。ですので、端末にはプロジェクトごとに分離された環境が欲しいです。そこでコンテナを活用し、できる限りコンテナにそれぞれの環境を閉じ込めるようにしています。プロジェクト参加時のセットアップ、アップデートを早く、楽に行えますし、トラブルシューティングにおける環境の再現にも重宝します。また、コンセプト実証段階で、使い捨ての環境を作るときにも便利です。

なお、アプリケーションをコンテナ化しないプロジェクトでも、コーディングとビルド、テスト環境にコンテナは活用できます。つまり、コンテナはDevelopにおける利用だけでも価値を生みます。言語ごとに固有の分離ツールを学び、追従するよりも、コンテナで分離したほうが楽、と考える開発者は少なくないでしょう。

GitHubの開発者は環境のセットアップを10秒で終わらせる?

2015年、GitHubは「Scripts to Rule Them All」というブログ記事を公開しました[注9]。GitHubの開発者が端末環境を準備するには、リポジトリをcloneし、スクリプトを流すだけで済む、という話です。そして2021年、さらなる進化を「GitHub開発チームでのCodespacesの利用」で紹介しています[注10]。GitHubの提供するサービスGitHub Codespacesを使って、GitHub社員自身がいかに開発環境の課題を解決したかが述べられています。

GitHub Codespacesを支える主な技術要素は、クラウドとコンテナです。クラウドにより、ブラウザがあればどこからでも開発環境にアクセスできるようになりました。また、必要に応じ、クラウド上の高スペックマシンを使えるようにもなりました。そしてコンテナです。開発に必要なランタイムやライブ

注9　https://github.blog/2015-06-30-scripts-to-rule-them-all/
注10 https://github.blog/jp/2021-08-30-githubs-engineering-team-moved-codespaces/

ラリ、ツールの95%がすでに含まれた、設定済みのコンテナイメージを使って開発環境のコンテナを作成することで、Gitのcloneとスクリプトでは45分かかっていたところを、5分に短縮しました。さらにはリポジトリをcloneしたプールを事前に作っておくことで、環境を10秒で整えられるようになりました。

記事には「Codespacesでは、開発環境をインフラと同じように、交換可能なコモディティとして扱うことができると考えました」とあります。継ぎ足し継ぎ足しでゼロから作りなおせない「秘伝のタレ」のような開発環境を維持するのではなく、再現性のある環境を必要に応じて作るわけです。コンテナ技術がそれを支えています。

◆ワークフロー

開発のさまざまなタスクを自動化するワークフローでもコンテナは活用できます。GitHub Actionsがその代表例です。GitHub Actionsではビルド、テスト、静的解析などさまざまな「アクション」を実行できます。アクションはパブリックリポジトリに公開されているものを利用するだけでなく、カスタムアクションを作ることもできます。アクションを直接ランナーで動かすにはJavaScript(Node.js)で書く必要がありますが、Dockerコンテナもサポートされているため、JavaScriptに不慣れであったり、別言語で書かれたツールをアクション化したい、というニーズにも対応しています。

なお、ワークフローのアクションを実行するランナーは、常時動かす必要がありません。コードリポジトリへのpushやPull Requestなど何らかのイベントをトリガとして動かし、終了後に削除するのが一般的です。つまり実行ごとにアクションを作りなおすわけですが、コンテナの再現性やデプロイの速さ、容易さが活きるユースケースと言えるでしょう。

1.3.2 » コンテナを使ったアプリケーション開発に必要な要素とエコシステム

では、アプリケーション開発でコンテナをどのように活用するのでしょうか。もちろん都度docker runコマンドを打って、CLIで開発しよう、と言っているわけではありません。コードや言語ランタイム、依存リソースをコンテナにまとめるだけでなく、アプリケーション開発に必要な要素や機能を含める、もしくは連携しなければ、開発体験はむしろ悪いものになってしまいます。

図1.3に、コンテナを使ったアプリケーション開発で求められる要素を整理しました。

図1.3 コンテナを使ったアプリケーション開発で求められる要素

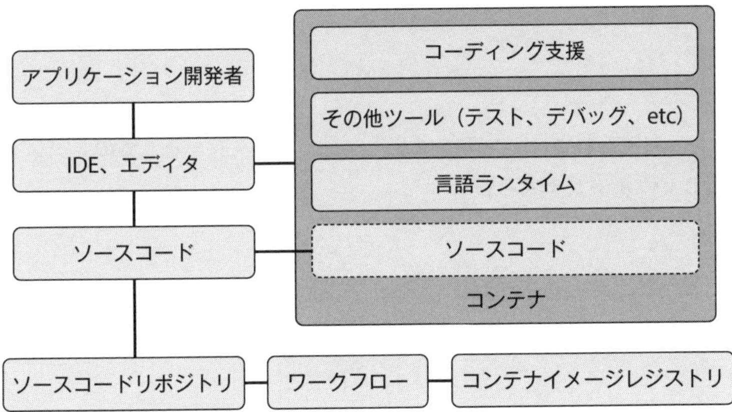

◆コーディング支援(コード生成、補完、フォーマット)

いまや多くの開発者が、IDEやエディタのプラグイン、Language Server注11が提供する、コードの生成や補完、フォーマットツールを利用しています。筆者も活用していますが、なかった時代に戻れないと思うほど便利です。コードや言語ランタイムをコンテナに閉じ込めた場合でも、IDEやエディタと連動してくれないと困ります。

◆テスト

変化していくアプリケーションの品質を担保する重要な要素は、テストです。変更を加えた場合に、気軽に、頻繁にテストを実行できるようにすべきです。コンテナ化したことで、テストが面倒になってはいけません。

なお、テストの際にアプリケーションが依存するリソースのモックを作りたい、というケースはよくあります。データベースが典型的です。ですが、モックはそれ自身の開発や維持をしなければならず、負担になることがあります。もし本物のデータベースをコンテナで早く楽に作れるなら、そのほうがよいですよね。

◆デバッグ

デバッグもテストと同様です。非コンテナ環境と同様のデバッグができなければ、採用に二の足を踏んでしまうでしょう。

◆ワークフロー(テスト、静的解析、成果物のビルドやリリース)

ワークフローでは、非コンテナアプリケーションと同様のテスト、コードの静的解析、成果物のビ

注11 「What is the Language Server Protocol?」https://microsoft.github.io/language-server-protocol/overviews/lsp/overview/

ルド、リリース処理などが求められます。加えてコンテナで動かすアプリケーションであれば、コンテナイメージのビルドも合わせて必要です。

◆成果物の公開と共有

コンテナで動かすアプリケーションであれば、コンテナイメージを公開、共有するためのレジストリを準備し、成果物をpushするしくみがいります。

1.3.3 » 代表的な実装

ではこれら必要な要素を実現するための、本書でも使用する代表的な製品やサービス、OSSを紹介します。

◆コンテナ実行環境、周辺ツールとのつなぎ:Docker Desktop

まず、開発端末でコンテナを利用するしくみですが、Docker Desktopが代表的です。Windows、macOS、Linuxに対応しています。後述するVisual Studio Codeとの連動など、アプリケーション開発者の体験を良くするしくみを有しています。

◆コーディング支援、テスト、デバッグ:Visual Studio Code

Visual Studio Code(以降、VS Code)には、Remote Development(以降、リモート開発)というVS CodeのUI(*User Interface*)と、デバッガや拡張機能などの実行環境を分離するしくみがあり、Dockerコンテナをサポートしています。この機能はVS Codeリモート開発のコンテナ拡張、と呼ばれます。このしくみにより、コンテナ内で言語向け拡張の実行、テスト、デバッグが可能です。次章で詳しく説明します。

Docker Desktop利用規定変更の影響

Docker社は2021年8月31日に、Docker Desktopのサブスクリプション規約を更新しました注12。無償のPesronalサブスクリプションを利用できる範囲を、

- **個人利用**
- **もしくは、従業員が250人より少なく、かつ売り上げが1000万ドルより小さい企業**

に限定し、そのほかは有償サブスクリプションが必要、という内容です。個人での学習が目的であれば心

注12 「Docker is Updating and Extending Our Product Subscriptions」https://www.docker.com/blog/updating-product-subscriptions/

配無用ですが、企業に所属している場合、自分の使い方がその条件に該当するのか不安ですよね。FAQ[注13]でさまざまなケースに言及しているため、一読をお勧めします。

たとえば、「自分が所属する企業は条件に該当する規模だが、企業の一員ではなく個人としてOSSへの貢献を行う」というケースは、無償サブスクリプションを利用できます。以下、FAQからの引用です(2022年7月時点)。

> If I use Docker Desktop to contribute to any open source project (commercial or non-commercial) in my individual capacity, do I need a paid Docker subscription?
> (筆者訳)Docker Desktopを使用し、個人としてOSSプロジェクト(商用、非商用問わず)に貢献する場合、有料のDockerサブスクリプションが必要か?
> No. You do not need a paid Docker subscription for using Docker Desktop to contribute to any open source project in your own individual capacity. You may use Docker Desktop for free with a Docker Personal subscription.
> (筆者訳)いいえ。Docker Desktopを使用し、個人としてOSSプロジェクトに貢献する場合、有償のDockerサブスクリプションは不要です。Personalサブスクリプションで、Docker Desktopを無償使用できます。

アナウンスが唐突であったため、ネガティブな反応が目立ちました。しかし、ソフトウェア開発者は霞を食べて生きているわけではないため、何らかのマネタイズは必要です。Docker社のビジネス継続を願った、肯定の声も少なくありませんでした。

ところで、Docker Desktopの代替はあるのでしょうか。実は、Docker Desktopの価値は端末、デスクトップOSでDockerを簡単に動かせるだけではありません。加えて、Windows、macOSからVS Codeのリモート開発機能を使う場合に、その導入が前提条件となるソフトウェアでした。Docker Desktopのない環境では、VS Codeのリモート開発機能と、そのコンテナ向け拡張が動かなかったのです。この制約はアプリケーション開発体験に大きく影響します。よって代替案を考えにくい、という状況が続きました。

しかし、状況は一変します。その後VS Codeのリモート開発機能、コンテナ拡張が、SSH接続したリモートホストをサポートしたのです。詳細は、次の章で解説します。

Docker Desktopを採用するか、それとも代替方式にするか。コストなど定量的な基準は大事ですが、アプリケーション開発者の体験も重要な判断ポイントです。ぜひ試したうえで判断してください。

◆ワークフロー、成果物の共有と公開:GitHub

前述のとおり、GitHub ActionsはDockerコンテナをアクションとして動かすことができます。公開されているアクションは豊富で、自分で作成することもできます。また、コンテナレジストリサービス(*GitHub Container Registry*)も提供しているため、Build/ShareをGitHubだけで完結できます。

注13 「Docker FAQs」https://www.docker.com/pricing/faq

1.4 まとめ

本章では、コンテナ技術の概要と動向を、アプリケーション開発者の目線で紹介しました。アプリケーション開発者の抱える課題を、コンテナがどのように解決するかをイメージできたでしょうか。次の章では、Developにコンテナを活かす方法と、コンテナアプリケーション向けのワークフロー例を紹介します。手を動かしながら理解を深めていきましょう。

コンテナ活用で変わる開発体験 ——Dev Container、GitHub Actions

コーディングからリリースまで、流れを体験しよう

コンテナを活用したアプリケーション開発の流れを体験してみましょう。本章では、Javaのシンプルな Webアプリケーションを題材に、コーディング、デバッグ、テストをコンテナの中で行います。加えて、GitHub Actionsを活用したCI(*Continuous Integration*、継続的インテグレーション)、リリースワークフローも解説します。GitHub Actionsでテスト、コンテナイメージのセキュリティスキャン、リリースを試しましょう。

なお、本章でサンプルコードリポジトリの取得、ワークフローやコンテナレジストリで利用するGitHubのセットアップを行います。次章以降のハンズオンにも必要な作業ですので、意識して読み進めてください。

2.1 開発環境をコンテナ化する選択肢、作成パターン

コンテナを活用した開発環境には、いくつかの選択肢、作成パターンがあります。ハンズオン環境を作る前に、その概要を説明します。どのパターンが、みなさんが利用できる端末やサービスの条件、制約に合うか、また、好みかを考えながら読んでください。

なお、本章ではVisual Studio Code(以降、VS Code)を利用します。VS Codeのほかにも、アプリケーション開発で広く使われているIDEやエディタはあります。ですが、VS Codeは後述するリモート開発やDev Containerなど、開発環境でのコンテナ活用をリードする存在と言ってよいでしょう。

現在VS Codeを利用していない場合には、ぜひ検討の機会としてください。もし利用しない、できない理由があれば、次のテーマまでは参考程度に読み流していただいてかまいません。本章の後半のテーマであるGitHub Actionsを活用したCIとリリースのワークフローは、VS Codeを前提としません。

2.1.1 » VS CodeのリモートUI開発機能によるUIの分離とそのメリット

まず前提知識として、VS Codeのリモート開発機能を説明します。この機能は公式ドキュメントで

「VS Code Remote Development」[注1]と表現されています。端的に言うと、VS CodeのUI(*User Interface*)部分を分離し、ほかの機能を別のOSやマシンで実行可能にするしくみです。ほかの機能とは、言語ごとの拡張機能、ターミナルプロセス、デバッガなどです。開発環境の本体と呼んでよいでしょう。

リモート開発機能には、以下のような喜びがあります。

- **エディタの操作や日本語入力環境などのUIは、端末のOSで実行(Windowsや macOS):慣れた環境でうれしい**
- **リモート開発環境は、本番環境と同じOS(例:Linux)を、端末内に仮想マシンとして作成:本番と一貫性があってうれしい**
- **ビルドやテストに時間がかかる開発では、リソースの豊富なサーバ上にリモート開発環境を作成:早く終わってうれしい**
- **端末と開発するアプリケーションのCPUアーキテクチャが違ってもよい(amd64/arm64など):端末を何台も持たなくてよい**
- **端末の移動や別端末からの利用など、接続元のネットワークが変わっても、同じ環境で開発を継続:どこでも開発できてうれしい**

リモート、という名前が付いていますが、リモート開発環境の配置先は離れた場所に限りません。仮想化技術などを活用し、端末内にUIと開発環境を同居できます。

さて、勘のよい読者のみなさんは気付いておられるかもしれません。そうです。このリモート開発環境の作成や維持に、コンテナ技術を活かします。

2.1.2 » リモートOSの選択肢

UIを動かす環境をローカルOS、開発環境の配置先をリモートOSとします。リモートOSや接続方式に応じ、いくつかの選択肢(拡張機能)があります。

- **Dev Container 拡張機能**[注2]
- **Remote - SSH 拡張機能**[注3]
- **WSL(*Windows Subsystem for Linux*)拡張機能**[注4]
- **GitHub Codespaces**[注5]
- **VS Code Server**[注6]

以降、「Remote - 」は省略します。

注1 https://code.visualstudio.com/docs/remote/remote-overview
注2 「Dev Containers」https://code.visualstudio.com/docs/devcontainers/containers
注3 「Remote - SSH」https://code.visualstudio.com/docs/remote/ssh
注4 「WSL」https://code.visualstudio.com/docs/remote/wsl
注5 https://code.visualstudio.com/docs/remote/codespaces
注6 https://code.visualstudio.com/docs/remote/vscode-server

まずは主役であるDev Container拡張機能を解説します。実はDev Container拡張機能のほかにも、Dev Container拡張機能と連動する拡張機能があるのですが、追って説明します。

「リモート開発」という呼び方で混乱?

筆者は慣れてしまったせいか、「リモート開発」という呼び方に違和感がありません。ですが、「混乱する」という意見もあったようです。次の文章は、VS Codeバージョン1.72のリリースノートからの引用です。

> We've heard your feedback about the naming of the Remote - WSL and Remote - Containers extensions. We intended for Remote in their names to indicate you develop in a "remote" or "separate" WSL distro or development container, rather than traditional local development. However, this is a different use of "remote" than many people use, and it could lead to confusion.
> (筆者訳)Remote - WSLとRemote - Containersという名前について、みなさんからフィードバックをいただきました。私たちは従来のローカル開発ではなく、「リモート」または「分離した」WSLディストロやコンテナで開発することを示すため、それらをRemoteと名付けました。しかし、多くの人が使う「リモート」とは異なり、混乱を招いた恐れは否めません。

このような背景があり、Remote - ContainersとRemote - WSL拡張機能はそれぞれ、「Dev Container拡張機能」「WSL拡張機能」と名称変更されました。みなさんの導入した拡張機能のバージョンによっては、本書で説明する名称と表示が異なる可能性があります。適宜読み替えてください。

◆Dev Container拡張機能のしくみ

図2.1が、リモートOSとしてコンテナを選択した場合、つまりDev Container拡張機能を利用した場合のアーキテクチャです。

図2.1 VS Code - Dev Containerアーキテクチャ

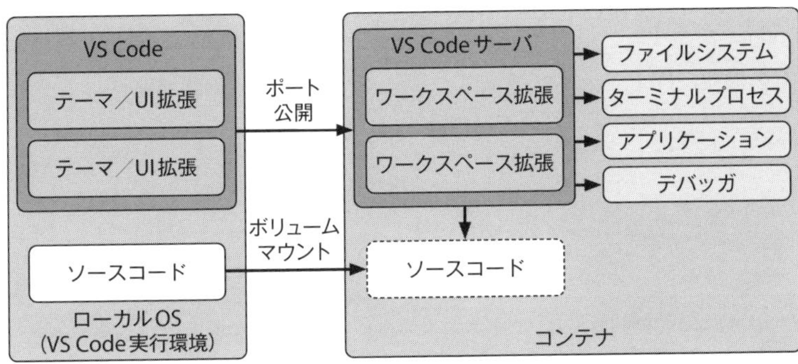

図2.1の左側がローカルOSで、主にVS CodeのUIを担当します。そして右側がVS Codeサーバの動くコンテナです。サーバはポートを公開し、ローカルOS上にあるVS CodeのUIからの接続を受け付けます。VS CodeサーバはVS Codeの拡張機能群とともに、デバッガなどコンテナ内のほかの機能と連動します。また、VS CodeサーバはローカルOSのボリュームをマウントし、ソースコードにアクセスできるようにします。

◆Dev Container拡張機能の前提条件

Dev Container拡張機能を選択する場合、前もってリモートOS側でコンテナが動く環境を準備し、ローカルOSから接続できる必要があります。ローカルOSにDocker Desktopをインストールすれば、リモートOS環境も楽に準備できます。Docker Desktopが、Hyper-VやWSL2など、ローカルOSが持つ仮想化機能を使ってリモートOS環境をセットアップするからです。

◆SSH、WSL拡張機能とDev Container拡張機能を組み合わせる

Docker Desktopを使わずに、SSH拡張機能を利用する手もあります。SSH接続できるマシンにDockerを導入しておき、いったんSSH拡張機能でつないでから、Dev Container拡張機能に切り替える、という方法です[注7]。

なおSSH拡張機能を介する場合、ローカルOSからDev Container拡張機能を使う場合と異なり、ローカルOSのファイルシステムをリモートOSはマウントしません。ローカルOSのファイルシステムを主としてソースコードを管理している場合には、考慮が必要です。リモートOS側でリポジトリから複製するなどの作業がいります。

ソースコードの管理はGitなどリモートリポジトリを主とし、開発環境のソースコードは一時的なもの、というスタイルにおいては、問題にならないでしょう。一方で、SSH拡張機能ではローカルとリモートOS間でファイル共有するオーバーヘッドがないため、良好な性能を得やすいです。多数のファイルを対象としたビルドで、効果を実感できるはずです。

またSSH拡張機能と同様に、WSL拡張機能でWSLに接続した環境から、Dev Container拡張機能へと切り替えることもできます。WSLのフォルダをDev Container拡張機能で開きなおせば、切り替わります[注8]。また、ローカルOSのWindowsからでも、共有名`\\wsl$`を使ってWSLのファイルシステムが見えるため、そこをDev Container拡張機能で開くこともできます。WSLを活用している開発者には、うれしい選択肢でしょう。

注7 「Open a folder on a remote SSH host in a container」https://code.visualstudio.com/docs/remote/containers#_open-a-folder-on-a-remote-ssh-host-in-a-container

注8 「Open a WSL 2 folder in a container on Windows」https://code.visualstudio.com/docs/devcontainers/containers#_open-a-wsl-2-folder-in-a-container-on-windows

Column 筆者の開発端末

筆者は、非コンテナ環境での開発や検証も行うため、SSH拡張機能を愛用しています。端末に仮想マシンを作るのは面倒なのですが、Ubuntu仮想マシンの作成と利用をサポートするMultipass[注9]を使って、ローカルOSの仮想化機能を抽象化し、作業を省力化しています。MultipassはWindows、macOSどちらにも対応しているため、ローカルOSの種類が違っても同様の手順で作成、利用できる、という利点もあります。

以下の手順で環境を作成、利用しています。

❶Windows、macOS端末にMultipassでLinux仮想マシン(Ubuntu)を作成
❷Linux仮想マシンにDockerを導入
❸Linux仮想マシンにVS Codeリモート開発機能(SSH拡張)で接続
❹SSH拡張機能を通じてVS Codeリモート開発機能(Dev Container拡張機能)を利用(Reopen in Containerコマンド)

2.2 ハンズオン環境のセットアップとコンテンツの理解

VS Codeのリモート開発機能と選択肢を、おおよそ理解できたでしょうか。ではいよいよ、ハンズオン環境を作りましょう。

本章のサンプルアプリケーションにはJavaを採用しました。JavaはLinux、macOS、Windowsなど複数のOSをサポートする言語ですが、開発体験には言語の動作可否だけでなく、シェルやツールも影響します。本書ですべてのOSを網羅できないため、アプリケーションの実行環境、リモートOSはLinuxに絞ります。ローカルOSはVS Codeのサポート対象から、好きなものを選んでください。

なお、この記事の執筆時点で、Appleシリコンを搭載したMacとDocker Desktopの組み合わせには既知の問題がいくつかあります[注10]。また、arm64アーキテクチャに未対応なコンテナイメージも数多くあります。本章のハンズオンはAppleシリコン搭載Macでの動作を確認していますが、将来これらの問題に該当する場合には、別のプラットフォームを検討してください。Appleシリコン搭載MacをUIに、リモート開発環境を別マシンに作成してSSH拡張機能でつなぐ、またはGitHub Codespacesを使うという解決策もあります。

注9 https://multipass.run/
注10 「Known Issues - Docker Desktop for Apple silicon」https://docs.docker.com/desktop/mac/apple-silicon/#known-issues

GitHub CodespacesとVS Codeがつながるしくみ

GitHub Codespacesも、ほかのリモート開発拡張機能と同様のアーキテクチャです[注11]。ローカルOSのVS CodeやブラウザでUIが動き、クラウド上でリモート側の要素が実行されます。ローカルOSとのボリュームマウントは行わず、GitHubのリポジトリを、Codespacesインスタンスが作成時にcloneします。端末に開発向けの十分なリソースがない、ソフトウェアの導入に制限がある、開発サーバは設備ではなくサービスとして利用したい、などのケースで有用です。

2.2.1 » ハンズオン環境をセットアップする

それではハンズオン環境をセットアップしましょう。以降の作業ではコンテナのイメージなど、サイズの大きなファイルをインターネットからダウンロードするため、ネットワーク帯域に余裕のある環境での実行をお勧めします。

本節のゴールは、VS CodeとDev Container拡張機能のセットアップです。まずVS Codeを公式ページ[注12]からダウンロード、インストールしてください。

次にDev Container拡張機能を導入します。前の節の解説で、ハンズオン環境をどのように作るか、方針は決められたでしょうか。作りたい環境によって、Dev Container拡張機能の導入に必要な準備は変わります。

Dev Container拡張機能がサポートする、OSやDocker Desktopなどソフトウェアのバージョンやエディションなどの条件、また、導入手順は変化するので、本書では具体的な解説を割愛します。常に最新の情報を公式ドキュメント[注13]で確認し、セットアップしてください。

もし方針で悩んでいるのであれば、始めはDocker Desktopの利用をお勧めします。導入手順はシンプルですし、参考になる情報も多くあります。なお、SSH拡張機能に挑戦したい場合でも、手順はDev Container拡張機能のドキュメントで説明されています[注14]。ぜひ参考にしてください[注15]。

◆サンプルDev Containerを作成をする

Dev Container拡張機能を導入できたら、サンプルコンテナを作成し、動作を確認してみましょう。

注11 「Supporting Remote Development and GitHub Codespaces」https://code.visualstudio.com/api/advanced-topics/remote-extensions

注12 https://code.visualstudio.com/

注13 「Developing inside a Container - Getting Started」https://code.visualstudio.com/docs/devcontainers/containers#_getting-started

注14 「Open a folder on a remote SSH host in a container」https://code.visualstudio.com/docs/devcontainers/containers#_open-a-folder-on-a-remote-ssh-host-in-a-container

注15 上級者向けに構成やTipsを紹介するページもあります。「Advanced container configuration」https://code.visualstudio.com/remote/advancedcontainers/overview

以降、VS Code用語に従い、開発環境を閉じ込めたコンテナを「Dev Container」と呼びます。SSHやWSL拡張機能を選択した場合は、まずそれぞれの拡張機能で、リモートOSへ接続することをお忘れなく。

ではVS Codeのコマンドパレットを表示し、「container try」と入力してみてください。コマンドパレットは F1 キーを押すとウィンドウ上部に表示されます。**図2.2**のようにDev Container拡張機能のサンプルDev Container作成コマンドが表示されることを確認してください。導入したDev Container拡張機能のバージョンによっては、「Remote-Containers」が「Dev Containers」と表示されますが、以降、適宜読み替えてください。

図2.2 Dev Container拡張機能 - サンプル作成コマンド

```
>container try
Remote-Containers: Try a Development Container Sample...
```

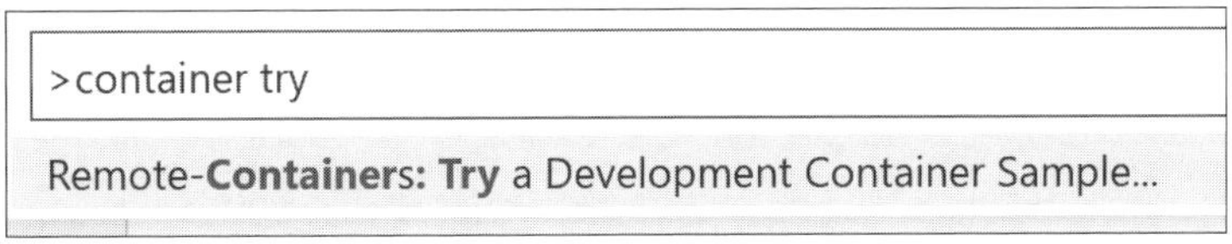

作成コマンドを選択すると、次は言語の選択肢が表示されます。**図2.3**のように「java」と入力し、選択してください。

図2.3 Dev Container拡張機能 - サンプル作成コマンド（言語選択）

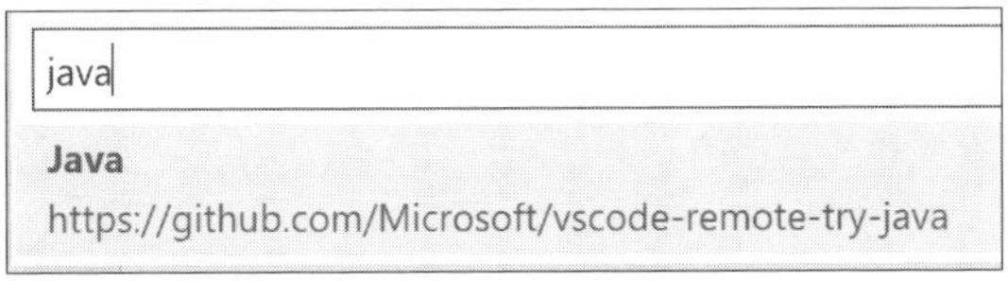

```
java
Java
https://github.com/Microsoft/vscode-remote-try-java
```

VS CodeとDev Container拡張機能は、メニューに表示されているGitHubのリポジトリからサンプルコードをダウンロードし、Dev Containerを作ります。Dev Containerの作成時、VS CodeとDev Container拡張機能は、言語のランタイムやツール類を含むベースのコンテナイメージをダウンロード、ビルドします。たとえば、JavaであればJDK（*Java Development Kit*）です。環境によってはダウンロードには時間がかかるかもしれませんが、気長に待ちましょう。以降、同じイメージを使う場合はダウンロードせずに再利用するため、早く終わります。

途中、追加の拡張機能の導入を提案されるかもしれませんが、ここでは不要です。提案のダイアログは閉じてかまいません。

◆セットアップを確認する

Dev Containerがビルドされ、VS CodeのUIから接続に成功すると、VS Codeのウィンドウ左下には**図2.4**のようにステータスが表示されます。「Dev Container」という表示のとおり、Dev Container拡張機能のステータスです。このステータス表示部は、リモート開発拡張機能で共通です。ステータス表示部を押すと、リモート開発拡張機能に関連するコマンドが表示され、Dev Containerの再作成や切断、別のリモート拡張機能への切り替えなどを実行できます。

図2.4 リモート拡張機能のステータス

もしDev Containerの作成、接続がうまくいかない場合は、VS Code、拡張機能、リモートOS環境いずれかの導入、設定に失敗している可能性が高いです。Dev Container作成中のログは**図2.5**のようにダイアログの「show log」をクリックすると表示できます。それを手がかりに原因を調査してください注16。

図2.5 Dev Container作成ログの表示

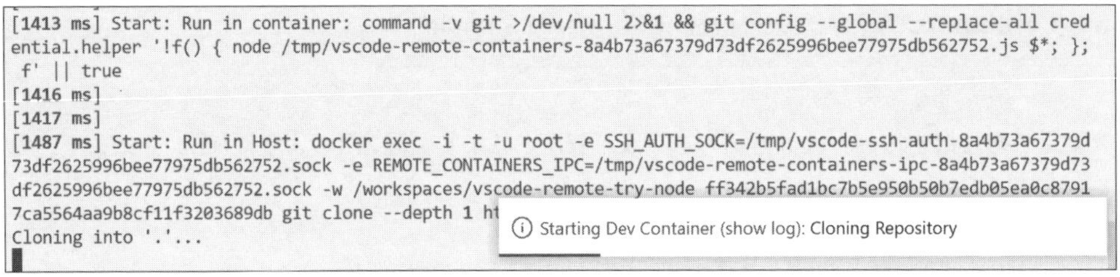

```
[1413 ms] Start: Run in container: command -v git >/dev/null 2>&1 && git config --global --replace-all cred
ential.helper '!f() { node /tmp/vscode-remote-containers-8a4b73a67379d73df2625996bee77975db562752.js $*; };
 f' || true
[1416 ms]
[1417 ms]
[1487 ms] Start: Run in Host: docker exec -i -t -u root -e SSH_AUTH_SOCK=/tmp/vscode-ssh-auth-8a4b73a67379d
73df2625996bee77975db562752.sock -e REMOTE_CONTAINERS_IPC=/tmp/vscode-remote-containers-ipc-8a4b73a67379d73
df2625996bee77975db562752.sock -w /workspaces/vscode-remote-try-node ff342b5fad1bc7b5e950b50b7edb05ea0c8791
7ca5564aa9b8cf11f3203689db git clone --depth 1 ht
Cloning into '.'...
```

ⓘ Starting Dev Container (show log): Cloning Repository

サンプルのDev Containerの動作を確認したら、終了します。リモート開発拡張機能のステータス表示部を押すと、リモート接続を終了するメニューが表示されます。

2.2.2 » ハンズオンコンテンツを入手する

ハンズオン用ソースコードのリポジトリは、GitHubに公開しています。

- https://github.com/gihyo-book/azure-container-dev-book.git

本書のハンズオンは、GitHubのサービス(GitHub Actions、GitHub Container Registry)を使います。すべてのハンズオンを行いたい場合はGitHubでforkし、みなさんのアカウントへリポジトリを作ってください。

なお、GitHub Actions、GitHub Container Registryともに、パブリックリポジトリでは無料で利用できます。プライベートでは無料枠設定があり、それを超えた分の利用料がかかります。無料枠は契約プランによりますので、公式ドキュメントを確認してください注17。本書のハンズオンを通しで一度行う

注16 筆者の経験では、Dockerの設定間違いや不具合、その中でも特に名前解決関連が原因であることが多いです。

注17 「About billing for GitHub Actions」https://docs.github.com/ja/billing/managing-billing-for-github-actions/about-billing-for-github-actions、「About billing for GitHub Packages」https://docs.github.com/ja/billing/managing-billing-for-github-packages/about-billing-for-github-packages

程度であれば、Freeプランでも無料枠に収まるはずですが、確実に無料に収めたいのであればパブリックをお勧めします。

以降、forkした前提で進めます。

VS Codeのターミナルで、先ほどforkしたリポジトリをcloneします[注18]。SSHやWSL拡張機能を選択した場合は、それぞれの拡張機能でリモートOSへ接続してから、ターミナルを開きます。なお、作業ディレクトリは任意です。ソースコードを管理しやすいディレクトリの下で行ってください。

```
$ git clone https://github.com/YOUR_GITHUB_USERNAME/azure-container-dev-book.git
```

次に、cloneしたリポジトリをVS Codeで開きます。以下はVS Codeのターミナルからコマンドを使って、現在のフォルダでVS Codeを開きなおす方法です[注19]。

```
$ cd azure-container-dev-book
$ code . -r
```

なお、VS Codeを起動したのち、メニューの「ファイル」➡「フォルダーを開く」から、対象のフォルダを指定して開きなおすこともできます。

すると、VS Codeがサンプルコードのルートフォルダで再開し、ウィンドウ右下に**図2.6**のようにダイアログが表示されるはずです。

図2.6 Dev Container拡張機能で開きなおすダイアログ

Folder contains a Dev Container configuration file. Reopen folder to develop in a container (learn more).
ソース: Remote - Containers (...
Reopen in Container
Don't Show Again...

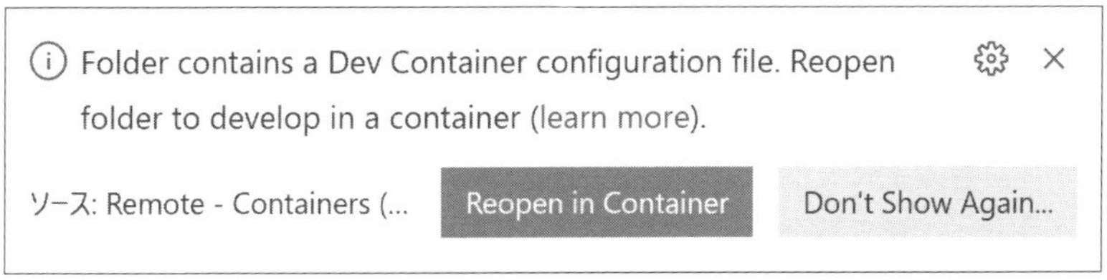

「Dev Containerの定義ファイルを検出しました。コンテナで開きなおしますか」という旨の提案です。では提案にのって、「Reopen in Container」ボタンをクリックしましょう。Dev Containerのビルドが始まります。定義ファイルの内容については、追って解説します。まずは動かして、何ができるかを体験しましょう。

なお余談ですが、このようにVS Codeの拡張機能の中にはダイアログを表示し、判断を求めるものがあります。拡張機能のバージョンアップによって、本書の執筆時点にはなかったダイアログが表示される可能性もあります。その際は表示内容から対応を判断してください。

注18 Gitの導入を、お忘れなく。https://git-scm.com/

注19 macOSではcodeをパスに追加してください。https://code.visualstudio.com/docs/setup/mac#_launching-from-the-command-line/

2.2.3 » サンプルコードの概要（Java Webアプリケーション）

Dev Containerのビルドを待っている間に、サンプルアプリケーションの概要を説明します。

本章のサンプルアプリケーションは、Spring Bootの公式ガイドで紹介されている「DockerでSpring Boot」を元にしています。いわゆるHello World Webアプリケーションです。元のコードからこのハンズオンで不要なコードを省き、シンプルにしました。詳細は公式ガイド注20をご覧ください。

本章のコードは、apps/part1にあります。

```
apps
├── part1
│   ├── Dockerfile
│   ├── Makefile
│   ├── pom.xml
│   ├── src
│   │   ├── main
│   │   │   ├── java
│   │   │   │   └── hello
│   │   │   │       └── Application.java
│   │   │   └── resources
│   │   │       └── application.yml
│   │   └── test
│   │       └── java
│   │           └── hello
│   │               └── HelloWorldConfigurationTests.java
│   └── ...
```

ハンズオンを進めるにあたり、意識すべきファイルは少ないです。

- **アプリケーションコード**
  apps/part1/src/main/java/hello/Application.java
- **アプリケーション設定**
  apps/part1/src/main/resources/application.yml
- **テストコード**
  apps/part1/src/test/java/hello/HelloWorldConfigurationTests.java

そろそろDev Containerが作成され、接続できたでしょうか。VS Codeウィンドウ左下のステータス、またはログで確認してください。

注20 「DockerでSpring Boot」https://spring.pleiades.io/guides/gs/spring-boot-docker/

Column YAMLファイルの拡張子は.yml? .yaml?

コンテナのエコシステムでは、設定ファイルのデータ形式としてYAML(*YAML Ain't Markup Language*)がよく使われます。またYAMLは、本章のハンズオンで採用したSpring Bootのプロパティ設定でも選べます。2022年現在、コンテナに限らず設定用途でよく使われる形式と言えるでしょう。

そこで質問です。YAMLファイルの拡張子は、`.yml`と`.yaml`のどちらが正しいでしょうか?

答えは「決まっていない」です。少なくとも、執筆時点で最新のYAMLバージョン1.2.2仕様では明記されていません[注21]。

GitHub上にあるYAMLの公式リポジトリにこの問題に関するIssueがありますが、結論は出ていません[注22]。また、FAQに「Please use ".yaml" when possible.」とはあるのですが[注23]、「when possible」という表現にとどまっています。実際、コンテナエコシステムにも`.yml`派と`.yaml`派があります。野に放たれてしまった膨大な数のファイルを、いまからどちらかに統一できるとも思えません。

そもそもファイルの拡張子をどう扱うかはOSやプログラムしだいですので、それを意識して使うしかないでしょう。個人や属するチームとしてはどちらかに統一し、例外は受け入れる、というスタンスがよいと考えます。YAMLを読み書きするアプリケーションやツールを作るなら、拡張子に依存しないようにし、仕様に明記しましょう。また、他人の作ったものを使う場合は、仕様を確認しましょう。仕様が明記されておらず、サンプルファイルの拡張子しかヒントがないならば、その変更にはリスクがあります。

本書では`.yml`を基本とし、使用するライブラリやツールが`.yaml`を生成したり、仕様が不明な場合は尊重し拡張子を変更しない、という方針にしました。

2.2.4 ≫ コーディングする

ではコーディングしてみましょう。現時点でサンプルアプリケーションは、`/`へのアクセスに対し`Hello Docker World`を返すことしかできません。そこで、`/hey`へのアクセスには`Hey yo`を返すよう、メソッドとリクエストマッピングを追加しましょう。ファイル`apps/part1/src/main/java/hello/Application.java`へ、以下のコードを追加します。追加する位置は、`/`のリクエストマッピングと`home`メソッドの下がわかりやすいでしょう。

apps/part1/src/main/java/hello/Application.java

```
    @RequestMapping("/hey")
    public String hey() {
        var msg = "Hey yo";
        return msg;
    }
```

すると**図2.7**のように、入力途中で`@RequestMapping`アノテーションを提案されます。VS Codeの

注21 「YAML Ain' t Markup Language (YAML) version 1.2」https://yaml.org/spec/1.2.2/
注22 「Document extension」https://github.com/yaml/yaml/issues/42
注23 http://yaml.org/faq.html

IntelliSense注24と、Eclipse JDT Language Server注25が、Javaコードを補完してくれます。

図2.7 IntelliSense

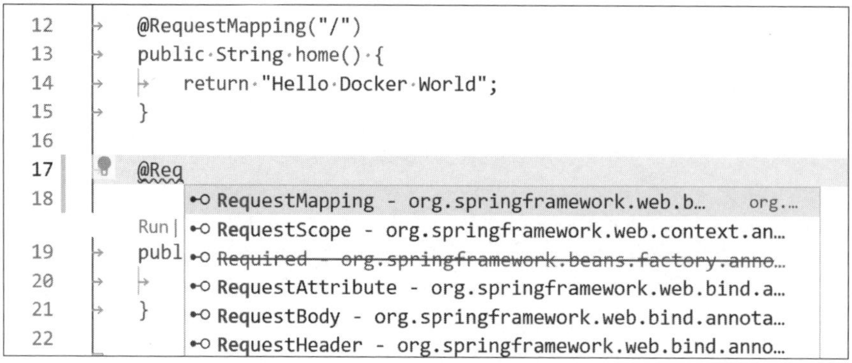

```
@RequestMapping("/")
public·String·home()·{
    return·"Hello·Docker·World";
}

@Req
        RequestMapping - org.springframework.web.b...    org....
Run |   RequestScope - org.springframework.web.context.an...
publ    Required - org.springframework.beans.factory.anno...
        RequestAttribute - org.springframework.web.bind.a...
}       RequestBody - org.springframework.web.bind.annota...
        RequestHeader - org.springframework.web.bind.anno...
```

また、コーディング中にコードを解析し、問題があれば**図2.8**のように警告してくれます。このメソッドにreturn文は必要ですね。忘れずに書きましょう。

図2.8 コード解析と警告

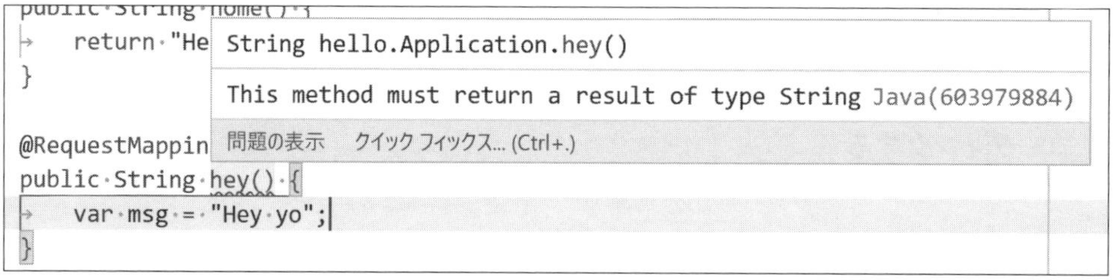

```
public·String·home()·{
    return·"He  String hello.Application.hey()
}
                This method must return a result of type String Java(603979884)

@RequestMappin  問題の表示  クイック フィックス... (Ctrl+.)
public·String·hey()·{
    var·msg·=·"Hey·yo";
}
```

このように、VS CodeはDev Containerにおいても、Javaのコーディングを補完、解析で支援します。ほかにもリファクタリング支援機能などもあります。詳細は公式ドキュメントを参照してください注26。

ところで、「ここで試したコーディング支援機能をハンズオン環境に導入、設定したおぼえはないぞ。VS CodeにはJava向けの拡張機能があって、知らぬ間にセットアップされたのかな」と気付いた人は、鋭いです。そのしくみは、のちほど解説します。

2.2.5 » デバッグする

デバッグも試しましょう。**図2.9**のようにheyメソッドの、return文を書いた行にブレークポイン

注24 https://code.visualstudio.com/docs/editor/intellisense

注25 https://github.com/eclipse/eclipse.jdt.ls

注26 「Navigate and edit Java source code」https://code.visualstudio.com/docs/java/java-editing、「Java refactoring and Source Actions」https://code.visualstudio.com/docs/java/java-refactoring、「Java formatting and linting」https://code.visualstudio.com/docs/java/java-linting

トを設定します。行番号の左側をクリックしてください。

図2.9　ブレークポイント

```
    @RequestMapping("/hey")
    public String hey() {
        var msg = "Hey yo";
        return msg;
    }
```

VS Codeはデフォルトで、開いて選択しているファイルを対象にデバッグを実行します。apps/part1/src/main/java/hello/Application.javaファイルをVS Codeのエクスプローラー、またはエディタのタブで選択した状態にして、F5キーを押すとデバッグが開始します。すると、図2.10のようなダイアログが表示されます。VS CodeがDev Container内でデバッグ中のアプリケーションへローカルOSから接続できるよう、ポート転送を設定し、ブラウザで開くよう提案しています。もしダイアログが表示されない場合はVS Codeの設定remote.autoForwardPortsが有効になっているか確認し、VS Codeのウィンドウを再読み込みしてください。コマンドパレットからDeveloper: Reload Windowを実行すれば、再読み込みできます。

図2.10　ポート転送によるローカルOSのブラウザからの接続

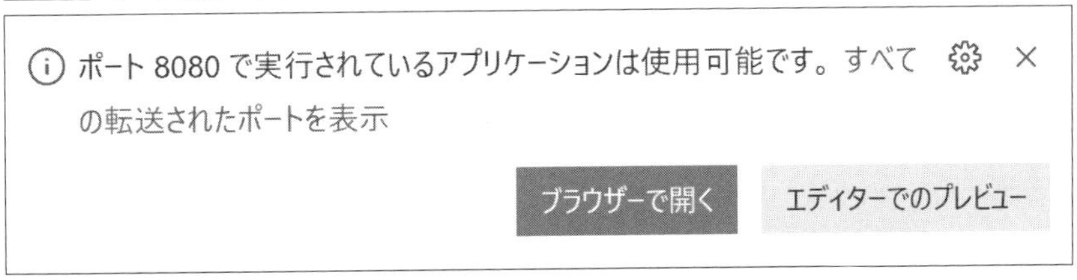

ⓘ ポート 8080 で実行されているアプリケーションは使用可能です。すべての転送されたポートを表示

[ブラウザーで開く]　[エディターでのプレビュー]

「ブラウザーで開く」をクリックすると、ローカルOSのブラウザが起動し、http://localhost:8080/を開きます。/へのリクエストですので、Hello Docker Worldが表示されたでしょう。

アプリケーションが使用するポート番号はファイルsrc/main/resources/application.ymlで指定しています。もしポート番号8080が使えない場合は変更してください。

では次に、ブレークポイントに到達させましょう。http://localhost:8080/heyを開きます。すると、図2.11のように設定した行で停止します。

図2.11 ブレークポイント

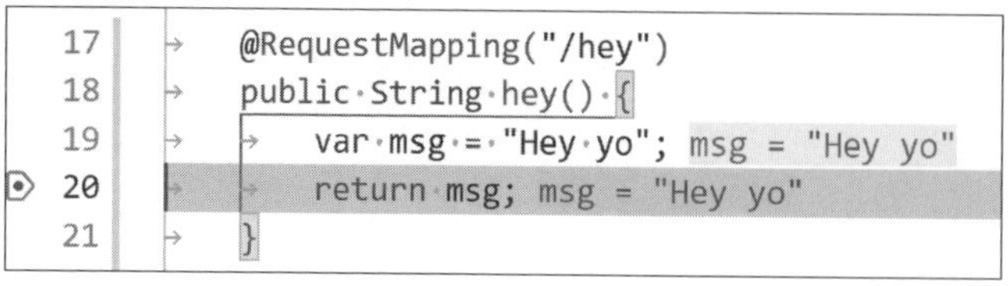

```
    @RequestMapping("/hey")
    public String hey() {
        var msg = "Hey yo"; msg = "Hey yo"
        return msg; msg = "Hey yo"
    }
```

図2.12のように、変数msgにポインタを合わせると、その時点での変数の中身を確認できます。

図2.12 変数の中身の参照

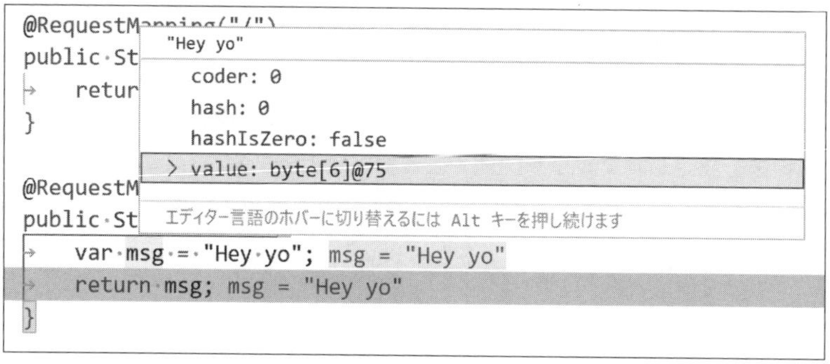

```
@RequestMapping("/")
public St   "Hey yo"
    retur     coder: 0
}             hash: 0
              hashIsZero: false
@RequestM   > value: byte[6]@75
public St   エディター言語のホバーに切り替えるには Alt キーを押し続けます
    var msg = "Hey yo"; msg = "Hey yo"
    return msg; msg = "Hey yo"
}
```

F5 キーを押し実行を再開すると、ブラウザに「Hey yo」とレスポンスが表示され、追加したメソッドとリクエストマッピングが期待どおりに動いたことがわかります。なお、デバッグの操作はVS Codeのウィンドウ上部に表示されるボタンでも可能です。**図2.13**はブレークポイントで停止している状態のボタン群ですが、左端の「|▷」ボタンで再開します。デバッグの終了は「□」ボタンです。

図2.13 デバッグ操作

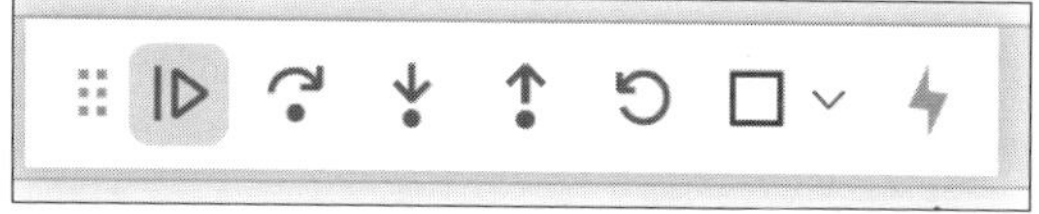

VS CodeでのJavaの実行、デバッグ機能の詳細は、公式ドキュメント注27も参考にしてください。

2.2.6 » テストする

テスト支援機能も、Dev Containerで使えます。ユニットテストのコードがsrc/test/java/hello/HelloWorldConfigurationTests.javaファイルにありますので、試してみましょう。以下のtest

注27 「Running and debugging Java」https://code.visualstudio.com/docs/java/java-debugging

Greetingメソッドは、/へのGETリクエストを行い、レスポンスのBodyがHello Docker Worldであるかをテストします。

apps/part1/src/test/java/hello/HelloWorldConfigurationTests.java

```
    @Test
    public void testGreeting() throws Exception {
        ResponseEntity<String> entity = restTemplate
                .getForEntity("http://localhost:" + this.port + "/", String.class);
        assertEquals("Hello Docker World", entity.getBody());
    }
```

テスト支援機能を利用するには、VS Codeのウィンドウの左端にあるアクティビティバーにある、フラスコのアイコンをクリックします(図2.14)。

図2.14 テストアクティビティボタン

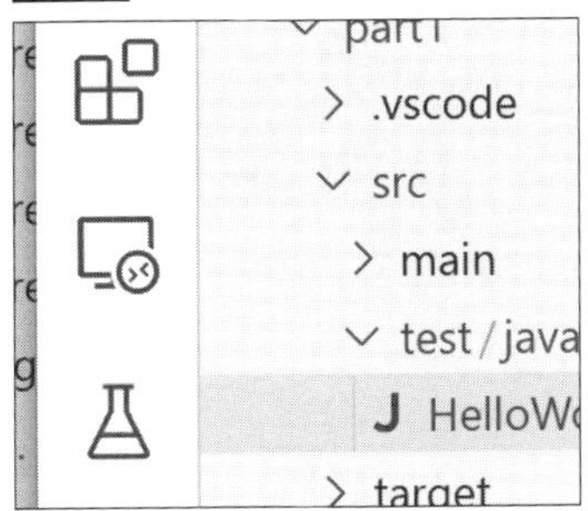

すると、テストコードのツリーが表示されますので、図2.15のようにtestGreetingメソッドが現れるまで展開してください。

図2.15 テストコードツリー

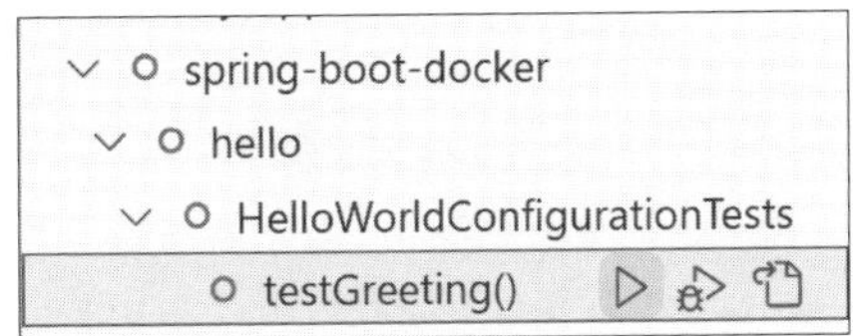

ではテストを実行します。testGreetingメソッドの右にある「▷」ボタンを押してください。ほどなくして、テスト結果が表示されるはずです(図2.16)。緑のチェックが表示されれば、テストは成功です。実行に要した時間も確認できます。

図2.16 テスト結果

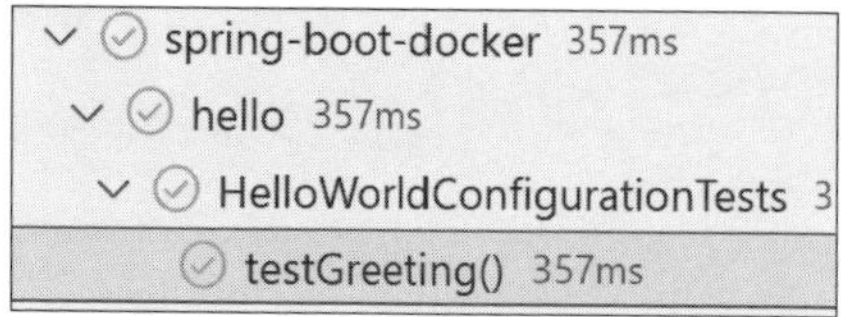

テストが失敗するケースも確認しましょう。testGreetingメソッドの、レスポンスを照合している式assertEqualsの第1引数を書き換えます。なんでもかまいませんので、正しい結果であるHello Docker Worldではない文字列に変更してください。

apps/part1/src/test/java/hello/HelloWorldConfigurationTests.java

```java
@Test
public void testGreeting() throws Exception {
    ResponseEntity<String> entity = restTemplate
            .getForEntity("http://localhost:" + this.port + "/", String.class);
    assertEquals("hoge", entity.getBody());
}
```

テストを実行すると、期待どおりに失敗し、その内容が表示されます(**図2.17**)。

図2.17 テスト結果(失敗)

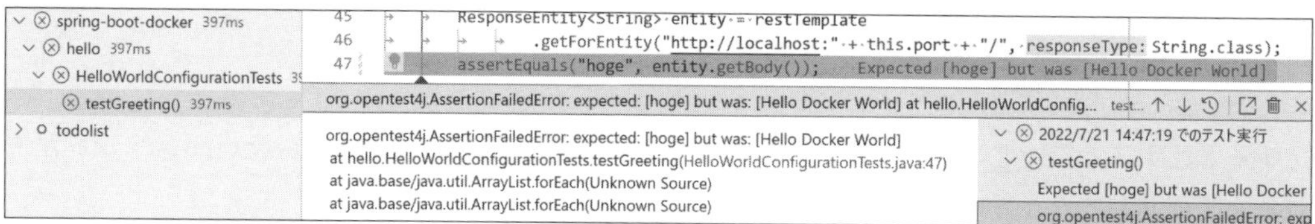

のちのワークフローの節でもテストを行うので、assertEqualsの第1引数を"Hello Docker World"に戻しておいてください。

VS CodeのJavaのテスト支援機能については、公式ドキュメント[注28]も参考にしてください。

このように、Dev Container環境であっても、VS Codeと拡張機能、言語関連のツールが連動し、アプリケーション開発を支援します。そしてもちろん、サポート対象の言語はJavaだけではありません。また、この節では代表的な機能のみ紹介しています。ほかの言語と機能については、VS Codeの公式ドキュメント[注29]で調べてみてください。

注28 「Testing Java with Visual Studio Code」https://code.visualstudio.com/docs/java/java-testing
注29 「VS Code - Programming Languages」https://code.visualstudio.com/docs/languages/overview

2.3 Dev Containerのしくみ

ここまで、開発環境をコンテナで作り、コーディング、デバッグ、テストをさらっと流してきました。普段からJavaで開発している読者は、「楽だけど気持ち悪い」という印象を持たれたかもしれません。Java向けの開発環境を作る際には、以下のような準備が必要です。

- **Javaのバージョンを決め、JDKを導入する**
- **MavenやGradleなど、ビルドツールを導入する**
- **エディタ、IDEを導入する**
- **エディタ、IDEのJava向け拡張機能、プラグインを導入する**

慣れていればどうということはありませんが、そうでない人には「よくわからない、やらされている」感の強い作業でもあります。また、頻繁に行う作業でもないため、手順や条件を忘れてしまいがちです。「新しい端末で動かなくなった」「前の端末でどんな設定をしたか覚えていない」という声を、よく耳にします。

Dev Containerの持つ環境の再現能力は、開発環境作成に関するこれらの課題を解決します。しかし、ブラックボックスとして扱うと「よくわからない、やらされている」問題は解決しません。そこで、この節ではDev Containerのしくみと作り方を解説します。

2.3.1 » 環境を定義するdevcontainer.json

VS CodeでDev Containerを使うには、`devcontainer.json`ファイルに作りたいコンテナを定義します。VS CodeとDev Container拡張機能は、プロジェクトのルートフォルダに`.devcontainer/devcontainer.json`、もしくは`.devcontainer.json`が存在するかを起動時にチェックします。それが、2.2節のハンズオンで「Reopen in container」と提案された理由です。後述しますが`Dockerfile`など、`devcontainer.json`のほかにもDev Container関連のファイルが必要になるため、`.devcontainer`フォルダを作ってまとめるのがお勧めです。

ハンズオンのDev Container定義は、VS Code開発チームが公開しているJava向けのリポジトリ[注30]を参考に作りました。オリジナルの`.devcontainer`フォルダは、以下のような構造です。

注30 「vscode-dev-containers - Java」https://github.com/microsoft/vscode-dev-containers/tree/v0.231.6/containers/java

```
.devcontainer
├── Dockerfile
├── base.Dockerfile
├── devcontainer.json
├── library-scripts
│   └── ...
```

一方で、ハンズオンのリポジトリではファイルが少ないです。base.Dockerfileとlibrary-scriptsフォルダがありません。その理由は、のちにわかります。

```
.devcontainer
├── Dockerfile
├── devcontainer.json
```

ではまず、ハンズオンで使ったdevcontainer.jsonから見ていきましょう。

```
.devcontainer/devcontainer.json
{
    "name": "Java",
    "build": {
        // コンテナビルドで使うDockerfileを指定
        "dockerfile": "Dockerfile",
        // コンテナビルド時に渡す引数を指定
        "args": {
            "VARIANT": "17-bullseye",
            "INSTALL_MAVEN": "true",
            "INSTALL_GRADLE": "false",
            "NODE_VERSION": "lts/*"
        }
    },
    // VS Codeと拡張の設定
    "settings": {
        "java.jdt.ls.java.home": "/docker-java-home"
    },
    // VS Codeに導入する拡張を指定
    "extensions": [
        "vscjava.vscode-java-pack",
        "redhat.fabric8-analytics",
        "humao.rest-client",
        "AquaSecurityOfficial.trivy-vulnerability-scanner"
    ],
    // Dev Containerのユーザー
    "remoteUser": "vscode",
    // Dev Containerの追加機能
    "features": {
        "ghcr.io/devcontainers/features/docker-from-docker:1": {
            "version": "latest"
        },
```

```
        "ghcr.io/devcontainers/features/git:1": {
            "version": "latest"
        },
        "ghcr.io/devcontainers/features/github-cli:1": {
            "version": "latest"
        },
        "ghcr.io/devcontainers/features/azure-cli:1": {
            "version": "latest"
        }
    }
}
```

各属性は公式リファレンス注31で説明されていますが、名称からおおよその内容が想像できるでしょう。以下の要点が読み取れたのではないでしょうか。

- **同じディレクトリにある`Dockerfile`を使ってコンテナをビルド**
- **`build.args`には`Dockerfile`を読まないと理解できない引数がある(`VARIANT`など)**
- **`build.args`の`INSTALL_MAVEN`でMavenを導入**
- **`build.args`の`NODE_VERSION`でNode.jsのバージョンを指定**
- **`extensions`でVS CodeのJava関連の拡張機能(パック)`vscjava.vscode-java-pack`を導入**
- **`features`で、Java関連のほかに開発で有用なDev Container追加機能を導入**

ハンズオンのコーディングやデバッグ、テストを、Java関連のツールが導入、設定された状態でスタートできた理由が、わかってきましたね。

Column

Dev Containerは機能から仕様へ

そろそろ、Dev Containerの便利さをしみじみと感じてきたころかもしれません。そうであればうれしいです。反面、「CIなどワークフローでも使えないと、環境の一貫性問題は解決しないのでは」「VS Codeに縛られてしまうのでは」という印象も持たれたかもしれません。自然な懸念だと思います。

`devcontainer.json`を使ったDev Containerは、現在VS CodeとGitHub Codespacesで利用できます。しかし、CIなどワークフローの中、また、ほかのエディタやIDEでも使えれば、さらなる広がりを期待できるでしょう。

ほかのエディタやIDEについては、大人の事情に強く影響されるため、ここでは触れずにおきます。一方、ワークフローでもDev Containerを使いたいというニーズには、応える動きがあります。

VS Codeの開発チームはブログで、この取り組みの背景を「Consistency = joy(一貫性 = 喜び)」と表現しています注32。**図2.18**はそのブログからの引用です。Dev Containerで「Inner Loop」(インナーループ)と「Outer Loop」(アウターループ)の一貫性向上に貢献したい、という想いが感じられます。

注31 「devcontainer.json reference」https://code.visualstudio.com/docs/remote/devcontainerjson-reference
注32 「The dev container CLI」https://code.visualstudio.com/blogs/2022/05/18/dev-container-cli

図2.18 Dev Containerが貢献を目指す範囲（出典:Visual Studio Code公式ブログ「The dev container CLI」）

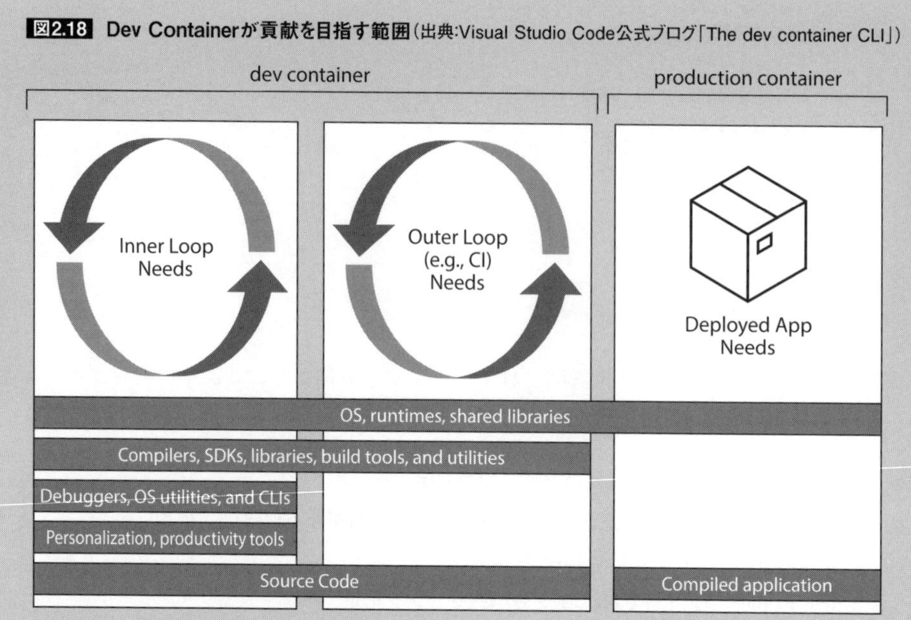

ここでのインナーループはコーディングやデバッグ、ユニットテストなど、それぞれの開発者が主にローカルで行う作業とその繰り返しを指します。また、アウターループはCIパイプラインにおける結合テストなど、チームで共有するワークフローです。これまでDev Containerは、前者向けに注力してきました。今後は後者でも使えるようにし、2つのループで環境の一貫性を担保できるようにしたい、というわけです。

引用したブログで触れられていますが、VS Code開発チームは、コマンドラインからDev Containerを作成し、コンテナ内のコマンドを呼べるようにする「dev container CLI」を開発しています。Dev Containerを、GitHub Actionsなどワークフロー内のコマンドから利用できれば、開発環境とワークフローの間でも環境の一貫性を確保しやすくなります。

なお、`devcontainer.json`をソフトウェア、サービスの固有機能という位置付けから発展させ、オープンな仕様にしようという動きがあります。それが「Development Container Specification」[注33]です。

Development Container Specificationは、GitHub上でオープンに議論されています[注34]。まだ動き始めたばかりですが、注目に値する取り組みです。

2.3.2 » ベースとなるコンテナの内容

次に、ハンズオンで利用した`Dockerfile`を確認しましょう。

注33 https://containers.dev/

注34 「Development Containers」https://github.com/devcontainers/spec

.devcontainer/Dockerfile

```
# ベースイメージ情報: https://github.com/microsoft/vscode-dev-containers/blob/main/containers/java/
history/0.205.3.md

# [Choice] Java version (use -bullseye variants on local arm64/Apple Silicon): 11, 17, 11-bullseye,
 17-bullseye, 11-buster, 17-buster
ARG VARIANT="17-bullseye"
# ❶
FROM mcr.microsoft.com/vscode/devcontainers/java:0.205.3-${VARIANT}

# ❷
# [Option] Install Maven
ARG INSTALL_MAVEN="false"
ARG MAVEN_VERSION=""
# [Option] Install Gradle
ARG INSTALL_GRADLE="false"
ARG GRADLE_VERSION=""
RUN if [ "${INSTALL_MAVEN}" = "true" ]; then su vscode -c "umask 0002 && . /usr/local/sdkman/bin/
sdkman-init.sh && sdk install maven \"${MAVEN_VERSION}\""; fi \
    && if [ "${INSTALL_GRADLE}" = "true" ]; then su vscode -c "umask 0002 && . /usr/local/sdkman/
bin/sdkman-init.sh && sdk install gradle \"${GRADLE_VERSION}\""; fi

# ❸
# [Choice] Node.js version: none, lts/*, 16, 14, 12, 10
ARG NODE_VERSION="none"
RUN if [ "${NODE_VERSION}" != "none" ]; then su vscode -c "umask 0002 && . /usr/local/share/nvm/
nvm.sh && nvm install ${NODE_VERSION} 2>&1"; fi

# ❹
RUN apt-get update && export DEBIAN_FRONTEND=noninteractive \
    && apt-get -y install --no-install-recommends wget apt-transport-https gnupg lsb-release \
    && wget -qO - https://aquasecurity.github.io/trivy-repo/deb/public.key | sudo apt-key add - \
    && echo deb https://aquasecurity.github.io/trivy-repo/deb $(lsb_release -sc) main | sudo tee -a
 /etc/apt/sources.list.d/trivy.list \
    && sudo apt-get update \
    && sudo apt-get install trivy

# [Optional] Uncomment this line to install global node packages.
# RUN su vscode -c "source /usr/local/share/nvm/nvm.sh && npm install -g <your-package-here>" 2>&1
```

ベースイメージをレジストリmcr.microsoft.comから取得（❶）し、合わせてビルドツール（❷）とVS Codeサーバに必要なNode.jsの要否を判断、導入（❸）していることがわかるでしょう。また、ソースコードのセキュリティチェックのため、Trivy[注35]をインストール（❹）しています。

devcontainer.jsonのbuild.argsと、DockerfileのARGは対応しています。たとえば、Dockerfile

注35 https://github.com/aquasecurity/trivy

のARG VARIANT="17-bullseye"文は、Dockerのビルド時に有効な変数VARIANTを宣言し、同時にデフォルト値17-bullseyeを設定します。そして、devcontainer.jsonのbuild.argsでVARIANTが設定されると、デフォルト値は上書きされます。たとえばこのサンプルでは、INSTALL_MAVENをデフォルトのfalseからtrueへ上書きしています。

ということで、先ほどdevcontainer.jsonのbuild.argsで指定した引数の意味と効果が、わかってきましたね。特に不明だったVARIANTは、ベースイメージの選択に使われていた、というわけです。

2.3.3 » ベースのベースまで把握することが重要

しかし、ここで新たな疑問、不安が生まれたのではないでしょうか。ベースイメージmcr.microsoft.com/vscode/devcontainers/java:0.205.3-${VARIANT}の正体が不明で、不安ですよね。そこでDockerfileの1行目に、イメージ情報を説明しているWebページのURLを書いておきました。

.devcontainer/Dockerfile

```
# ベースイメージ情報: https://github.com/microsoft/vscode-dev-containers/blob/main/containers/java/history/0.205.3.md
```

このWebページは、ハンズオン向けDev Containerの参考にした、VS Code開発チームが公開しているリポジトリ内にあります。実はベースイメージも、VS Code開発チームが提供しているものを使いました。VS Code開発チームは、Dev Containerの定義ファイルとDockerfileだけでなく、そのベースとなるコンテナイメージも公開しています。

詳細は割愛しますが、このWebページはイメージに含まれるディストリビューションやランタイム、ツールなどを説明しています。そして、ビルドに使ったソースへのリンクもあるため、Dockerfileもたどれます。そしてリンク先のREADMEを読むと.devcontainer/base.Dockerfileでベースイメージをビルドしていることがわかります。

ではbase.Dockerfileを見てみましょう。やや長いですが、そのまま引用します。

https://github.com/microsoft/vscode-dev-containers/blob/v0.231.6/containers/java/.devcontainer/base.Dockerfile

```
# This base.Dockerfile uses separate build arguments instead of VARIANT
ARG TARGET_JAVA_VERSION=11
ARG BASE_IMAGE_VERSION_CODENAME=bullseye
# ❶
FROM mcr.microsoft.com/vscode/devcontainers/base:${BASE_IMAGE_VERSION_CODENAME}

ARG TARGET_JAVA_VERSION
ENV JAVA_HOME /usr/lib/jvm/msopenjdk-${TARGET_JAVA_VERSION}
ENV PATH "${JAVA_HOME}/bin:${PATH}"
# Default to UTF-8 file.encoding
ENV LANG en_US.UTF-8


# ❷
```

```
# Install Microsoft OpenJDK
RUN arch="$(dpkg --print-architecture)" \
    && case "$arch" in \
        "amd64") \
            jdkUrl="https://aka.ms/download-jdk/microsoft-jdk-${TARGET_JAVA_VERSION}-linux-x64.tar.
gz"; \
            ;; \
        "arm64") \
            jdkUrl="https://aka.ms/download-jdk/microsoft-jdk-${TARGET_JAVA_VERSION}-linux-aarch64.
tar.gz"; \
            ;; \
        *) echo >&2 "error: unsupported architecture: '$arch'"; exit 1 ;; \
    esac \
    \
    && wget --progress=dot:giga -O msopenjdk.tar.gz "${jdkUrl}" \
    && wget --progress=dot:giga -O sha256sum.txt "${jdkUrl}.sha256sum.txt" \
    \
    && sha256sumText=$(cat sha256sum.txt) \
    && sha256=$(expr substr "${sha256sumText}" 1 64) \
    && echo "${sha256} msopenjdk.tar.gz" | sha256sum --strict --check - \
    && rm sha256sum.txt* \
    \
    && mkdir -p "$JAVA_HOME" \
    && tar --extract \
        --file msopenjdk.tar.gz \
        --directory "$JAVA_HOME" \
        --strip-components 1 \
        --no-same-owner \
    && rm msopenjdk.tar.gz* \
    \
    && ln -s ${JAVA_HOME} /docker-java-home \
    && ln -s ${JAVA_HOME} /usr/local/openjdk-${TARGET_JAVA_VERSION}

# ❸
# Copy library scripts to execute
COPY library-scripts/*.sh library-scripts/*.env /tmp/library-scripts/

ARG USERNAME=vscode
# ❹
# [Option] Install Maven
ARG INSTALL_MAVEN="false"
ARG MAVEN_VERSION=""
# [Option] Install Gradle
ARG INSTALL_GRADLE="false"
ARG GRADLE_VERSION=""
ENV SDKMAN_DIR="/usr/local/sdkman"
ENV PATH="${SDKMAN_DIR}/candidates/java/current/bin:${PATH}:${SDKMAN_DIR}/candidates/maven/current/
```

```
bin:${SDKMAN_DIR}/candidates/gradle/current/bin"
RUN bash /tmp/library-scripts/java-debian.sh "none" "${SDKMAN_DIR}" "${USERNAME}" "true" \
    && if [ "${INSTALL_MAVEN}" = "true" ]; then bash /tmp/library-scripts/maven-debian.sh "${MAVEN_
VERSION:-latest}" "${SDKMAN_DIR}" ${USERNAME} "true"; fi \
    && if [ "${INSTALL_GRADLE}" = "true" ]; then bash /tmp/library-scripts/gradle-debian.sh "$
{GRADLE_VERSION:-latest}" "${SDKMAN_DIR}" ${USERNAME} "true"; fi \
    && apt-get clean -y && rm -rf /var/lib/apt/lists/*

# ❺
# [Choice] Node.js version: none, lts/*, 16, 14, 12, 10
ARG NODE_VERSION="none"
ENV NVM_DIR=/usr/local/share/nvm
ENV NVM_SYMLINK_CURRENT=true \
    PATH="${NVM_DIR}/current/bin:${PATH}"
RUN bash /tmp/library-scripts/node-debian.sh "${NVM_DIR}" "${NODE_VERSION}" "${USERNAME}" \
    && apt-get clean -y && rm -rf /var/lib/apt/lists/*

# Remove library scripts for final image
RUN rm -rf /tmp/library-scripts

# [Optional] Uncomment this section to install additional OS packages.
# RUN apt-get update && export DEBIAN_FRONTEND=noninteractive \
#     && apt-get -y install --no-install-recommends <your-package-list-here>
```

ベースイメージmcr.microsoft.com/vscode/devcontainers/base:${BASE_IMAGE_VERSION_CODENAME}(❶)にJDKをインストール(❷)し、リポジトリのlibrary-scriptsフォルダのスクリプト(❸)を使って、ビルドツール(❹)やNode.jsを導入(❺)していることがわかります。

これでハンズオンリポジトリの.devcontainerフォルダにbase.Dockerfileとlibrary-scriptsフォルダがない理由がわかりましたね。ハンズオンではVS Code開発チームがすでにビルドしたイメージをベースとして使った、というわけです。

さて、すると今度はmcr.microsoft.com/vscode/devcontainers/base:${BASE_IMAGE_VERSION_CODENAME}の定義が気になるでしょう。こちらもリポジトリが公開されています[注36]。

そしてさらに、そのベースはbuildpack-deps:${VARIANT}-curlです[注37]。VARIANTはbullseyeですので、対象のDockerfileを見てみましょう[注38]。

注36 「vscode-dev-containers - Debian」https://github.com/microsoft/vscode-dev-containers/tree/v0.231.6/containers/debian

注37 「docker-library/buildpack-deps」https://github.com/docker-library/buildpack-deps

注38 「docker-library/buildpack-deps - debian/bullseye/curl」https://github.com/docker-library/buildpack-deps/blob/master/debian/bullseye/curl/Dockerfile

```
https://github.com/docker-library/buildpack-deps/blob/master/debian/bullseye/curl/Dockerfile
#
# NOTE: THIS DOCKERFILE IS GENERATED VIA "apply-templates.sh"
#
# PLEASE DO NOT EDIT IT DIRECTLY.
#

FROM debian:bullseye

# 以降でcurlなど必要最小限のパッケージを導入している

RUN set -eux; \
    apt-get update; \
    apt-get install -y --no-install-recommends \
        ca-certificates \
        curl \
        netbase \
        wget \
    ; \
    rm -rf /var/lib/apt/lists/*

RUN set -ex; \
    if ! command -v gpg > /dev/null; then \
        apt-get update; \
        apt-get install -y --no-install-recommends \
            gnupg \
            dirmngr \
        ; \
        rm -rf /var/lib/apt/lists/*; \
    fi
```

ようやく、最深部にたどり着いたようです。debian:bullseye注39をベースイメージとして、レイヤを重ねていることがわかりました。

Dev Containerに限った話ではありませんが、利用するベースイメージがどのように作られているかは、把握しておくべきです。ベースイメージに含まれるライブラリやツールのバージョンや仕様を確認する機会は、開発、運用を通じて多々あります。ブラックボックスにならないようにしましょう。また、定義や作り方が公開されていないイメージには注意してください。

注39 「debian - Docker Official Image」https://hub.docker.com/_/debian

2.4 好みのDev Containerを作るには

ここまでのハンズオンは、筆者の用意したDev Containerで行いました。Dev Containerの理解が進むと、自分やチームの好みに合わせたDev Containerを作りたくなるでしょう。

ベースイメージをたどる過程でリポジトリをいくつか紹介したため、すでにお気付きかもしれませんが、VS CodeとGitHub Codespacesの開発チームはdevcontainer.jsonと関連ファイルをGitHubで公開しています[注40]。さまざまな言語やツール向けのDev Containerが公開されています。それらをまとめた、オールインワンなDev Containerもあります[注41]。

ゼロからdevcontainer.jsonやDockerfile、スクリプトを書くのはたいへんです。しかし、公開されている豊富なコードが助けになると思います。まずはdevcontainer.jsonで言語ランタイムのバージョンを変える、VS Codeの設定を追加する、など、シンプルな変更から始めるとよいでしょう。

devcontainer.jsonと関連ファイルを変更したら、コンテナの再ビルドを行ってください。フォルダを開いたときなどはVS Codeが変更を検出し、再ビルドを促すダイアログが表示されます。もしされない場合はコマンドパレットを開き「Remote-Containers: Rebuild and Reopen in Container...」で再ビルドしてください。

なお、本章のハンズオンでも利用しましたが、featuresというDev Containerへ言語やツールの追加を容易にするしくみもあります。選択できる言語やツール、その内容についてはVS Code[注42]やDevelopment Container仕様[注43]の公式ページを確認してください。

たとえばGitHub CLIを追加したい場合には、devcontainer.jsonで以下のようにシンプルに設定できます。

.devcontainer/devcontainer.json
```
"features": {
    "ghcr.io/devcontainers/features/github-cli:1": {
        "version": "latest"
    },
}
```

コマンドパレットの「Dev Containers: Configure Container Features」からも、機能を追加できます。

注40 「VS Code Remote / GitHub Codespaces Container Definitions」https://github.com/microsoft/vscode-dev-containers
注41 「GitHub Codespaces (Default Linux Universal)」https://github.com/microsoft/vscode-dev-containers/tree/main/containers/codespaces-linux
注42 「Dev Container Features」https://code.visualstudio.com/docs/devcontainers/containers#_dev-container-features
注43 「Available Dev Container Features」https://containers.dev/features

Column ドキュメント執筆環境もDev Containerで整える

筆者はアプリケーション開発のほかに、ドキュメント執筆環境もDev Containerで整えています。textlint[注44]とVS Codeのtextlint拡張機能[注45]を利用し、書きながら校正できるようにしています。

例を挙げます。本書は「コンテナ」に長音符を付けない、というルールで書いています。そのルールを定義しておくと、textlintが図2.19のように警告してくれます。

図2.19 vscode-textlintによる警告

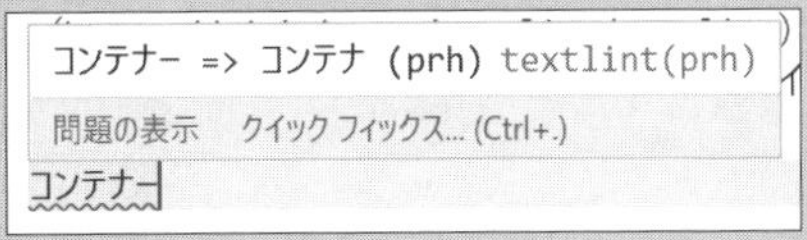

```
コンテナー => コンテナ (prh) textlint(prh)
問題の表示　クイック フィックス... (Ctrl+.)
コンテナー
```

ところで、textlintは非常に便利なのですが、Node.jsが必要です。そして筆者はNode.jsのバージョン管理が苦手です。できれば端末にインストールしたくない、環境を汚したくないと考えるタイプです。そこで、Dev Containerに執筆環境を閉じ込めています。以下は筆者が執筆環境用に使っている`devcontainer.json`と`Dockerfile`です。ベースイメージには、textlintが必要とするNode.jsを含んだものを使います。

```
{
    "name": "Node.js",
    "build": {
        "dockerfile": "Dockerfile",
        "args": {
            "VARIANT": "16-bullseye"
        }
    },
    "settings": {
        "textlint.run": "onType",
    },
    "extensions": [
        "dbaeumer.vscode-eslint",
        "taichi.vscode-textlint",
        "ms-vscode.live-server"
    ],

    "remoteUser": "node",
    "features": {
        "git": "latest",
        "github-cli": "latest"
    }
}
```

注44 https://github.com/textlint/textlint
注45 https://github.com/taichi/vscode-textlint

```
ARG VARIANT="16-bullseye"
FROM mcr.microsoft.com/vscode/devcontainers/javascript-node:0-${VARIANT}

RUN apt-get update && export DEBIAN_FRONTEND=noninteractive \
    && apt-get -y install --no-install-recommends vim

RUN su node -c "npm install -g textlint textlint-rule-prh textlint-filter-rule-allowlist"
```

この2つのファイルをドキュメントのリポジトリルートに作った.devcontainerフォルダに置き、同じくルートに.textlintrcファイルを作ります。以下は、prh-rulesフォルダに、校正ルールのファイル./prh-rules/container-book.ymlと、許可する単語のファイル./prh-rules/allow.ymlを配置する.textlintrcの例です。

```
{
    "rules": {
        "prh": {
            "rulePaths": [
                "./prh-rules/container-book.yml"
            ]
        }
    },
    "filters": {
        "allowlist": {
            "allowlistConfigPaths": [
                "./prh-rules/allow.yml"
            ]
        }
    }
}
```

ドキュメントや書籍には、それぞれの校正ルールがあります。よって、ルールはドキュメントの外にある知識や、それぞれの執筆者が使うツールに依存しないほうがよいでしょう。そこで、ドキュメント自身にルールを定義するのです。ルールを自己定義したリポジトリを共有することで、チームでの運用も容易になります。ルールとツールをDev Containerに閉じ込め、楽に作成、維持できるこのアプローチを、筆者は気に入っています。

実は本書も、チームでGitHubリポジトリを共有し、Dev Containerを使って書きました。

コンテナアプリケーションのためのワークフロー

ここまでは、開発者それぞれが行う作業、インナーループに焦点を当ててきました。アプリケーション開発の流れには、加えてチームのワークフロー、アウターループがあります。一般的なワークフローでは、コードリポジトリへのpushやPull Requestをトリガに、チームで定めたコーディングルールに従っているかを確認したり、テストを自動実行します。コードのセキュリティスキャンを行うこともあります。

コンテナアプリケーション開発においても、基本は同じです。コンテナ特有の代表的なタスクは、脆弱性(ぜいじゃくせい)の検出を目的とした、ベースイメージを含めたイメージのスキャンです。また、コンテナをリリースするワークフローでは、ビルドしたコンテナイメージを成果物としてレジストリへpushします。

2.5.1 ≫ GitHub Actionsを使ったワークフローを構築する

GitHub Actionsには、このようなワークフローを実現するためのアクションが多く公開されています[注46]。

そこでこの節では、GitHub Actionsを使ったコンテナアプリケーションのCI、リリースのワークフロー例を紹介します。対象は、本章のハンズオンで使ったJavaアプリケーションです。

GitHub ActionsはワークフローをYAMLで定義します。以降で解説するYAMLは、ハンズオンのリポジトリのフォルダ`.github/workflows`にあります。

2.5.2 ≫ CIワークフロー

ハンズオンのCIワークフローでは、ユニットテストとスモークテストを行うことにします。

このワークフローは、以下の変更が含まれたpush、Pull Request時に実行されます。

- **リポジトリのパス**`apps/part1/**`**(本章のアプリケーション)**
- `.github/workflows/part1_ci.yml`**(このワークフローの定義ファイル)**

また、ワークフローをGitHubのUIから手動実行できるよう、`workflow_dispatch`も指定しました。

GitHub Actionsは豊富なトリガ条件を設定できます。詳細は公式ドキュメントを参考にしてください[注47]。

注46「GitHub Actions - Marketplace」https://github.com/marketplace?category=&query=&type=actions

注47「ワークフローをトリガするイベント」https://www.github.wiki/ja/actions/using-workflows/events-that-trigger-workflows

◆CIワークフローを実行する

ではワークフローを実行してみましょう。**図2.20**のように、GitHubのリポジトリで「Actions」タブを開くと、Actionsの有効化を求められます。有効化すると、ページ左側にCIワークフロー「CI(Part1)」があるはずです。GitHub上で手動実行してみましょう。クリックすると右側のワークフローリスト上部に「This workflow has a workflow_dispatch event trigger」というメッセージが表示されます。つまり手動実行可能、ということです。ボタン「Run workflow」をクリックすると、対象のブランチを選択のうえ、ワークフローをトリガできます。

図2.20 ワークフローの手動実行

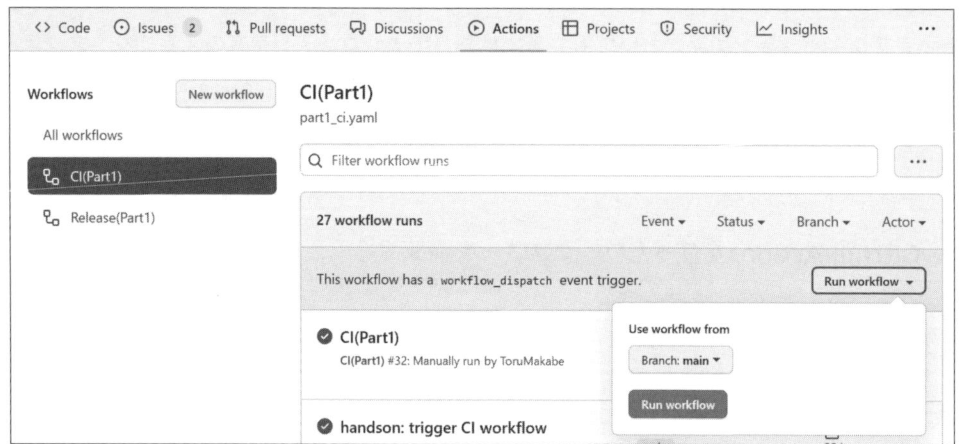

手動実行ではなく、Git操作からのトリガを体験したい場合は、次の手順を参考にしてください。手動実行した人は、pushの終了まで読み飛ばしてもかまいません。

この節のコマンドは引き続きDev Containerのターミナルで実行してください。

前の節でapps/part1/のサンプルコードを編集している場合はcommitします。

```
$ git commit -am 'handson: trigger CI workflow'
```

サンプルコードを編集していなければ、ダミーファイルを作ってcommitしてください。

```
$ touch apps/part1/dummy
$ git add apps/part1/dummy
$ git commit -m 'handson: trigger CI workflow'
```

なお、`git commit`コマンドでGitの設定を求められたら、commitに必要な設定が不足しています。メッセージの指示に従い`git config`コマンドで行ってください[注48]。

注48 VS CodeのDev Container拡張機能はローカルの`.gitconfig`をDev Containerへコピーするため、作成した環境によっては不要です。 https://code.visualstudio.com/docs/devcontainers/containers#_sharing-git-credentials-with-your-container

commitできたら、mainブランチにpushします。

```
$ git push origin main
```

手動実行、もしくはpushを契機に、CIワークフローが実行されます。図2.21のように、GitHubのリポジトリで「Actions」タブを開くと、実行したワークフローがあるはずです。

図2.21 GitHub Actionsワークフローリスト

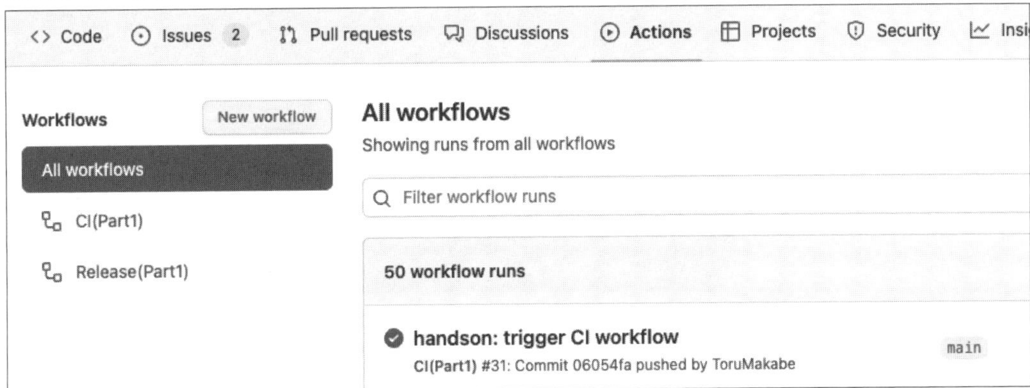

実行したワークフローをクリックすると、図2.22のようにジョブを確認できます。

図2.22 GitHub Actionsジョブリスト

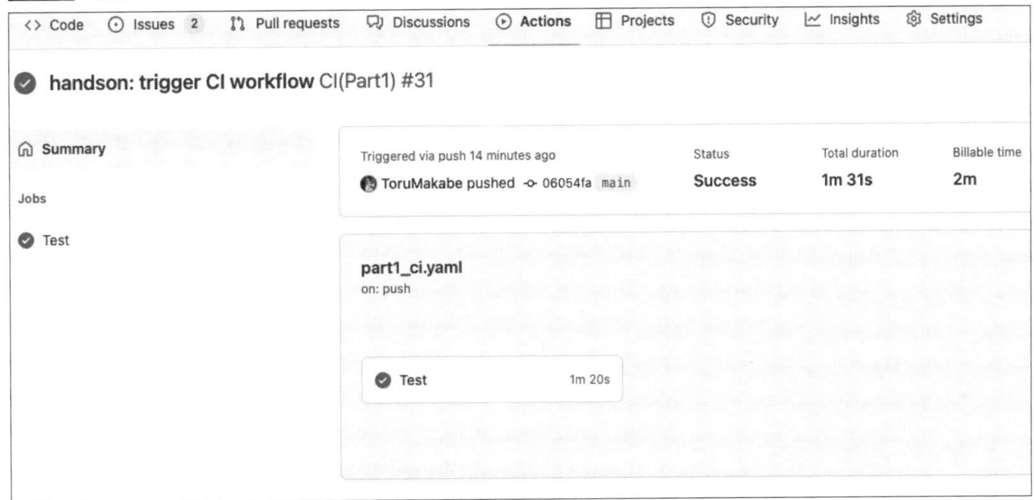

さらにジョブをクリックすると、ステップごとの結果がわかります。図2.23のように、ステップをクリックして展開すると、ログが見えます。

図2.23 GitHub Actionsログ

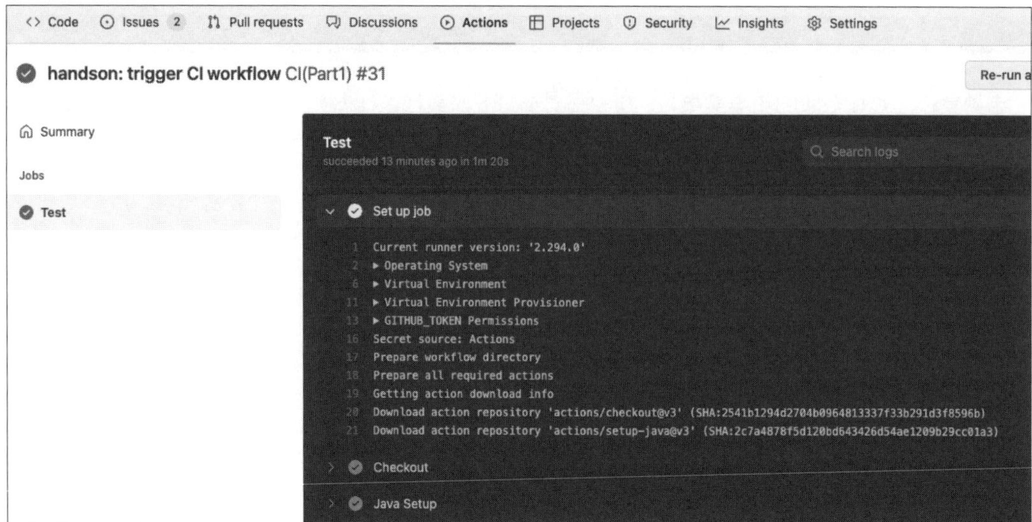

◆CIワークフローの解説

ワークフローは正常終了したでしょうか。では、実行したワークフローの解説を進めます。.github/workflows/part1_ci.ymlのキーjobs.stepsにある、テストを実行しているステップ"Unit test"と"Smoke test"に注目してください。

.github/workflows/part1_ci.yml

```
name: "CI(Part1)"

on:
  push:
    tags-ignore:
      - "*"
    branches:
      - "main"
    paths:
      - 'apps/part1/**'
      - '.github/workflows/part1_ci.yml'
  pull_request:
    types:
      - opened
      - synchronize
      - reopened
    paths:
      - 'apps/part1/**'
      - '.github/workflows/part1_ci.yml'
  workflow_dispatch:
```

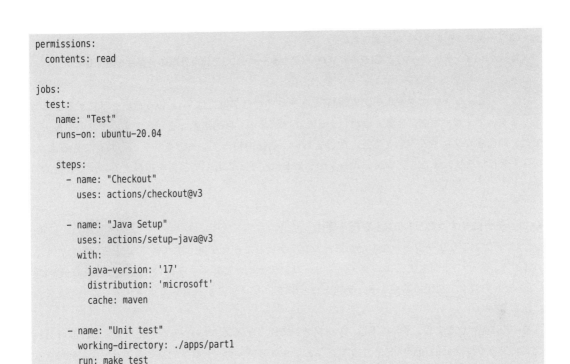

```
permissions:
  contents: read

jobs:
  test:
    name: "Test"
    runs-on: ubuntu-20.04

    steps:
      - name: "Checkout"
        uses: actions/checkout@v3

      - name: "Java Setup"
        uses: actions/setup-java@v3
        with:
          java-version: '17'
          distribution: 'microsoft'
          cache: maven

      - name: "Unit test"
        working-directory: ./apps/part1
        run: make test

      - name: "Smoke test"
        working-directory: ./apps/part1
        run: make docker-smoke-test-with-build
```

◆ユニットテストの解説

.github/workflows/part1_ci.ymlのステップ"Unit test"で、Make[注49]コマンドmake testを実行しています。Makefileはハンズオンのリポジトリのフォルダapps/part1にあります。ここでは説明に必要な部分のみ引用します。

apps/part1/Makefile

```
test:
	mvn --batch-mode test
```

Mavenのテストコマンドmvn --batch-mode testで、ビルドのエラーやユニットテストの失敗がないかをチェックしています。このようにコンテナアプリケーションでも、非コンテナアプリケーションと同様のユニットテストを行います。

なお、必ずしもMakeを使う必要はありません。アクションのrun文にMavenのコマンドを直接書くこともできます。ですが、筆者は下記の理由から、Makeを使うことが多いです。

- **開発者がローカルでも頻繁に行う作業は、できる限り少ない手数、タイプ数で実行できるようにしたい**

注49 「GNU Make」https://www.gnu.org/software/make/

- CIワークフローをシンプルに書きたい
- ローカル(インナーループ)とCIワークフロー(アウターループ)で行う作業の一貫性を確保したい

インナーループとアウターループで「同じことをやるのは無駄では？」という意見を耳にすることもあります。ですが、筆者は無駄とは思いません。なぜなら、目的が異なるからです。インナーループでは、開発者がすばやく確認と修正、改善を行い、自信を持ってコードをチームと共有できるよう、テストを行います。また、アウターループのテストは、チームとして品質を担保するのが主な目的です。

◆コンテナにせずユニットテストを行う理由

「コンテナアプリケーションなのだから、コンテナにしてからテストすべきでは」と思われたかもしれません。よいご質問です。ユニットテストをコンテナへとビルドする前に実施する理由の一つは、「ユニットテストで利用するビルド、テストツールを、リリースするコンテナイメージに含めたくないから」です。

具体的に見ていきましょう。以下は、ハンズオンで使ったアプリケーションをビルドするDockerfileです。ファイルはapps/part1にあります。なお、Javaアプリケーション向けにはJib[注50]など代替となるコンテナビルダがありますが、本章では基本であるDockerfileを前提とします。Jibは第2部で紹介します。

apps/part1/Dockerfile
```
FROM maven:3.8-eclipse-temurin-17 as builder
RUN mkdir /project
COPY . /project
WORKDIR /project
RUN mvn clean package -DskipTests
RUN mkdir -p target/dependency
WORKDIR /project/target/dependency
RUN jar -xf ../*.jar

FROM gcr.io/distroless/java17-debian11
USER nonroot:nonroot
ARG DEPENDENCY=/project/target/dependency
COPY --from=builder ${DEPENDENCY}/BOOT-INF/lib /app/lib
COPY --from=builder ${DEPENDENCY}/META-INF /app/META-INF
COPY --from=builder ${DEPENDENCY}/BOOT-INF/classes /app
EXPOSE 8080
ENTRYPOINT ["java","-cp","app:app/lib/*","hello.Application"]
```

このDockerfileは、2つのステージに分かれています。ビルドを行うbuilderステージと、その成

注50 https://github.com/GoogleContainerTools/jib

果物でコンテナイメージを作るステージです。builderステージでは、Mavenを含んだサイズの大きなベースイメージmaven:3.8-eclipse-temurin-17を使っています。このイメージのサイズは535MB(圧縮前)あります。

コンテナイメージのサイズはコンテナ作成時間に影響するため、できる限り小さくしたいものです。また、利用しないライブラリやツールは無駄なだけでなく、脆弱性が見つかった際に攻撃対象となり得ます。

そこで、ステージを分けてビルドする「マルチステージビルド」という手法が使えます。マルチステージビルドによって、リリース向けイメージのベースには軽量で攻撃対象領域が狭いものを使い、前のステージで作った成果物だけをCOPY --from=builder文でコピーできます。

サンプルで利用しているgcr.io/distroless/java17-debian11は、シェルやパッケージマネージャーを含まない、軽量でセキュアなベースイメージです[注51]。OpenJDKを含むため劇的にサイズを減らせるわけではありませんが(圧縮前231MB)、そのセキュアさは魅力です。

一方、distrolessはシェルを含まないためデバッグがしにくい、という考慮点もあります。解決策はいくつかあります。

- **:debugタグ付きのイメージで、デバッグ用のイメージを作る**[注52]
- **Kubernetesのエフェメラルコンテナなど、コンテナオーケストレータの支援機能を使う**[注53]

テストの話から若干脱線しましたが、ベースイメージの選定はコンテナアプリケーション開発の重要なテーマです。サイズやセキュリティ、デバッグのしやすさ、また、利用するコンテナオーケストレータも考慮し、決めてください。

以上がユニットテストをコンテナで行わない理由の背景です。アプリケーションで使うランタイムやフレームワーク、ビルドやテストツールによっては、コンテナで行ってもよいでしょう。

なお、テスト向けのステージをDockerfileで定義し、docker buildの--targetオプション付きでビルドする、という方法もあります[注54]。テスト向けのコンテナイメージを別途作るわけです。しかし、ユニットテストのたびにコンテナのビルドが走るため、その所要時間と使用リソース量は懸念点です。

◆結合テストの補足(ハンズオンコードなし)

結合テストやスモークテストも、非コンテナアプリケーションと同様にCIワークフローで行えます。実行するか否かの重要な判断ポイントは、「依存する、または必要なリソースやツールを、CIワークフローで容易に準備できるか」でしょう。代表例はデータベースです。前の章でも触れたとおり、

注51 「"Distroless" Container Images」https://github.com/GoogleContainerTools/distroless
注52 「Debug Images」https://github.com/GoogleContainerTools/distroless#debug-images
注53 「エフェメラルコンテナによるデバッグ」https://kubernetes.io/ja/docs/tasks/debug-application-cluster/debug-running-pod/#ephemeral-container
注54 「Run your tests」https://docs.docker.com/language/java/run-tests/

モックではない本物のデータベースを楽に準備できることは、コンテナのわかりやすい価値です。

外部リソースを準備するために使われる代表的なツールは、Docker Compose注55です。以下はDockerの公式ドキュメントから要点のみ引用した、Docker Composeの定義ファイル(YAML)です。

```
version: "3.9"
services:
  web:
    build: .
    ports:
      - "8000:5000"
  redis:
    image: redis
```

services.webは開発対象のアプリケーション、services.redisはそのアプリケーションが依存するRedisキャッシュストアと理解してください。これらをDocker Composeでは「サービス」と呼びます。

この定義ファイルを指定してdocker compose upコマンドを実行すると、同じディレクトリにあるDockerfileを使ってコンテナをビルドし、ポートマッピングと合わせ、アプリケーションコンテナを作成します。また、Docker HubからRedisのイメージをpullし、Redisコンテナを作成します。

このように複数のコンテナをコントロールできることが、Docker Composeの価値です。加えて、それらのコンテナが通信できるよう同じネットワークに作成し、名前解決も可能にします。servicesのキーに指定した名前で名前解決ができるのです。この例では、webで定義しているアプリケーションコンテナへredisのIPアドレスを渡す必要はありません。コンテナ内からホスト名redisで名前解決できます。

なお、Docker Composeのほかにも、依存リソースを作成、接続する方法はあります。たとえばGitHub Actionsは、サービスコンテナという機能を提供しています注56。サービスコンテナは、ワークフローのアクションが必要とするリソースをDockerコンテナで作成し、接続できるようにする機能です。しかし、便利な反面、インナーループでは使えないというトレードオフがあります。意識して使いましょう。

ハンズオンで使ったSpringアプリケーションは外部の依存リソースがないため、このハンズオン向けのコードはありませんが、外部リソースをコンテナで準備できるケースでDocker Composeはとても便利です。ぜひ覚えておいてください。

◆スモークテストの解説

Docker Composeはスモークテストにも有用です。スモークテストとは、電子部品や機械の試験で使われる用語で、「通電させて発煙しないか」を確認する、基本的な試験です。ITの世界では、サーバな

注55 「Overview of Docker Compose」https://docs.docker.com/compose/
注56 「サービスコンテナについて」https://docs.github.com/ja/actions/using-containerized-services/about-service-containers

どハードウェアの通電のみならず、ソフトウェアの基本的な試験を指すこともあります。

確たる定義はありませんが、コンテナのスモークテストは「ビルドしたイメージでコンテナを作成し、サービスが起動できたか確認する」くらいで十分と筆者は考えています。これだけ、と思われるかもしれませんが、この程度でも気軽に、頻繁に実行できれば、価値はあります。特にコンテナ開発の初期には、バイナリのコピー先や実行パス、ポートマッピングなど、基本的な間違いをしがちです。それをチェックできるからです。

CIワークフロー(.github/workflows/part1_ci.yml)のステップ"Somke test"がその例です。ユニットテストと同様にMakeを使いmake docker-smoke-test-with-buildを実行しています。

apps/part1/Makefile
```
SHELL = /bin/bash
IMAGE_NAME ?= azcondevbook-part1
IMAGE_TAG ?= local
export IMAGE_NAME
export IMAGE_TAG

.PHONY: test build docker-build docker-smoke-test docker-smoke-test-with-build

docker-build:
	docker compose build --no-cache

docker-smoke-test:
	docker compose up --exit-code-from smoke-test

docker-smoke-test-with-build: docker-build docker-smoke-test
```

docker-smoke-test-with-buildは、docker-buildとdocker-smoke-testの組み合わせです。ビルド済みのイメージはすでにあり、スモークテストだけすばやく行いたいというケースも多いため、ビルドとスモークテストは、それぞれ単独で実行できるようにしています。

docker-smoke-testで、docker compose upコマンドを実行しています。Docker Composeは定義ファイルが指定されない場合./docker-compose.ymlを読み込みます。ファイルはリポジトリのフォルダapps/part1にあります。

apps/part1/docker-compose.yml
```
version: "3.9"
services:
  spring-boot-helloworld:
    build: .
    image: "${IMAGE_NAME}:${IMAGE_TAG}"
    ports:
      - "8080:8080"
  smoke-test:
    image: "curlimages/curl"
```

```
    command:
      [
        "--retry-connrefused",
        "--retry",
        "5",
        "-s",
        "http://spring-boot-helloworld:8080"
      ]
    depends_on:
      - spring-boot-helloworld
```

servicesにサービスは2つあり、サンプルアプリケーションのspring-boot-helloworldと、スモークテスト用のcurlを実行するsmoke-testです。spring-boot-helloworldは、環境変数で指定されたコンテナイメージを使います。もしなければ、buildの指定でわかるとおり、カレントディレクトリのDockerfileを使ってビルドを行います。

そしてsmoke-testは、spring-boot-helloworldが作成され、ポート番号8080でHTTPサービスを開始したかを、curlコンテナを使って確認します。先述のとおり、URLのホスト名にIPを指定する必要はなく、サービス名spring-boot-helloworldをホスト名として使えます。なお、depends_onでspring-boot-helloworldが先に起動するよう指定していますが、サービスがすぐに開始するとは限らないため、curlのオプションで再試行できるようにしています[注57]。余談ですが、サービスが起動したかをチェックできるコンテナオーケストレータもあります。Kubernetesがそうです。

◆そのほかのテスト

本書の焦点から外れるため割愛しますが、E2E(*End to End*)テストなど、ほかのテストも非コンテナアプリケーションの場合と、基本的な考え方は変わりません。GitHub ActionsはDockerとDocker Composeを実行できるため、テスト対象をコンテナとして実行するだけでなく、テストに使うツールの選択肢、実行手段も豊富です。

なお、本番のコンテナ実行環境として、次章以降で扱うコンテナオーケストレータを選択するケースがほとんどでしょう。その場合、E2Eテストや負荷テスト、障害注入と回復テストなどは、オーケストレータ上で行うべきです。次に解説するリリースワークフローでコンテナイメージをレジストリにpushしたのち、テスト用のオーケストレータ環境にデプロイ、そのあとにテストを実行、という別のワークフローを作るのが一般的です。その理由は、オーケストレータ上で行いたいテストには、時間がかかるものが多いためです。ハンズオンのCIワークフローのように、ユニット、結合、スモークテストはすばやく回せるよう、オーケストレータを使ったテストワークフローは別に用意したほうがよい、と筆者は考えます。

注57 Docker Composeのhealthcheck機能を使う手もあります。https://docs.docker.com/compose/compose-file/compose-file-v3/#healthcheck

2.5.3 » リリースワークフロー

それでは本章の最後のテーマ、リリースワークフローを解説します。コードはCIと同様、ハンズオンのリポジトリのフォルダ.github/workflowsにあります。

このワークフローは、以下条件を満たすイベントにより実行されます。

- **パターン**part1-v*.*.***にマッチするGitタグのpush**

リリースバージョンに合わせたタグを打つ運用は、一般的です。本書の都合で「part1-」という接頭辞を入れていますが、それを除いたセマンティックバージョニング「(major).(minor).(patch)」がよく使われます[注58]。厳密にはセマンティックバージョニングに「v」は含みません。しかし、バージョンを表すために追加することがよくあります。

◆リリースワークフローを実行する

では、リリースワークフローを実行しましょう。

workflow_dispatchを定義しているので、GitHubから手動実行が可能です。手動実行ではなくGitの操作を含めて体験したい場合は、タグを打ち、pushしてください。以下のコマンドで、すでに打っているタグを確認できます。

```
$ git tag
```

まだタグはないはずです。では、part1-v1.0.0のように指定します。新たなコミットを伴わないタグですが、テスト目的なのでヨシ！とします。

```
$ git tag part1-v1.0.0
$ git push --tags
```

タグを打った場合は、できあがるコンテナイメージのタグも:v*.*.*となるようにしました。手動実行した場合は:testです。

GitHubでワークフローの実行状況を確認すると、ステップ"Build & Publish"に時間がかかっているのではないでしょうか。理由は後述します。以降の解説は、進行状況に合わせて読み進めてください。

◆リリースワークフローの解説

リリースワークフローgithub/workflows/part1_release.ymlは、前半でセキュリティスキャン、後半はリリース向けのイメージ作成とレジストリへのpushを行います。

注58 「セマンティックバージョニング2.0.0」https://semver.org/lang/ja/

.github/workflows/part1_release.yml

```
name: "Release(Part1)"

on:
  push:
    tags:
    - "part1-v*.*.*"
  workflow_dispatch:
permissions:
  contents: read
  packages: write

env:
  PACKAGE_NAME: "azcondevbook-part1"

jobs:
  release:
    name: Release
    runs-on: ubuntu-20.04
    outputs:
      repo_owner: ${{ steps.prep.outputs.repo_owner }}

    steps:
      # コンテナイメージ名に使う文字列を準備する
      # 大文字はエラーとなるため、GitHubから動的に取得する文字列は小文字に変換する https://github.com/
docker/build-push-action/issues/37
      - name: "Prepare"
        id: prep
        run: |
          if [[ ${{ github.event_name }} == 'pull_request' || ${{ github.event_name }} == 'workflow
_dispatch' ]]; then
            TAG=test
          else
            TAG=$(echo ${GITHUB_REF} | awk -F '/' '{print $3}' | sed 's/part1-//g')
          fi
          REPOSITORY_OWNER=$(echo ${{ github.repository_owner }} | tr '[:upper:]' '[:lower:]')
          REPO_NAME=$(echo '${{ github.repository }}' | tr '[:upper:]' '[:lower:]')
          echo "repo_owner=${REPOSITORY_OWNER}" >> $GITHUB_OUTPUT
          echo "repo_name=${REPO_NAME}" >> $GITHUB_OUTPUT
          echo "tag=${TAG}" >> $GITHUB_OUTPUT

      - name: "Checkout"
        uses: actions/checkout@v3

      # ここからセキュリティスキャン
      - name: "Build container for scan"
        working-directory: ./apps/part1
```

```
        run: docker build -t ghcr.io/${{ steps.prep.outputs.repo_name }}:scan-tmp .

      - name: "Scan container"
        uses: aquasecurity/trivy-action@master
        with:
          image-ref: 'ghcr.io/${{ steps.prep.outputs.repo_name }}:scan-tmp'
          format: 'table'
          exit-code: '0'
          ignore-unfixed: true
          vuln-type: 'os,library'
          severity: 'CRITICAL,HIGH'
          trivyignores: '.github/workflows/trivy/.trivyignore'

      # ここからリリース向けのイメージ作成とレジストリへのpush
      - name: "QEMU Setup"
        uses: docker/setup-qemu-action@v2
        with:
          platforms: arm64

      - name: "Docker buildx Setup"
        id: buildx
        uses: docker/setup-buildx-action@v2

      - name: "Registry Login"
        uses: docker/login-action@v2
        with:
          registry: ghcr.io
          username: ${{ steps.prep.outputs.repo_owner }}
          password: ${{ secrets.GITHUB_TOKEN }}

      - name: "Build & Publish"
        uses: docker/build-push-action@v3
        with:
          push: true
          builder: ${{ steps.buildx.outputs.name }}
          context: ./apps/part1
          platforms: linux/amd64,linux/arm64
          cache-from: type=gha
          cache-to: type=gha,mode=max
          tags: |
            ghcr.io/${{ steps.prep.outputs.repo_owner }}/${{ env.PACKAGE_NAME }}:${{ steps.prep.out
puts.tag }}
          labels: |
            org.opencontainers.image.title=${{ github.event.repository.name }}
            org.opencontainers.image.source=${{ github.event.repository.html_url }}
            org.opencontainers.image.url=${{ github.event.repository.html_url }}
            org.opencontainers.image.revision=${{ github.sha }}
```

◆セキュリティスキャンの解説

リリースワークフローgithub/workflows/part1_release.ymlのセキュリティスキャンにはTrivyアクション注59を使いました。ステップ"Build container for scan"で、セキュリティスキャン用のイメージを作ります。ビルドしたイメージはレジストリにpushせず、GitHub Actionsのランナー上に置きます。そして、後続のステップ"Scan container"でTrivyアクションがスキャンします。

検出する脆弱性の対象はOSとライブラリです。この指定により、コンテナイメージに含まれるOSやライブラリに、Trivyの脆弱性データベースにマッチするものがあれば、Trivyアクションが検出してくれます。以下が代表的なパラメータです。

- **検出する深刻度のしきい値**：severity
- **未解決の脆弱性を無視するか**：ignore-unfixed
- **検出時に異常終了するか**：exit-code

以下は、severityがHIGHのライブラリをスキャンした際のログです。exit-codeを0にすると、脆弱性が検出されてもワークフローは異常終了せずに継続します。以下は、脆弱性を検出したときのログの例です。

```
Running trivy with options:  --format table --exit-code  0 --ignore-unfixed --vuln-type  os,library
 --severity  CRITICAL,HIGH  ghcr.io/myaccount/azcondevbook-part1:scan-tmp
Global options:
2022-07-28T07:39:22.785Z    INFO    Need to update DB
2022-07-28T07:39:22.789Z    INFO    DB Repository: ghcr.io/aquasecurity/trivy-db
2022-07-28T07:39:22.789Z    INFO    Downloading DB...
33.32 MiB / 33.32 MiB [------------------------------------------------------------->] 100.00% ? p/s
 ?33.32 MiB / 33.32 MiB [------------------------------------------------------------->] 100.00% ? p/s
 ?33.32 MiB / 33.32 MiB [------------------------------------------------------------->] 100.00% ? p/s
 ?33.32 MiB / 33.32 MiB [------------------------------------------------------------->] 100.00% ? p/s
 ?33.32 MiB / 33.32 MiB [------------------------------------------------------------->] 100.00% ? p/s
 ?33.32 MiB / 33.32 MiB [------------------------------------------------------------->] 100.00% ? p/s
 ?33.32 MiB / 33.32 MiB [---------------------------------------------------] 100.00% 28.83 MiB p/s
 1.4s2022-07-28T07:39:24.467Z    INFO    Vulnerability scanning is enabled
2022-07-28T07:39:24.467Z    INFO    Secret scanning is enabled
2022-07-28T07:39:24.467Z    INFO    If your scanning is slow, please try '--security-checks vuln' to
 disable secret scanning
2022-07-28T07:39:24.467Z    INFO    Please see also https://aquasecurity.github.io/trivy/0.30.4/
docs/secret/scanning/#recommendation for faster secret detection
2022-07-28T07:39:27.433Z    INFO    Detected OS: debian
2022-07-28T07:39:27.433Z    INFO    Detecting Debian vulnerabilities...
2022-07-28T07:39:27.438Z    INFO    Number of language-specific files: 1
2022-07-28T07:39:27.438Z    INFO    Detecting jar vulnerabilities...
```

注59 https://github.com/aquasecurity/trivy-action

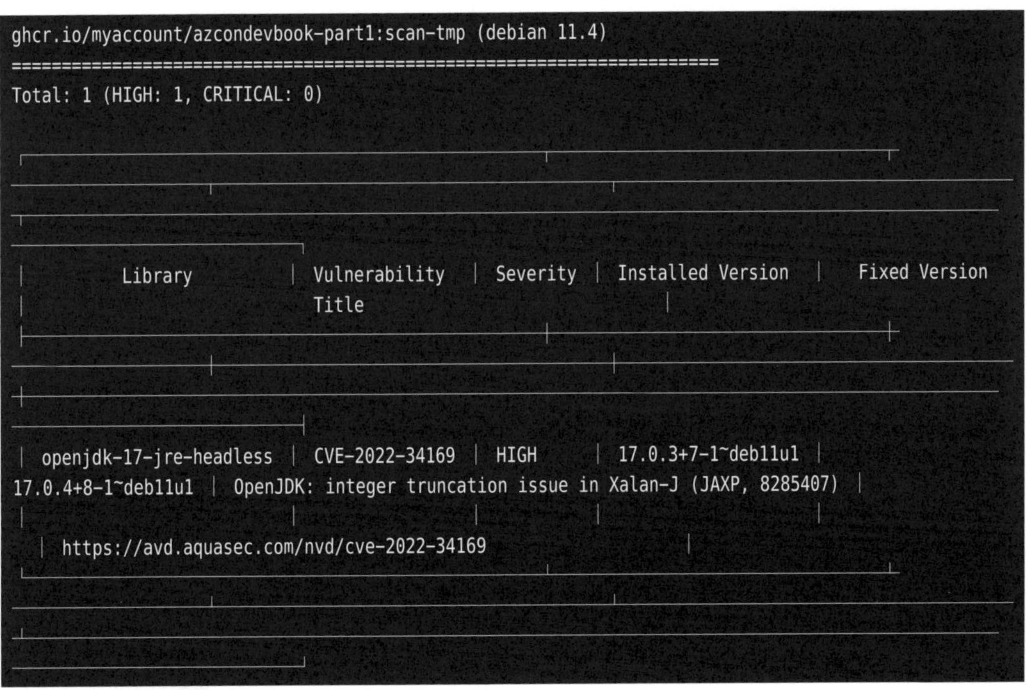

```
ghcr.io/myaccount/azcondevbook-part1:scan-tmp (debian 11.4)
==============================================================
Total: 1 (HIGH: 1, CRITICAL: 0)

│        Library          │ Vulnerability  │ Severity │ Installed Version │    Fixed Version
│                         │ Title                                │

│ openjdk-17-jre-headless │ CVE-2022-34169 │ HIGH     │ 17.0.3+7-1~deb11u1 │
17.0.4+8-1~deb11u1 │ OpenJDK: integer truncation issue in Xalan-J (JAXP, 8285407) │
│                         │                │          │                   │
   │ https://avd.aquasec.com/nvd/cve-2022-34169                         │
```

脆弱性のあるライブラリを含んだイメージをリリースしたくない場合は、ワークフローを異常終了させ、関係者が気付くようにするとよいでしょう。パラメータexit-codeを1に変更してください。ですが、リスクを理解のうえでリリースしたい場合もあります。たとえば、ライブラリとしては脆弱性対応が済んでいても、ベースイメージを管理する企業、コミュニティが対応後のイメージをリリースしていない、というケースです。そのようなときは、trivyignoresで指定したファイルに脆弱性の識別子(CVE)を書くことで除外できます。

関心があれば、パラメータexit-codeを1に変更して再実行してみてください。本書の執筆時点で見つかっていない脆弱性がTrivyによって検出され、みなさんのワークフローが失敗するかもしれません。その場合は内容を確認し、除外できるものであれば.github/workflows/trivy/.trivyignoreに追記し、ワークフローを再実行してください。スキャンは成功し、以降のステップに進めるはずです。

セキュリティの「シフトレフト」

ソースコードやコンテナイメージのセキュリティスキャンなど、脆弱性への対処をアプリケーション開発の早い段階で行う、という動向があります。開発の流れを時系列で左から右に表現すると、対処するタイミングを左側にシフトしていこう、ということで「シフトレフト」と呼ばれることもあります。たとえばリリースワークフローよりも前の段階、つまりアプリケーション開発者のローカル環境や、CIワークフローでの実施を意味します。

その動向に応えているツールもあります。たとえば先述したTrivyには、VS Code向け拡張機能[注60]があり、開発者のローカル環境でソースコードの脆弱性チェックができます。VS Code Trivy拡張機能は、執筆時点のデフォルト設定では、VS Codeのワークスペース下のファイルシステムをスキャンします。対象はコンテナイメージではなく、OS[注61]や言語[注62]のパッケージ、DockerfileやKubernetesのマニフェストなど設定ファイル[注63]です。そして、脆弱性のあるパッケージを含んでいたり、誤設定が疑われる点を指摘します。ハンズオンのDev Containerにも含めていますので、スキャンしてみましょう。コマンドパレットの「Trivy: Run trivy against workspace」から実行できます。すると**図2.24**のように、スキャン結果が表示されます。

図2.24 VS Code Trivy拡張機能でのスキャン結果

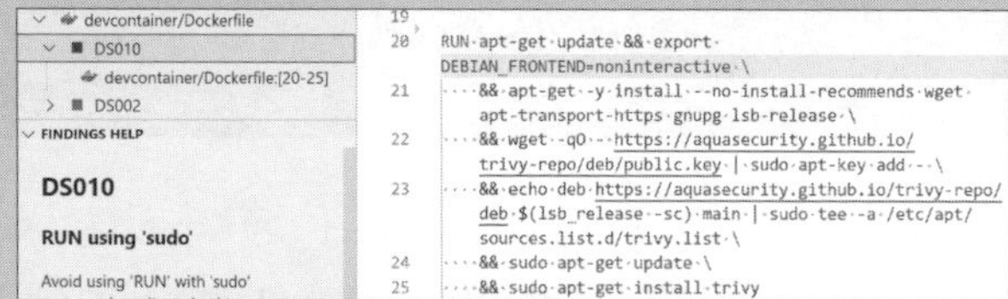

DockerfileのRUN文では、sudoコマンドは避けるべき、と指摘されました。厳しいです。ですが、普段から使っていると麻痺しがちな点を指摘してもらえるのは、うれしいですね。重要なのは「理解して使っている」ことです。

なお、本章ではコンテナイメージのセキュリティスキャンをリリースワークフローで実行しましたが、CIワークフローでも実行し、より早い段階に「シフトレフト」して脆弱性を検出することも、もちろん可能です。

一方で、日々発見される脆弱性に、アプリケーション開発者の意識と時間をどれだけ割けるか、という課題もあります。筆者もそうですが、CIワークフローでアプリケーションのテストをパスさせるのは、日々のささやかな喜びです。ですので、セキュリティスキャンで頻繁に異常終了するCIワークフローは、ちょっと嫌いです。また、検出された脆弱性をリスクをとってチェックから除外するには、セキュリティ担当者の判断が必要でしょう。自分でコントロールできないことに、振り回されたくありません。

アプリケーション開発者もセキュリティを意識すべき、という動向に議論の余地はありません。しかし、意識、対処する頻度とタイミングは、チームで現実的な解を模索すべきと考えます。また、アプリケーション開発者とセキュリティ担当者の円滑なコミュニケーション、意思決定プロセスの確立が前提となるでしょう。

注60 「Trivy Vulnerability Scanner Plugin」https://github.com/aquasecurity/trivy-vscode-extension
注61 「Supported OS」https://aquasecurity.github.io/trivy/v0.30.4/docs/vulnerability/detection/os/
注62 「Language-specific Packages」https://aquasecurity.github.io/trivy/v0.30.4/docs/vulnerability/detection/language/
注63 「Built-in Policies」https://aquasecurity.github.io/trivy/v0.30.4/docs/misconfiguration/policy/builtin/

◆コンテナイメージのビルド、レジストリへのpushの解説

ではいよいよ、成果物を作り、公開するステップです。対象のステップを再掲します。

.github/workflows/part1_release.yml

```
      - name: "QEMU Setup"
        uses: docker/setup-qemu-action@v2
        with:
          platforms: arm64

      - name: "Docker buildx Setup"
        id: buildx
        uses: docker/setup-buildx-action@v2

      - name: "Registry Login"
        uses: docker/login-action@v2
        with:
          registry: ghcr.io
          username: ${{ steps.prep.outputs.repo_owner }}
          password: ${{ secrets.GITHUB_TOKEN }}

      - name: "Build & Publish"
        uses: docker/build-push-action@v3
        with:
          push: true
          builder: ${{ steps.buildx.outputs.name }}
          context: ./apps/part1
          platforms: linux/amd64,linux/arm64
          cache-from: type=gha
          cache-to: type=gha,mode=max
          tags: |
            ghcr.io/${{ steps.prep.outputs.repo_owner }}/${{ env.PACKAGE_NAME }}:${{ steps.prep.out
puts.tag }}
          labels: |
            org.opencontainers.image.title=${{ github.event.repository.name }}
            org.opencontainers.image.source=${{ github.event.repository.html_url }}
            org.opencontainers.image.url=${{ github.event.repository.html_url }}
            org.opencontainers.image.revision=${{ github.sha }}
```

GitHub ActionsのLinuxランナーは現在、x86(amd64)アーキテクチャのみ利用できます。そこでステップ"QEMU Setup"では、需要が増えつつあるarm64向けイメージをビルドするため、QEMU(エミュレータ)をセットアップします[注64]。

続けて行うのは、"Docker buildx Setup"ステップです。このステップで、Dockerイメージを作る

注64 「setup-qemu-action」https://github.com/docker/setup-qemu-action

ビルダを作成します注65。加えて、レジストリへイメージをpushするため、"Registry Login"ステップでGitHub Container Registryへログインします注66。

コンテナレジストリサービスの選び方

本章のハンズオンでは、コンテナレジストリサービスにGitHub Container Registryを選びました。ほかにも元祖レジストリサービスのDocker Hubをはじめ、最近ではMicrosoft Azure、AWS(*Amazon Web Services*)などパブリッククラウドベンダーが提供するサービスも充実しています。それぞれ特徴がありますが、「権限と資格情報の管理」「ビルダと利用者との近さ」「パブリックかプライベートか」が選定のポイントと筆者は考えます。

本章で選択したGitHub Container Registryは、GitHubリポジトリにあるソースコード、Actionsとの統合が魅力です。コンテナイメージをビルドするには、ビルダがアプリケーションのソースコードとDockerfileを読める必要があります。その点GitHubでは、ワークフローを実行するランナーに、リポジトリの読み込み権限を容易に付与できます。加えて、ビルドしたイメージをpushする際にも、レジストリへの書き込み権限が必要です。これもハンズオンで体験したように、GitHubであれば統合されています。

一方、GitHub Container Registryにあるイメージの利用者のほとんどは、GitHubの外にいます。GitHub Container Registryからイメージをpullする際に、レジストリがプライベート設定であれば、資格情報が必要です。資格情報の取り回しは課題になりがちです。

また、ビルダと利用者、どちらと近いほうがよいか、という論点もあります。GitHub Container Registryは、ネットワークの観点では、ビルダと近いです。一方でAzureやAWSなどクラウドベンダーのレジストリは、利用者と近いです。この場合の利用者は、主にコンテナオーケストレータなど実行環境を指します。

サイズの大きなイメージをpullするときは、レジストリと実行環境の間が近い、つまり低遅延であれば、より短い時間でのpullが期待できます。同じサービス内であれば、広いネットワーク帯域が使える可能性も高いでしょう。また、レジストリをパブリック(インターネット)に公開せず、実行環境とレジストリ間の通信をプライベートネットワークに閉じる機能もあります注67。実行環境にレジストリの資格情報を持たせることなく、認証できるしくみも提供されています注68。

GitHub Container Registryは、広くインターネットに公開したり、不特定多数の利用者やクラウドサービスにある実行環境に提供するのに向いているでしょう。パブリックに公開できるイメージであれば、pullするための資格情報を配る必要もありません。そして何より、パブリックに公開するのであれば、無償で使えます。

一方、レジストリをプライベートにしたい、また、実行環境が特定のクラウドサービスに絞られる場合には、それぞれのクラウドサービスが提供するレジストリを選択するとよいでしょう。

注65 「setup-buildx-action」https://github.com/docker/setup-buildx-action

注66 「login-action」https://github.com/docker/login-action

注67 「Azure Private Linkを使用してAzure Container Registryにプライベートで接続する」https://learn.microsoft.com/ja-jp/azure/container-registry/container-registry-private-link

注68 「AzureマネージドIDを使用してAzureコンテナーレジストリに対して認証する」https://learn.microsoft.com/ja-jp/azure/container-registry/container-registry-authentication-managed-identity?tabs=azure-cli

そして最後のステップです。"Build & Publish"ステップで、コンテナイメージのビルドとGitHub Container Registryへのpushを実行します注69。linux/amd64とlinux/arm64を指定し、マルチアーキテクチャ対応イメージを作成しています。QEMUはエミュレーションなので、arm64イメージの作成に時間がかかったはずです。みなさんのプロジェクト、プロダクトではarm64向けイメージの提供が不要であれば、省いてもよいでしょう。いつか必要になる日に備え、手段があることだけ覚えておいてください注70。

いずれのステップも、パラメータは直観的に理解できると思います。もし疑問があれば、それぞれのドキュメントを参照してください。

◆リリースワークフローの成果物を確認する

では、GitHub Container Registryにpushされたか、確認してみましょう。プライベートレジストリにしている場合は、ログインをお忘れなく注71。

まず、Linux/amd64マシンでpullします。イメージのタグは、Gitのタグを自分で打ってワークフローを実行した場合はそのタグを、手動で動かした場合は:testを指定します。

```
$ docker pull ghcr.io/YOUR_GITHUB_USERNAME_LOWERCASE/azcondevbook-part1:v1.0.0
$ docker image inspect ghcr.io/YOUR_GITHUB_USERNAME_LOWERCASE/azcondevbook-part1:v1.0.0 | grep
 Architecture(実際は1行)
        "Architecture": "amd64",
```

Linux/arm64マシンでも試してみましょう。AppleシリコンMacに作ったLinux仮想マシンから、同じイメージ名とタグでpullします。

```
$ docker pull ghcr.io/YOUR_GITHUB_USERNAME_LOWERCASE/azcondevbook-part1:v1.0.0
$ docker image inspect ghcr.io/YOUR_GITHUB_USERNAME_LOWERCASE/azcondevbook-part1:v1.0.0 | grep
 Architecture(実際は1行)
        "Architecture": "arm64",
```

期待どおり、GitHub Container Registryにマルチアーキテクチャ対応のイメージをpushできたことがわかりました。

注69 「build-push-action」https://github.com/docker/build-push-action

注70 言語によっては、クロスコンパイルできるコンパイラやビルダを使う、という手もあります。

注71 「Working with the Container registry」https://docs.github.com/ja/packages/working-with-a-github-packages-registry/working-with-the-container-registry

2.6 まとめ

コーディング、デバッグ、テストは、開発環境をコンテナ化しても可能なことをご理解いただけたでしょうか。そして何より、環境作成作業の容易さを実感できたはずです。チームでDev Containerを共有しておけば、新メンバーの参加や複数環境の分離、環境の再現が楽になります。使い捨てられるハンズオントレーニングの環境作りにもよいですね。

また、コンテナアプリケーションのCI、リリースワークフローの勘所も理解できたのではないか、と思います。基本的には非コンテナアプリケーションのワークフローと、実行することは同様です。ですが、コンテナイメージのセキュリティスキャン、レジストリへのpushなど、新たに必要となるタスクを意識してください。

読者のみなさんがコンテナを活かし、開発環境やワークフローを楽に準備、維持できるようになることを願っています。

2.7 第1部のまとめ

第1章では、アプリケーション開発者がコンテナを使うといったい何がうれしいのか、どのように幸せになれるのかを考えなおしてみました。そして第2章で、手を動かしながら、それが本当かを確かめました。いかがでしたでしょうか。「幸せになれそう」と感じていただけたのであれば大・大成功、「幸せになりたい」でも大成功です。コンテナが日々の開発を少しでも楽に、楽しくするきっかけ、ヒントになれば幸いです。

第2部では、ToDoリストのサンプルアプリケーションを作成し、クラウドサービスで実行します。より具体的にコンテナアプリケーションの作り方と動かし方を体験できます。お楽しみに。

第2部

シングルコンテナアプリケーションを作って動かす

—Azure Web App for Containersを使う

第3章 コンテナ実行環境にPaaSを使うという選択肢 —— Web App for Containers

運用負荷を下げ、開発に専念するための実行環境を選定しよう

前章では、コンテナを活用したアプリケーションの開発の一連の流れをシンプルなWebアプリケーションで体験しました。本章からは、データベースなどを使ったより実践的なWebアプリケーションを実行環境にデプロイし、インターネットに公開してみましょう。

本章では、コンテナの実行環境について取り上げ、マネージドサービスを活用することで、可能な限り実行環境の構築や運用を意識せず、アプリケーションの開発、運用に専念できることを紹介します。

3.1 コンテナ技術の適用に立ちはだかる実行環境の労力

Dev Containerを使ってWebアプリケーションを作成し、イメージをコンテナレジストリに登録する作業も完了しました。あとはそのイメージを実行環境で動かすだけです。それでは、その実行環境はどのように準備し、またアプリケーションとともに運用していくのでしょう。

3.1.1 » 実行環境の構築

作成したイメージを動かすためには当然実行環境の構築が必要です。Webアプリケーションのイメージを動かすためには、サーバを用意し、OSとコンテナランタイムをそれぞれ用意しなければなりません。また、サーバに対するネットワークを疎通し、ドメインやSSL(*Secure Socket Layer*)/TLS(*Transport Layer Security*)サーバ証明書を設定する作業もあります。そのうえ、システムの要件によっては、サーバやネットワークスイッチを複数台用意し、それらを複数のデータセンターに分散させ、冗長構成をとらなければならない場合もあります。このような構築作業はアプリケーション開発の片手間にできる作業では一切なく、専属のエンジニアを要する時間がかかるチャレンジングな業務と筆者は認識しています。

3.1.2 » 実行環境の運用

実行環境を構築したあとには運用が待っています。実行環境の運用と聞いてみなさんは何を思い浮かべるでしょうか。筆者が一番に思い浮かぶのがサーバやネットワークスイッチといったハードウェアの管理と、OSやコンテナランタイムなどのアプリケーションを動かすために必要なソフトウェアコンポーネントの定期的な更新です。セキュリティの観点から定期的なパッチ当てを実行基盤に行う必要があるうえに、保守期限が切れる前にハードウェアやソフトウェアの更新も実行環境の運用として行う必要があります。

また、アプリケーション自体も機能追加のために更新する必要が出てきます。実行環境へスムーズにデプロイするために、コンテナレジストリと同期することも実行環境ではサポートする必要があります。できればステージング環境にいったんデプロイし、最終テストを実施後に実行環境にデプロイする、それも極力ダウンタイムを引き起こさないで行いたい、といったアプリケーションの更新メカニズムの実現も求められます。さらに、アプリケーションを利用するユーザー数の増加に伴ったサーバの追加、サーバを含めた実行基盤自体の死活監視と、実行環境の異常からの復旧も運用に含まれます。

3.1.3 » アプリケーションの開発、運用に専念

以上で述べた実行環境の構築や運用は、アプリケーション自体の開発や運用に専念したいエンジニアにとって悩みの種です。せっかくコンテナ技術の台頭でアプリケーションの配布が容易になったのですから、アプリケーションをコンテナにパッケージングしてマネージドサービスに配布し、実行環境の運用はマネージドサービスに任せたら楽になりそうです。その結果、アプリケーションの開発にエンジニアを集中させ、開発スピードを加速させることができます。

3.2 マネージドサービスを使ってコンテナの開発・運用に専念

実行環境はマネージドサービスから選択すると決めたうえで、コンテナの実行環境としてのマネージドサービスは世の中に多数あります。

3.2.1 » Azureにおける実行環境

たとえば、Microsoft Azureだけみてもコンテナオプションの比較注1にあるように、下記マネージドサービスなどが選択肢に挙がります。

❶Azure Container Instances
❷Azure App Service
❸Azure Kubernates Service
❹Azure Container Apps

第2部では、Webアプリケーションを実行環境にデプロイし、運用するまでの一連の流れを体験します。第2部で扱うコンテナは単一コンテナです。そのため複数コンテナを取り扱うために適した実行環境であるAzure Kubernates ServiceやAzure Container Appsなどは実行環境としてオーバースペックであり、第2部のシナリオに対して煩雑さを招くため候補から外れます。

単一コンテナでWebアプリケーションをホスティングする場合、Azure Container InstancesやAzure App Serviceに候補が絞られます注2。以降、両サービスの概要を説明し、第2部で取り扱うマネージドサービスを決定します。なお、マイクロサービスなどで複数のコンテナを動作させる実行環境が必要な読者もいると思います。複数のコンテナを1つのマネージドサービスにデプロイするシナリオは第3部で取り扱います。第2部と第3部は基本的に独立していますので、第3部を先に読むことも可能です。

◆ Azure Container Instances

Azureアーキテクチャセンターのコンピューティングサービスの選択に記載があるとおり、Azure Container Instances(以降、Container Instances)はAzureで簡単にコンテナを実行する方法です注3。Container Instancesは、コンテナグループと呼ばれる、1つあるいは複数のコンテナの集合を仮想マシンで動作させるマネージドサービスととらえることができます。たとえば、Container InstancesにWebアプリケーションのイメージをデプロイすることで、下記URLでインターネットから接続可能なWebアプリケーションを実現できます。

```
<任意の名前>.<リージョン名>.azurecontainer.io:<ポート>
```

他方、そのシンプルさゆえに、SSL/TLSサーバ証明書による通信の保護やロードバランシング、スケールアウトといったWebアプリケーションに求められる機能は、サイドカーコンテナを使ったり、

注1 「Container AppsとほかのAzureコンテナーオプションの比較」https://learn.microsoft.com/ja-jp/azure/container-apps/compare-options

注2 両サービスとも複数コンテナを取り扱うことができます。ただし、Azure App ServiceにおいてはDocker Composeはプレビュー機能です。

注3 「Azureコンピューティングサービスを選択する - 基本的な機能を理解する」https://learn.microsoft.com/ja-jp/azure/architecture/guide/technology-choices/compute-decision-tree#understand-the-basic-features

ほかのマネージドサービスを組み合わせたりして、ユーザー側で構築、運用する必要があります。

たとえば、Container Instancesのドキュメントでは、HTTPSを実現する方法としてサイドカーコンテナの利用が紹介されています[注4]。具体的には**図3.1**にあるように、Webサーバ(nginx)が動作するサイドカーコンテナを使ってHTTPSによってパブリック通信を保護します。SSL/TLSサーバ証明書を設定したnginxをユーザー側で用意し、HTTPエンドポイントで待ち受けているWebアプリケーションコンテナの前段にそのnginxをリバースプロキシとして配置します。その結果、インターネットからnginxまでのパブリック通信はHTTPSで保護され、アプリケーションコードの修正なしにHTTPS接続を実現できます。しかし、nginxおよび証明書の構築、運用はユーザー側の負担となります。

図3.1 サイドカーコンテナを使ったHTTPSによるパブリック通信の保護

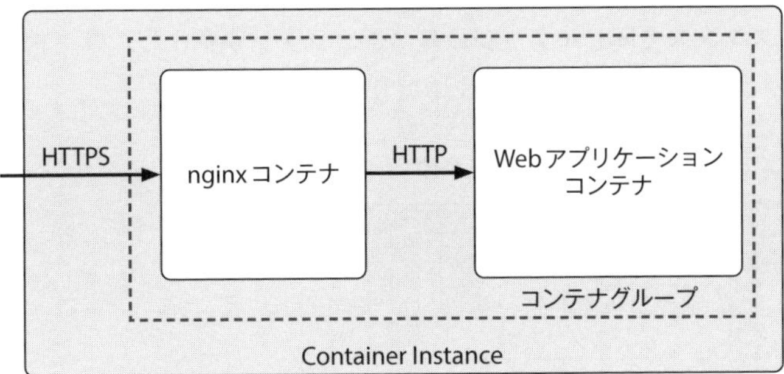

◆ Azure App Service

Webアプリケーションを構築する場合に、Azure App Service(以降、App Service)は「理想的な選択肢」とあるように[注5]、App Serviceは、HTTP(S)ベースのアプリケーションをホスティングすることに注力したマネージドサービスです。App Service自体に、カスタムドメインやHTTPSによる通信の保護、ロードバランシングやスケールアウトが機能として含まれています。

App ServiceではOSをWindowsとLinuxから選ぶことができ、また複数のホスティングオプションが存在します。一つは、マネージドサービス側があらかじめ言語のランタイムなどを用意し、そのホスティング環境にアプリケーション資材(WARファイルなど)をユーザーが組み込む「コード」ホスティングオプションが挙げられます。一方、ユーザーが用意したイメージを動作させる「コンテナ」ホスティングオプションもあります。「コンテナ」ホスティングオプションのことはWeb App for Containers[注6]と呼ばれ、Webアプリケーションのイメージの実行環境として使えます。第2部では、Web App for Containersを例にとり、マネージドサービスでのコンテナホスティングを説明します。

注4 「サイドカーコンテナーでTLSを有効にする」https://learn.microsoft.com/ja-jp/azure/container-instances/container-instances-container-group-ssl

注5 「Container Appsと他のAzureコンテナーオプションの比較 - Azure App Service」https://learn.microsoft.com/ja-jp/azure/container-apps/compare-options#azure-app-service

注6 https://azure.microsoft.com/ja-jp/services/app-service/containers/#overview

3.2.2 » App Service (Web App for Containers) でのイメージの動作

Web App for ContainersにてWebアプリケーションコンテナをホスティングした様子を**図3.2**に示します。図3.2にあるように、Web App for Containersにデプロイされたイメージは、App Serviceプランのインスタンスで動作します。インスタンスは、Web Worker、もしくは単にWorkerとも呼ばれ、仮想マシンに相当すると考えられます。

App Serviceではプラットフォーム側がL7ロードバランサを用意しており、そのロードバランサによってWebアプリケーションコンテナはHTTPSで保護されています。ロードバランサでHTTPSは終端され、HTTPとしてリクエストはコンテナに届きます[注7]。L7ロードバランサがプラットフォーム側で用意されているため、性能や可用性の要件に合わせてインスタンスを複数台用意することもできます。インスタンスが複数台ある場合、各インスタンスで同じイメージに基づきコンテナが動作し、ロードバランサによって各コンテナにHTTPリクエストがラウンドロビンで振り分けられます。

図3.2 Web App for ContainersにWebアプリケーションコンテナをホスティング

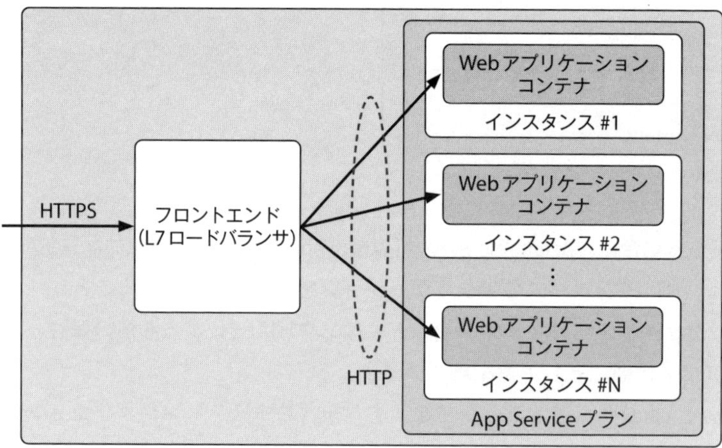

3.2.3 » App Service (Web App for Containers) の料金

マネージドサービス全般で言えることですが、Web App for Containersを使ううえで料金が発生します。App Serviceの料金にあるように、主に課金対象となるのはApp Serviceプランの種類とインスタンスの台数です[注8]。筆者は第2部を執筆するにあたり1インスタンスあたり月額13ドル程度のB1プラン(CPU1コア、メモリ1.75GB)1インスタンスを主に使用しました。より高い費用になりますが、P1V3

注7 「Inside the Azure App Service Architecture - Scale Unit Network Configuration」https://learn.microsoft.com/en-us/archive/msdn-magazine/2017/february/azure-inside-the-azure-app-service-architecture#scale-unit-network-configuration

注8 「App Serviceの価格」https://azure.microsoft.com/ja-jp/pricing/details/app-service/linux/

プラン(CPU2コア、メモリ8GB)といったより性能の良いインスタンスを使うことで、より低遅延かつ高スループットなWebアプリケーションにすることもできます。一方、より安価にもなる無料のFreeプランがありますが、1日1時間しかWebアプリケーションを動作させられません。

App Serviceプランの種類やインスタンスの台数はいつでも変更できます。そのため料金を抑えるテクニックには、コンテナを動作させる必要がない場合はWeb Appを停止し、こまめにFreeプランにスケールダウンすることが挙げられます。Web Appを停止しても、Azure Virtual Machinesの「停止(割り当て解除)」とは異なり、プランに対する課金が継続発生することに注意が必要です。

3.3 第2部のゴール

第2部においては、Webアプリケーションおよびコンテナイメージをゼロから作り、Web App for Containersでコンテナを運用するまでの一連の流れを身に付けることをゴールにします。

3.3.1 » 各章の概要

第2部の各章の概要を記載します。第5章以降は基本的に独立していますが、特定の章を飛ばさずに、第4章から順に読まれるのが理解しやすいと考えます。

◆第4章

第4章ではサンプルアプリケーションを作成し、コンテナイメージをGitHub Actionsなどを経由してWeb App for Containersにデプロイし、一般公開します。

◆第5章

第5章では、Web App for Containersで動作するコンテナから、データベースなどの外部リソースに接続する方法を説明します。

◆第6章

第6章では、Web App for Containersが提供するIDプロバイダとの連携機能を紹介し、ユーザー認証を簡単に実現できることをデモンストレーションします。

◆第7章

第7章では、可用性の高いWebアプリケーションを作るためのポイントを、Web App for Containersの機能をベースに解説します。

◆第8章

残念ながら永遠に問題なく動き続けるWebアプリケーションを作ることは困難です。有事のための備えとして、第8章では死活監視やアラート、ログ解析といった運用ノウハウを取り扱います。

3.4 まとめ

本章では、実行環境の構築や運用の難点を踏まえ、実行環境としてマネージドサービスであるWeb App for Containersを使うことにしました。次章以降、Web App for ContainersにWebアプリケーションを実際に動作させ、マネージドサービスを使うことによってアプリケーションの開発、運用に専念できることを体験できます。

Web App for Containersでのコンテナアプリケーション開発ハンズオン

サンプルアプリケーションをインターネット越しに公開しよう

本章ではいよいよWebアプリケーションをWeb App for Containersにデプロイし、インターネット越しにユーザーがアクセスできるアプリケーションを公開します。

4.1 コンテナ化するサンプルアプリケーションを用意する

本節ではサンプルアプリケーションをDev Containerで作成し、ローカルマシンで動かすまでの過程を段階を踏んで解説をします。第1部でダウンロードしたリポジトリのapps/part2に本節で作成したコードがあるため、アプリケーションの解説は不要でデプロイに進みたい方は本節をスキップし、「4.2　アプリケーションをコンテナ化してデプロイする」まで進むこともできます。なお、掲載するコードは可読性を高めるためにimport文は原則省略しています。import文を確認する場合は、各コードブロック上部に記載されたファイルを参照してください。

4.1.1 » サンプルアプリケーション —— ToDoリストの概要

第2部で取り扱うアプリケーションはToDoリストです。ToDoリストはユーザーのタスクを登録、表示し、進捗管理する、Spring BootをベースとしたWebアプリケーションです。ToDoリストの情報はデータベースに保存されています。第2章でのサンプルアプリケーションとは異なり、データベースの操作やHTTPセッション、HTTP API、HTML/JavaScript/CSSといった技術要素を組み合わせた、より実践的なWebアプリケーションとなっています。

図4.1にサンプルアプリケーションの構造を示します。ToDoリストとそれが利用するデータベースは同じコンテナイメージで動作します。コンテナイメージの実行環境はWeb App for Containersであり、Web App for ContainersはApp Serviceプランにホスティングされています。

図4.1 サンプルアプリケーションの構造

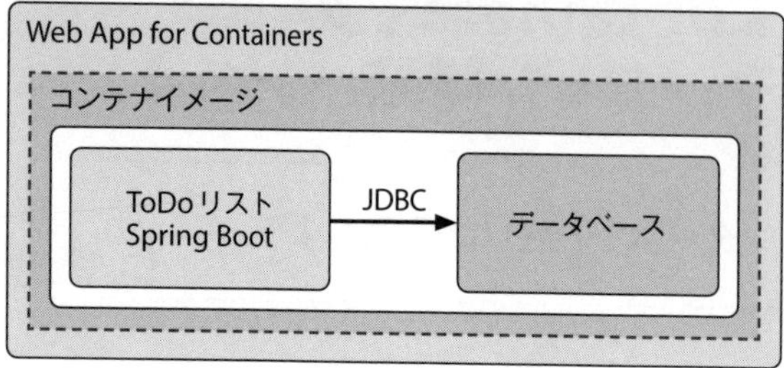

4.1.2 » Mavenプロジェクトを準備する

ToDoリストのビルドにはMavenを使います。Mavenを使うにあたり、Mavenが想定するディレクトリ階層[注1]を作ったり、Mavenの設定ファイル(`pom.xml`)を用意するといったMavenプロジェクトの準備が必要です。Mavenプロジェクトの準備は定型作業ですのでツールを活用しながら準備します。

◆Spring Initializrを用いてMavenプロジェクトを生成する

ToDoリストのMavenプロジェクトはSpring Initializr[注2]を用いて準備します。Spring Initializrは、Spring Bootを使うアプリケーションのプロジェクトを、依存ライブラリなどを設定しながらWebページで生成できる便利なWebアプリケーションです。**表4.1**の設定で**図4.2**の画面下部の「GENERATE」ボタンを押しましょう。すると設定したMavenプロジェクトをZIPファイルでダウンロードできます。

表4.1 Spring Initializrの設定内容

設定項目	設定内容
Project	Maven Project
Language	Java
Spring Boot	2.7.2[注3]
Project Metadata	
・Group	net.book-devcontainer
・Artificat	todolist
・Name	todolist
・Descrption	任意のプロジェクトの説明
・Package name	net.bookdevcontainer.todolist
Packaging	jar
Java	17

注1 https://maven.apache.org/guides/introduction/introduction-to-the-standard-directory-layout.html
注2 https://start.spring.io/
注3 もしバージョン2.7.2が選べなければ最も近いバージョンを選びましょう。

Dependencies	
・Spring Web	サーブレットコンテナやMVCフレームワークといったWebアプリケーションを作るためのライブラリ群
・JDBC API	Spring JDBCというJDBC操作を抽象化したライブラリやコネクションプールのライブラリ群
・Sprint Boot Actuator	アプリケーションのモニタリングAPIを自動生成するライブラリ群
・Validation	Form入力を検証するためのライブラリ群
・H2 Database	インメモリデータベース
・MySQL Driver	第5章で使うデータベースのJDBCドライバ

図4.2 Spring InitializrでMavenプロジェクトを生成する

spring initializr

Project: ● Maven Project ○ Gradle Project
Language: ● Java ○ Kotlin ○ Groovy

Spring Boot: ○ 3.0.0 (SNAPSHOT) ○ 3.0.0 (M4) ○ 2.7.3 (SNAPSHOT) ● 2.7.2 ○ 2.6.11 (SNAPSHOT) ○ 2.6.10

Project Metadata
- Group: net.book-devcontainer
- Artifact: todolist
- Name: todolist
- Description: Demo project for Spring Boot
- Package name: net.bookdevcontainer.todolist
- Packaging: ● Jar ○ War
- Java: ○ 18 ● 17 ○ 11 ○ 8

Dependencies　ADD DEPENDENCIES... CTRL + B

Spring Web WEB
Build web, including RESTful, applications using Spring MVC. Uses Apache Tomcat as the default embedded container.

JDBC API SQL
Database Connectivity API that defines how a client may connect and query a database.

Spring Boot Actuator OPS
Supports built in (or custom) endpoints that let you monitor and manage your application - such as application health, metrics, sessions, etc.

Validation I/O
Bean Validation with Hibernate validator.

H2 Database SQL
Provides a fast in-memory database that supports JDBC API and R2DBC access, with a small (2mb) footprint. Supports embedded and server modes as well as a browser based console application.

MySQL Driver SQL
MySQL JDBC and R2DBC driver.

◆自動生成されたプロジェクトの概要

ダウンロードしたZIPファイルを開くと以下のディレクトリ階層で資材が配置されています。重要なファイルを以下に示します。

- **TodolistApplication.java**
  アプリケーションのmain関数が定義されている
- **TodolistApplicationTests.java**
  TodolistApplication.javaのテストクラス
- **application.properties**
  Spring Bootの設定ファイル
- **pom.xml**
  本プロジェクトにおけるMavenの設定ファイル。プロジェクトのメタデータや依存ライブラリ、プラグインなどが定義されている。H2 DatabaseおよびMySQL Driverのバージョンは、生成されたpom.xmlでは指定されていないが、2.1.214、8.0.29を執筆時に利用した
- **mvnw(.cmd)**
  本プロジェクトのビルドスクリプト。Windowsではmvnw.cmdを使い、それ以外ではmvnwを使う

```
todolist
├── .gitignore
├── HELP.md
├── mvnw
├── mvnw.cmd
├── .mvn
│   └── wrapper
│       ├── maven-wrapper.jar
│       └── maven-wrapper.properties
├── pom.xml
└── src
    ├── main
    │   ├── java
    │   │   └── net
    │   │       └── bookdevcontainer
    │   │           └── todolist
    │   │               └── TodolistApplication.java
    │   └── resources
    │       ├── application.properties
    │       ├── static
    │       └── templates
    └── test
        └── java
            └── net
                └── bookdevcontainer
                    └── todolist
                        └── TodolistApplicationTests.java
```

application.propertiesにはSpring Bootの設定を記載できます。この設定ファイルを編集するのももちろんよいのですが、本書ではapplication.ymlにファイル名を変更し、YAMLで設定を記載できるようにします。

現状、空のファイルですが、ToDoリストがHTTPリクエストを待ち受けるポートを8080ポートとする設定(❶)と、HTTPセッションに要するCookie(JSESSIONID)はセキュリティを高めるために外部サイトからはブラウザに送付させない設定(❷)を追記しましょう。

apps/part2/src/main/resources/application.yml

```
server:
  # ❶
  port: 8080 # HTTP待ち受けポート

  # クロスサイトになる場合は Cookie(JSESSIONID) を送らない
  # https://developer.mozilla.org/en-US/docs/Web/HTTP/Cookies#third-party_cookies
  servlet:
    session:
      cookie:
        same-site: Strict # ❷
```

pom.xmlはSpring Boot用プラグインやSpring Initializrで指定した依存ライブラリが記述されています。一方、TodolistApplication.javaやTodolistApplicationTests.javaには自動生成されたコードが含まれるのでコードの内容を見ていきましょう。

TodolistApplication.javaでは、@SpringBootApplication(❶)によって、パッケージnet.bookdevcontainer.todolist配下にコンポーネントスキャンが走ります注4。Springのコンポーネントスキャンの結果、@Serviceや@RestControllerなどが付与されたコンポーネントのインスタンスが生成され、それらインスタンスが@Autowiredが付与された変数に代入されていきます。本クラスでは、Springを用いたアプリケーションを起動する処理注5(❷)が記述されています。

apps/part2/src/main/java/net/bookdevcontainer/todolist/TodolistApplication.java

```
package net.bookdevcontainer.todolist;

import org.springframework.boot.SpringApplication;
import org.springframework.boot.autoconfigure.SpringBootApplication;

@SpringBootApplication // ❶
public class TodolistApplication {

        public static void main(String[] args) {
                SpringApplication.run(TodolistApplication.class, args); // ❷
        }

}
```

TodolistApplicationTests.javaは、パッケージnet.bookdevcontainer.todolist配下のコンポーネントを用いてテストを実施しています。ただ現時点では、JUnitの@TestがあるメソッドcontextLoadsは空(❶)であり、実行結果は必ず成功になります。

apps/part2/src/test/java/net/bookdevcontainer/todolist/TodolistApplicationTests.java

```
package net.bookdevcontainer.todolist;

import org.junit.jupiter.api.Test;
import org.springframework.boot.test.context.SpringBootTest;

@SpringBootTest
class TodolistApplicationTests {

        @Test
        void contextLoads() { // ❶
        }
```

注4 「SpringBootApplicationアノテーション」https://docs.spring.io/spring-boot/docs/2.7.2/reference/htmlsingle/#using.using-the-springbootapplication-annotation

注5 「SpringApplication」https://docs.spring.io/spring-boot/docs/2.7.2/reference/htmlsingle/#features.spring-application

```
}
```

◆ MavenプロジェクトをDev Containerで開く

残念ながらSpring Initializrで生成したMavenプロジェクトにはDev Containerの設定が含まれていません。そのため、Dev Containerを使えるようにしましょう。Dev Containerを使ううえで必要なことは、第2章の`.devcontainer`ディレクトリを、本Mavenプロジェクトのルートディレクトリに以下のように配置（コピー＆ペースト）するだけです。

```
todolist
├─── .devcontainer
├─── .mvn
├─── src
```

Dev Containerを開き、以下のコマンドでToDoリストを起動しましょう。

```
$ ./mvnw spring-boot:run
```

まだToDoリストのロジックは実装していませんが、Spring Boot Actuatorによってヘルスチェックのエンドポイント（`/actuator/health`）が自動生成されるため、アプリケーションが動作していることを同エンドポイントから確認できます。Spring Boot ActuatorはJava Management Extensions注6とHTTPそれぞれのエンドポイントを提供します。HTTPエンドポイントはセキュリティの関係上、`health`のみデフォルトで有効となっています注7。ほかのエンドポイントに関してはドキュメントを参照してください。

Spring Boot ActuatorのHTTPエンドポイント（`/actuator/health`）にcurlでHTTPリクエストを発行すると、以下のようにJSONが返却され、アプリケーションが動作していることがわかります。

```
$ curl localhost:8080/actuator/health
{"status":"UP"}
```

4.1.3 » HTTP APIを実装する

ToDoリストの操作は、GET、PUT、DELETEなどのHTTPリクエストメソッド注8で実施できるようにHTTP APIを作成します。

HTTP Body注9には、HTTPクライアントが処理してほしい入力と、HTTPサーバが処理した出力をそれぞれ含められます。ToDoリストでは該当の入出力のデータ形式をJSON形式とします。

注6 「Java Management Extensions Technology」https://docs.oracle.com/en/java/javase/17/management/overview-java-se-monitoring-and-management.html#GUID-B2852A7F-5192-4966-8613-930C72AB587F
注7 「Exposing Endpoints」https://docs.spring.io/spring-boot/docs/2.7.2/reference/html/actuator.html#actuator.endpoints.exposing
注8 https://developer.mozilla.org/en-US/docs/Web/HTTP/Methods
注9 https://developer.mozilla.org/en-US/docs/Web/HTTP/Messages#body

◆HTTPリクエストメソッドとAPIの内容

HTTPリクエストメソッドとToDoリストに必要な操作をマッピングさせましょう。ToDoリストにおける各ToDoはタスクと呼ぶことにします。

- PUT/POST
  指定された内容で新規にタスクを登録する
- GET
  現在操作しているユーザーに紐付くタスクをすべて取得する
- PATCH
  指定したタスクの内容を修正する
- DELETE
  指定したタスクを削除する

◆HTTP APIを実装するクラスを準備する

HTTP APIを実装するために、ディレクトリsrc/main/java/net/bookdevcontainer/todolist/apiに、ファイルTodoListController.javaを作成し、次のコードを記載しましょう。

apps/part2/src/main/java/net/bookdevcontainer/todolist/api/TodoListController.java

```
package net.bookdevcontainer.todolist.api;

@RestController // ❶
@RequestMapping(path = "/api/todo", produces = MediaType.APPLICATION_JSON_VALUE) // ❷
public class TodoListController {

  private static final Logger logger = LoggerFactory.getLogger(TodoListController.class);

  // ToDoリストの操作はサービスクラスで実装
  @Autowired
  private TodoListService service; // ❸

}
```

Springにおいて@RestControllerが付与されたクラスの@RequestMappingが付与されたメソッドが、各HTTPリクエストメソッドの処理内容に相当します(❶)。@RequestMappingはクラスに対しても付与でき、@RequestMappingが付与されたメソッドの共通設定が実施でき便利です(❷)。たとえば、ToDoリストでは"/api/todo"をHTTP APIのリクエストパスとしますので、クラスレベルの@RequestMappingのpathに該当パスを指定します。その結果、HTTPクライアントはToDoリストを操作する際に"サーバ:ポート/api/todo"へHTTPリクエストを発行することとなります。また、本APIはJSONを返すため、同様にクラスレベル@RequestMappingのproducesに、MediaType.APPLICATION_JSON_VALUEを指定し、応答はJSON形式にする旨を明記しています。

TodoListControllerクラスでの処理は以下のフローになっています。

①HTTPリクエストを受け付け、HTTP BodyからToDoリストを操作するためのデータを取得
②ToDoリストを操作
③ToDoリストの操作結果をHTTPレスポンスで返却

すべてをTodoListControllerクラスで実施すると密結合なクラスとなってしまうため、「ToDoリストを操作」はTodoListServiceクラスに委譲します。この場合、委譲されたTodoListServiceクラスのインスタンス化とそれをTodoListControllerクラスに代入する手間が生じますが、Springがよしなにやってくれます。具体的には@Serviceが付与されたTodoListServiceクラスのインスタンスが、@Autowiredが付与されたメンバー変数serviceに代入されます(❸)。

TodoListServiceクラスを実装するために、ディレクトリsrc/main/java/net/bookdevcontainer/todolist/serviceに、ファイルTodoListService.javaを作成し、次のコードを記載しましょう。

apps/part2/src/main/java/net/bookdevcontainer/todolist/service/TodoListService.java

```
package net.bookdevcontainer.todolist.service;

@Service
public class TodoListService {

  @Autowired
  private JdbcTemplate jdbcTemplate; // ❶

}
```

TodoListServiceクラスはデータベースの操作を要するため、JdbcTemplateクラスをメンバー変数に配置します(❶)。JdbcTemplateは、JDBC API[注10]によるデータベースの操作を簡素化したクラスです。本クラスからSQLにてデータベースを操作できます。またJdbcTemplateは、コネクションプールを備えているため、データベース接続のオーバーヘッドが少なく効率の良いデータベースの操作ができます。JdbcTemplateクラスのインスタンス化はSpring Bootによって実施され、@Autowiredで指定したメンバー変数に代入されるため、インスタンス化のコードが不要な点も利点です。

◆データベースをセットアップする

ToDoリストの情報はデータベースに格納されています。アプリケーションを作成している段階ではJavaインメモリデータベースが下記理由のため便利です。

- **データベース構築が容易**
  pom.xmlへの依存関係の記載、スキーマ定義、Spring Bootの設定ファイルへの数行の追加で、アプリケーションからデータベースを利用できる
- **常にクリーンな状態でアプリケーションの動作確認が可能**

注10 「Package java.sql」https://docs.oracle.com/en/java/javase/17/docs/api/java.sql/java/sql/package-summary.html

アプリケーションの起動とともにデータベースは作成され、停止とともに破棄される

Spring Bootではインメモリデータベースが接続文字列を明記せずに使えます注11。本章では、H2 Database Engine注12(以降、H2)をインメモリデータベースとして、ToDoリストの情報をH2に格納します。なお、データの永続化をするデータベースとしてMySQLを使うシナリオは第5章で取り扱います。

インメモリデータベースの設定をSpring Bootの設定ファイル(application.yml)に記載したいのですが、開発はH2、商用はMySQLといったように環境によって設定ファイルを分けたい場合があります。Spring Bootではapplication.ymlにおいて設定spring.profiles.activeにて有効な設定ファイルを指定できます注13。たとえば、application.ymlへspring.profiles.active: foobarと記載すると、application-**foobar**.ymlが設定ファイルとして利用されます。本章では、application.ymlへspring.profiles.active: embeddedと記載することにし(❶)、src/main/resources/application-embedded.ymlを以下の内容で作成しましょう。

apps/part2/src/main/resources/application.yml

```
# Profile Specific Files でプロファイルに応じた設定をします。
# embedded プロファイルではデータベースは組み込みで動きます。
spring:
  profiles:
    active: embedded # ❶
```

apps/part2/src/main/resources/application-embedded.yml

```
spring:
  datasource:
    # H2 データベースを embedded プロファイルでは使う
    embedded-database-connection: H2

  # データベースのスキーマ
  # https://docs.spring.io/spring-boot/docs/current/reference/html/howto.html#howto.data-initializa
tion.using-basic-sql-scripts
  sql:
    init:
      mode: embedded
      schema-locations: classpath:schema.sql

  jdbc:
    template:
      # クエリタイムアウト(秒)
      query-timeout: 5
```

注11 「Embedded Database Support」https://docs.spring.io/spring-boot/docs/2.7.2/reference/html/data.html#data.sql.datasource.embedded

注12 https://h2database.com/html/main.html

注13 「Profile Specific Files」https://docs.spring.io/spring-boot/docs/2.7.2/reference/html/features.html#features.external-config.files.profile-specific

```
logging:
  level:
    # 実行した SQL をログ出力する
    org.springframework.jdbc.core.JdbcTemplate: trace
```

データベースのスキーマファイルをsrc/main/resources/schema.sqlに下記内容で作成し、アプリケーションでインメモリデータベース(H2)を使う準備を完了させましょう。

apps/part2/src/main/resources/schema.sql

```
-- タスクの識別子
CREATE SEQUENCE IF NOT EXISTS TASK_SEQ;

-- 1レコードがToDoリストのタスクに相当
CREATE TABLE IF NOT EXISTS task (
   id INTEGER DEFAULT NEXTVAL('TASK_SEQ') PRIMARY KEY, -- 識別子
   `user` VARCHAR(64) NOT NULL, -- ユーザーID
   `status` VARCHAR(64) NOT NULL, -- タスクのステータス
   title VARCHAR(64) NOT NULL, -- タスクのタイトル
   dueDate DATE NOT NULL, -- タスクの締め切り
   memo VARCHAR(64), -- タスクのコメント
   createdOn TIMESTAMP NOT NULL, -- タスクを作成した日時
   updatedOn TIMESTAMP NOT NULL -- タスクを更新した日時
);
```

◆リトライ処理を設定する

HTTP APIではデータベースを操作します。データベースの操作は、負荷のスパイクによるクエリタイムアウトや、ネットワークの瞬断などの理由で、必ず成功するとは限りません。ただ、クラウドアプリケーションのベストプラクティス注14の下記記載にあるように、リトライをすれば高確率で処理が成功します。HTTP APIのデータベース操作にもリトライ機構を導入し、耐障害性を高めましょう。

> とりわけクラウドは、環境の特性やインターネットでの接続性から、一過性の障害を起こしやすく、そこで動作するアプリケーションでは、一過性の障害への対応が特に重要となります。一過性の障害とはたとえば、コンポーネントやサービスとのネットワーク接続が一瞬失われたり、サービスを一時的に利用できなくなったり、サービスがビジー状態となってタイムアウトしたりすることが該当します。多くの場合、これらの障害は自動修正され、少し時間をおいてから操作を再試行すれば、高い確率で正常に実行されます。
>
> ——「一時的な障害の処理 - Azureのドキュメント」https://learn.microsoft.com/ja-jp/azure/architecture/best-practices/transient-faults

注14 「一時的な障害の処理」https://learn.microsoft.com/ja-jp/azure/architecture/best-practices/transient-faults

リトライ機構にはResilience4j[注15]を使います。Resilience4jは耐障害性を高めるための複数のモジュールを提供し、モジュール`resilience4j-retry`がリトライ機構を有します。Resilience4jのほかの機能などの詳細は公式ドキュメント[注16]を参照してください。Resilience4jは単体でSpring Initializrから依存関係を設定できないため、`pom.xml`に以下の依存関係を追記します。

apps/part2/pom.xml

```
<dependency>
    <groupId>io.github.resilience4j</groupId>
    <artifactId>resilience4j-retry</artifactId>
    <version>1.7.1</version>
</dependency>
```

`TodoListController`クラスのメンバー変数へ、リトライ機構の設定を以下のように書きましょう。以下の設定では、最初の実行を含みリトライは5回まで実施します。各リトライが起こるまでの待ち時間は2秒を起点に`ExponentialBackoff`で指数関数的に増大させています。待ち時間を指数関数的に増加されることによって、即座にリトライで成功する異常に対しては即座にリトライを実施し、復旧まで比較的時間を要する異常は数回目のリトライでカバーでき、バランスのよいリトライができると考えます。また、リトライで救える例外にのみリトライを実施すべきであるため、一過性の異常に類する例外`TransientDataAccessException`が発生した際にリトライするようにします。

apps/part2/src/main/java/net/bookdevcontainer/todolist/api/TodoListController.java

```
// ビジネスロジックのリトライ設定
private final Retry RetryTodoListService = Retry.of("TodoListService", RetryConfig.custom()
    .maxAttempts(5) // リトライ回数は5回
    // ExponentialBackoff を実施
    .intervalFunction(IntervalFunction.ofExponentialBackoff(Duration.ofSeconds(2)))
    // 一過性のデータベースの例外はリトライ
    .retryOnException(e -> e instanceof TransientDataAccessException)
    .build());
```

リトライが発生した原因は、のちに調査の際に必要になる場合もあります。そこで、リトライ時に原因となった例外のスタックトレースをログ出力するように、以下のように処理を入れます。

apps/part2/src/main/java/net/bookdevcontainer/todolist/api/TodoListController.java

```
public TodoListController() {
  // リトライが発生した原因をログに出す
  RetryTodoListService.getEventPublisher().onRetry(event -> {
    logger.warn(event.toString(), event.getLastThrowable());
  });
}
```

注15「Fault tolerance library designed for functional programming」https://github.com/resilience4j/resilience4j
注16 https://resilience4j.readme.io/docs

以上でリトライ機構の設定は完了です。以下のようにリトライが必要な処理をexecuteCallableで実行することで、例外TransientDataAccessExceptionが発生した際にリトライされます。

apps/part2/src/main/java/net/bookdevcontainer/todolist/api/TodoListController.java
```
RetryTodoListService.executeCallable(() -> {
  // リトライが必要な処理
});
```

一過性の障害を擬似するために、TodoListServiceクラスにメソッドsometimesRaiseExceptionを以下のように定義します。本メソッドをデータベース操作の前に挿入することで、1/5の確率(❶)でTransientDataAccessExceptionのサブクラスが発生し、それを契機に処理のリトライがTodoListControllerクラスで起こります。

なお、❶にある除数をより大きい数にすると、例外TransientDataAccessExceptionが発生する確率を減らせます。例外の発生頻度を抑えたい場合は、除数を大きくしましょう。

apps/part2/src/main/java/net/bookdevcontainer/todolist/service/TodoListService.java
```
// 5回に1回例外を発生させる
private void sometimesRaiseException() {
  if (ThreadLocalRandom.current().nextInt() % 5 == 0) { // ❶
    throw new TransientDataAccessResourceException("transient error happened.");
  }
}
```

◆POST/PUTメソッドを実装する

ToDoリストのタスクをデータベースに登録する処理を、POST/PUTメソッドに実装しましょう。

ToDoリストの前提として、タスクにはステータスが以下のようにあります。

- CREATED
  新規
- STARTED
  着手済
- DONE
  完了

本前提を踏まえ、src/main/java/net/bookdevcontainer/todolist/serviceにタスクのステータスを表すTodoStatus.javaを作成し、TodoStatusクラスを以下のように定義します。

apps/part2/src/main/java/net/bookdevcontainer/todolist/service/TodoStatus.java
```
package net.bookdevcontainer.todolist.service;

public enum TodoStatus {
  CREATED {
    @Override
```

```
    public String toString() {
      return "Created";
    }
  },
  STARTED {
    @Override
    public String toString() {
      return "Started";
    }
  },
  DONE {
    @Override
    public String toString() {
      return "Done";
    }
  }
}
```

次に、データベースにタスクを登録するためのINSERT文をTodoListServiceクラスに定義します(❶)。一方、INSERT文を使ってデータベースにタスクを作成するメソッドcreateTask(❷)の引数は以下のとおりです。

- **user**
  ユーザーID
- **title**
  タスクのタイトル
- **memo**
  タスクのコメント
- **dueDate**
  タスクの締め切り

apps/part2/src/main/java/net/bookdevcontainer/todolist/service/TodoListService.java

```
  private static final String SQL_CREATE_TASK =  // ❶
    "INSERT INTO task (`user`, `status`, title, dueDate, memo, createdOn, updatedOn) VALUES (?, ?, 
?, ?, ?, ?, ?)";

  public int createTask(String user, String title, String memo, LocalDate dueDate) { // ❷
    sometimesRaiseException();

    // タスクを作成/更新した日時を現日時にします
    var now = Timestamp.valueOf(ZonedDateTime.now().toLocalDateTime());

    return jdbcTemplate.update(SQL_CREATE_TASK, user,
        // あらたに作成されたタスクのステータスは新規にします
        TodoStatus.CREATED.toString(),
```

```
        title, Date.valueOf(dueDate), memo,
        now, now);
  }
```

タスクを作成するHTTPリクエストのBodyには、タスクを作成するために必要な以下の情報が記載されてきます。

- **title**
  タスクのタイトル
- **memo**
  タスクのコメント
- **dueDate**
  タスクの締め切り

タスク作成時のHTTP Bodyに対応するFormTaskCreationクラスを、src/main/java/net/bookdevcontainer/todolist/apiにFormTaskCreation.javaを作成し、以下のように定義しましょう。なお、後述のバリデーション処理のために、必須項目には@NotEmpty制約を付与し、文字制限は@Sizeにて付与しています。

apps/part2/src/main/java/net/bookdevcontainer/todolist/api/FormTaskCreation.java

```
package net.bookdevcontainer.todolist.api;

import javax.validation.constraints.NotEmpty;
import javax.validation.constraints.Size;

record FormTaskCreation(
  @NotEmpty @Size(max = 64) String title,
  @Size(max = 64) String memo,
  @NotEmpty String dueDate) {}
```

TodoListController.javaを開き、タスクを作成するためのHTTPリクエストを処理するメソッドputを作成します。@RequestMappingにはmethod = { RequestMethod.POST, RequestMethod.PUT }を指定し、HTTPのPOST/PUTメソッドに本putメソッドを対応させます(❶)。

putメソッドの引数@Valid @RequestBody FormTaskCreationにはHTTPリクエストのBodyが、@NotEmptyや@Sizeといった制約を検証をされたうえで、FormTaskCreationクラスに代入されます(❷)。検証で制約に違反している場合は、Bad Request(400)がクライアントに返却されます。

リトライ機構の中で、FormTaskCreationクラスの各値から、先ほど作成したcreateTaskを実行します。本章ではユーザーを区別するためにユーザーIDにセッションIDを使います(❸)。一方、タスクのタイトルやコメントには任意の文字列が入れられるため、XSS[注17]の対策としてHTMLのエスケープ

注17 「Cross-site scripting(クロスサイトスクリプティング)」https://developer.mozilla.org/ja/docs/Glossary/Cross-site_scripting

処理を実施しています(❹)。

戻り値はMapであり、登録失敗の場合は{status: "Failed"}(❺)(❻)、登録成功の場合は{status: "Succeeded"}(❼)を適切なステータスコードとともにHTTPクライアントに返却します。

apps/part2/src/main/java/net/bookdevcontainer/todolist/api/TodoListController.java

```
@RequestMapping(method = { RequestMethod.POST, RequestMethod.PUT }) // ❶
public Map<String, String> put(@Valid @RequestBody FormTaskCreation form, // ❷
    HttpServletRequest req,
    HttpServletResponse res) {
  try {
    RetryTodoListService.executeCallable(() -> {
      return service.createTask(req.getSession().getId(), // ❸
          // ❹
          HtmlUtils.htmlEscape(form.title()),
          HtmlUtils.htmlEscape(form.memo()),
          LocalDate.parse(form.dueDate()));
    });
  } catch (DateTimeParseException ex) { // ❺
    logger.warn(ex.getMessage());

    res.setStatus(HttpStatus.BAD_REQUEST.value());
    return Map.of("status", "Failed", "message", HttpStatus.BAD_REQUEST.toString());
  } catch (Throwable ex) { // ❻
    logger.error("Failed to create Task", ex);

    res.setStatus(HttpStatus.INTERNAL_SERVER_ERROR.value());
    return Map.of("status", "Failed", "message", HttpStatus.INTERNAL_SERVER_ERROR.toString());
  }

  return Map.of("status", "Succeeded"); // ❼
}
```

以上でタスクを作成するHTTP APIは作成できました。

◆GETメソッドを実装する

続いて、ユーザーに紐付くタスクを取得するHTTP APIを作成します。

taskテーブルの各レコードにあるタスクをJavaで表現するために、まず1タスクに対応するTaskクラスを定義しましょう。src/main/java/net/bookdevcontainer/todolist/service配下にTask.javaを作成し、下記内容を記載します。

apps/part2/src/main/java/net/bookdevcontainer/todolist/service/Task.java

```
package net.bookdevcontainer.todolist.service;

import java.time.LocalDate;
```

```
import java.time.ZonedDateTime;

public record Task (int id, String status, String title, LocalDate dueDate,
    String memo, ZonedDateTime createdOn, ZonedDateTime updatedOn) {
}
```

次に、ユーザーIDをもとにデータベースからタスクを取得するメソッドqueryTasksByUserをTodoListServiceクラスに定義します。queryTasksByUserは長い処理に見えますが、SELECT文(❶)へユーザーIDを組み込み(❷)、ユーザーに紐付くタスクを検索し、検索結果をTaskクラスにマッピング(❸)しているだけです。

apps/part2/src/main/java/net/bookdevcontainer/todolist/service/TodoListService.java

```
  private static final String SQL_QUERY_TASKS_BY_USER = // ❶
      "SELECT id, `status`, title, dueDate, memo, createdOn, updatedOn FROM task WHERE `user`=?";

  public List<Task> queryTasksByUser(String user) {
    sometimesRaiseException();

    return jdbcTemplate.query(SQL_QUERY_TASKS_BY_USER,
        new PreparedStatementSetter() { // ❷
          @Override
          public void setValues(PreparedStatement pst) throws SQLException {
            pst.setString(1, user);
          }
        },
        new RowMapper<Task>() { // ❸
          @Override
          public Task mapRow(ResultSet rs, int rowNum) throws SQLException {
            return new Task(rs.getInt("id"), rs.getString("status"),
                rs.getString("title"),
                rs.getDate("dueDate").toLocalDate(),
                rs.getString("memo"),
                ZonedDateTime.of(
                    rs.getTimestamp("createdOn").toLocalDateTime(), ZoneId.systemDefault()),
                ZonedDateTime.of(
                    rs.getTimestamp("updatedOn").toLocalDateTime(), ZoneId.systemDefault()));
          }
        });
  }
```

ユーザーに紐付くタスクを取得する処理queryTasksByUserは以上で完成したため、TodoListControllerクラスから以下のように呼び出しましょう。@GetMappingをgetメソッドに付与することによって、HTTP GETメソッドの処理が本メソッドで実施されます(❶)。リトライ機構の中でqueryTasksByUserが実行され(❷)、データベースから取得したタスクがHTTPレスポンスBodyでクライアントに返却されます(❸)。

apps/part2/src/main/java/net/bookdevcontainer/todolist/api/TodoListController.java

```
@GetMapping // ❶
public List<Task> get(HttpServletRequest req, HttpServletResponse res) {
  try {
    return RetryTodoListService.executeCallable(() -> { // ❷
      return service.queryTasksByUser(req.getSession().getId()); // ❸
    });
  } catch (Throwable ex) {
    logger.error("Failed to query Task", ex);
  }

  res.setStatus(HttpStatus.INTERNAL_SERVER_ERROR.value());
  return List.of();
}
```

◆PATCHメソッドを実装する

タスクを更新するHTTP APIを作成するに先駆けて、データベースにある特定のタスクを更新するメソッドupdateTaskByIdをTodoListServiceクラスに作成していきます。

updateTaskByIdでは、タスク作成時に各タスクに割り当てられた識別子を指定してタスクの内容を上書きします。また、ほかのユーザーのタスクを上書きしないように、自身が作成したタスクなのか更新時に検証するようにします。以上を踏まえたupdateTaskByIdの引数と値の説明は以下のとおりです。

- **user**
  ユーザーID
- **id**
  更新対象のタスクの識別子
- **title**
  タスクの新しいタイトル
- **memo**
  タスクの新しいコメント
- **status**
  タスクの新しいステータス
- **dueDate**
  タスクの新しい締め切り

TodoListServiceクラスにメソッドupdateTaskByIdを以下の内容で作成しましょう。updateTaskByIdは、UPDATE文に上記引数を組み込み、タスクの更新を実施するシンプルなメソッドになっています。

apps/part2/src/main/java/net/bookdevcontainer/todolist/service/TodoListService.java

```
private static final String SQL_UPDATE_TASK =
    "UPDATE task SET title=?, dueDate=?, memo=?, `status`=?, updatedOn=? WHERE id=? and `user`=?";

public int updateTaskById(String user, int id, String title, String memo, TodoStatus status,
LocalDate dueDate) {
  sometimesRaiseException();

  var now = Timestamp.valueOf(ZonedDateTime.now().toLocalDateTime());

  return jdbcTemplate.update(SQL_UPDATE_TASK, title, dueDate, memo, status.toString(), now, id,
user);
}
```

タスクを更新するHTTPリクエストのBodyには、タスクを更新するために必要な以下の情報が記載されてきます。

- **id**
  タスクの識別子
- **title**
  タスクの新しいタイトル
- **memo**
  タスクの新しいコメント
- **status**
  タスクの新しいステータス
- **dueDate**
  タスクの新しい締め切り

タスク更新時のHTTP Bodyに対応するFormTaskUpdateクラスを、src/main/java/net/bookdevcontainer/todolist/apiにFormTaskUpdate.javaを作成し、以下のように定義しましょう。なお、後述のバリデーション処理のために、必須項目には@NotNullや@NotEmpty制約を付与し、文字制限は@Sizeにて付与しています。

apps/part2/src/main/java/net/bookdevcontainer/todolist/api/FormTaskUpdate.java

```
package net.bookdevcontainer.todolist.api;

import javax.validation.constraints.NotEmpty;
import javax.validation.constraints.NotNull;
import javax.validation.constraints.Size;

record FormTaskUpdate(@NotNull Integer id, @NotEmpty @Size(max = 64) String title, @Size(max = 64)
 String memo,
                      @NotEmpty String status, @NotEmpty String dueDate) {
}
```

タスクの更新に必要な情報を表すFormTaskUpdateクラスと、タスクを更新するupdateTaskByIdメソッドの準備ができたので、次はTodoListControllerクラスにメソッドpatchを作成します。メソッドpatchを以下に示します。

まず、HTTP PATCHメソッドでメソッドpatchが呼び出されるように@PatchMappingを付与しています(❶)。

@Valid @RequestBody FormTaskUpdateによって、HTTPリクエストのBodyが制約のもと検証されたうえで引数formに代入されています。また、制約に違反していることが検証で判明した場合は、Bad Request(400)がただちにクライアントに返却されます(❷)。検証が成功したら、FormTaskUpdateクラスにある内容で、先ほど作成したupdateTaskByIdをリトライ機構の中で実行します(❸)。

戻り値はMapであり、更新失敗の場合は{status: "Failed"}(❹、❺、❻)、更新成功の場合は{status: "Succeeded"}(❼)を適切なステータスコードとともにHTTPクライアントに返却します。

apps/part2/src/main/java/net/bookdevcontainer/todolist/api/TodoListController.java

```
  @PatchMapping // ❶
  public Map<String, String> patch(@Valid @RequestBody FormTaskUpdate form, // ❷
      HttpServletRequest req, HttpServletResponse res) {
    int numRow = 0;
    try {
      numRow = RetryTodoListService.executeCallable(() -> { // ❸
        return service.updateTaskById(req.getSession().getId(), form.id(), HtmlUtils.htmlEscape
(form.title()),
            HtmlUtils.htmlEscape(form.memo()), TodoStatus.valueOf(form.status().toUpperCase()),
            LocalDate.parse(form.dueDate()));
      });
    } catch (DateTimeParseException | IllegalArgumentException ex) { // ❹
      logger.warn(ex.getMessage());

      res.setStatus(HttpStatus.BAD_REQUEST.value());
      return Map.of("status", "Failed", "message", HttpStatus.BAD_REQUEST.toString());
    } catch (Throwable ex) { // ❺
      logger.error("Failed to update Task", ex);

      res.setStatus(HttpStatus.INTERNAL_SERVER_ERROR.value());
      return Map.of("status", "Failed", "message", HttpStatus.INTERNAL_SERVER_ERROR.toString());
    }

    if (numRow == 0) { // ❻
      res.setStatus(HttpStatus.NOT_FOUND.value());
      return Map.of("status", "Failed", "message", HttpStatus.NOT_FOUND.toString());
    }

    return Map.of("status", "Succeeded"); // ❼
  }
```

◆DELETEメソッドを実装する

最後にタスクを削除するHTTP APIを作成しましょう。まず、ユーザーIDとタスクの識別子をそれぞれ指定して、データベースから該当のタスクを削除するメソッドdeleteTaskByIdをTodoListServiceクラスに以下のように定義します。

apps/part2/src/main/java/net/bookdevcontainer/todolist/service/TodoListService.java

```
private static final String SQL_DELETE_TASK = "DELETE FROM task WHERE id=? and `user`=?";

public int deleteTaskById(String user, int id) {
  sometimesRaiseException();

  return jdbcTemplate.update(SQL_DELETE_TASK, id, user);
}
```

タスクを削除するHTTPリクエストのBodyには、削除するタスクの識別子のみが入っています。タスク削除時のHTTP Bodyに対応するFormTaskDeleteクラスを、src/main/java/net/bookdevcontainer/todolist/apiにFormTaskDelete.javaを作成し、以下のように定義しましょう。タスクの識別子は必須なため、@NotNull制約を加えています。

apps/part2/src/main/java/net/bookdevcontainer/todolist/api/FormTaskDelete.java

```
package net.bookdevcontainer.todolist.api;

import javax.validation.constraints.NotNull;

record FormTaskDelete(@NotNull Integer id) {}
```

TodoListControllerクラスへ、@DeleteMappingが付与されたメソッドdeleteを作成します(❶)。@DeleteMappingによって、HTTP DELETEメソッドにて、メソッドdeleteが呼び出されます。

@Valid @RequestBody FormTaskDeleteによって、HTTPリクエストのBodyが制約のもと検証されたうえで引数formに代入されています。これまでと同様に、制約を満たさない場合はBad Request(400)がただちにクライアントに返却され(❷)、制約を満たす場合はリトライ機構内でdeleteTaskByIdによって指定されたタスクが削除されます(❸)。

戻り値はMapであり、削除失敗の場合は{status: "Failed"}(❹、❺)、削除成功の場合は{status: "Succeeded"}(❻)を適切なステータスコードとともにHTTPクライアントに返却しています。

apps/part2/src/main/java/net/bookdevcontainer/todolist/api/TodoListController.java

```
@DeleteMapping // ❶
public Map<String, String> delete(@Valid @RequestBody FormTaskDelete form, // ❷
    HttpServletRequest req, HttpServletResponse res) {
  int numRow = 0;
  try {
    numRow = RetryTodoListService.executeCallable(() -> { // ❸
```

```
        return service.deleteTaskById(req.getSession().getId(), form.id());
      });
    } catch (Throwable ex) { // ❹
      logger.error("Failed to delete Task", ex);

      res.setStatus(HttpStatus.INTERNAL_SERVER_ERROR.value());
      return Map.of("status", "Failed", "message", HttpStatus.INTERNAL_SERVER_ERROR.toString());
    }

    if (numRow == 0) { // ❺
      res.setStatus(HttpStatus.NOT_FOUND.value());
      return Map.of("status", "Failed", "message", HttpStatus.NOT_FOUND.toString());
    }

    return Map.of("status", "Succeeded"); // ❻
  }
```

以上でHTTP APIは完成し、curlなどのHTTPクライアントでToDoリストの操作ができるようになりました。

4.1.4 » HTTP APIをテストする

さっそく作ったHTTP APIが正しく動作するのか、HTTPクライアント(TestRestTemplate)でテストしてみましょう。

◆テスト内容

タスクの登録、取得、更新、削除の順でそれぞれJUnitでテストしていきます。

◆テストの準備をする

TodolistApplicationTestsクラスを開き、下記内容を記載します。各テストケースには実行順序があるため、@TestMethodOrder(MethodOrderer.OrderAnnotation.class)にて@Orderによるテストケースの実行順序指定を有効にします(❶)。

HTTP APIの待ち受けポートは、ポートの競合を避けるために@SpringBootTest(webEnvironment = WebEnvironment.RANDOM_PORT)のとおりランダムな値にします(❷)。その結果、動的にHTTP APIのエンドポイントtargetEndpointを構成する必要があるため、コンストラクタでURIを作成しています(❸)。

apps/part2/src/test/java/net/bookdevcontainer/todolist/TodolistApplicationTests.java

```
@TestMethodOrder(MethodOrderer.OrderAnnotation.class) // ❶
@SpringBootTest(webEnvironment = WebEnvironment.RANDOM_PORT) // ❷
class TodolistApplicationTests {
```

```
  private URI targetEndpoint;

  public TodolistApplicationTests(@LocalServerPort int port) {
    try {
      this.targetEndpoint = new URI("http://localhost:" + port + "/api/todo"); // ❸
    } catch (URISyntaxException e) {
      e.printStackTrace();
      this.targetEndpoint = null;
    }
  }
}
```

HTTP Cookie(JSESSIONID)でセッションID(ユーザーID)はクライアントからHTTP APIに渡されるため、HTTPクライアントにあたるTestRestTemplateクラスは、引数HttpClientOption.ENABLE_COOKIESにてCookieに対応させます。

apps/part2/src/test/java/net/bookdevcontainer/todolist/TodolistApplicationTests.java

```
  private static final TestRestTemplate restTemplate = new TestRestTemplate(HttpClientOption.
ENABLE_COOKIES);
```

上記Cookieの対応には、Apache HttpComponentsのHttpClient注18を要するため、下記依存関係をpom.xmlに追記します。

apps/part2/pom.xml

```
<dependency>
    <groupId>org.apache.httpcomponents</groupId>
    <artifactId>httpclient</artifactId>
    <version>4.5.13</version>
    <scope>test</scope>
</dependency>
```

HTTPクライアントのデバッグログを出すことによって、HTTPリクエストやレスポンスの内容をログ出力できます。テストで問題が生じた際のトラブルシューティングの助けになりますので、下記ログ出力の設定(❶)をapplication-embedded.ymlに入れましょう。

apps/part2/src/main/resources/application-embedded.yml

```
logging:
  level:
    (省略)
    # TestRestTemplate のログ出力をする # ❶
    org.springframework.web.client.RestTemplate: trace
    org.apache.http.wire: trace
```

注18 https://hc.apache.org/httpcomponents-client-4.5.x/index.html

◆テストケースを作成する

TodolistApplicationTestsクラスへテストケースを以下のように定義します。@Orderの値が小さい順でテストケースが実施されます。postTaskがタスクの登録、getTaskが登録したタスクの取得、updateTaskがタスクの更新、deleteTaskがタスクの削除をそれぞれテストしています。

apps/part2/src/test/java/net/bookdevcontainer/todolist/TodolistApplicationTests.java

```
  @Test
  @Order(1)
  void postTask() {
    Map<String, String> map = Map.of("title", "foobar-title", "memo", "foobar-memo", "dueDate",
 "2022-12-31");

    ResponseEntity<String> result = restTemplate.postForEntity(targetEndpoint, map, String.class);

    assertEquals(HttpStatus.OK, result.getStatusCode());
    assertTrue(result.getBody().contains("Succeeded"));
  }

  @Test
  @Order(2)
  void getTask() throws JsonMappingException, JsonProcessingException {
    ResponseEntity<String> result = restTemplate.getForEntity(targetEndpoint, String.class);
    assertEquals(HttpStatus.OK, result.getStatusCode());

    List<Task> tasks = new ObjectMapper().registerModule(new JavaTimeModule()).readValue(result.
getBody(),
        new TypeReference<List<Task>>() {
        });

    assertEquals(1, tasks.size());
    assertEquals("foobar-title", tasks.get(0).title());
    assertEquals("foobar-memo", tasks.get(0).memo());
    assertEquals("Created", tasks.get(0).status());
    assertEquals("2022-12-31", tasks.get(0).dueDate().toString());
  }

  @Test
  @Order(3)
  void updateTask() throws JsonMappingException, JsonProcessingException {
    // 前回作ったタスクを修正する
    Map<String, Object> map = Map.of("id", 1, "title", "foobar-title2", "memo", "foobar-memo2",
 "status", "Done",
        "dueDate", "2023-12-31");

    ResponseEntity<String> result = restTemplate.exchange(targetEndpoint, HttpMethod.PATCH, new
 HttpEntity<>(map),
```

```
            String.class);
        assertEquals(HttpStatus.OK, result.getStatusCode());
        assertTrue(result.getBody().contains("Succeeded"));

        // 修正した内容でタスクが API から取得できるのか検証
        result = restTemplate.getForEntity(targetEndpoint, String.class);
        assertEquals(HttpStatus.OK, result.getStatusCode());

        List<Task> tasks = new ObjectMapper().registerModule(new JavaTimeModule()).readValue(result.
getBody(),
            new TypeReference<List<Task>>() {
            });

        assertEquals(1, tasks.size());
        assertEquals("foobar-title2", tasks.get(0).title());
        assertEquals("foobar-memo2", tasks.get(0).memo());
        assertEquals("Done", tasks.get(0).status());
        assertEquals("2023-12-31", tasks.get(0).dueDate().toString());
    }

    @Test
    @Order(4)
    void deleteTask() {
        // 前回作ったタスクを削除する
        Map<String, Object> map = Map.of("id", 1);
        ResponseEntity<String> result = restTemplate.exchange(targetEndpoint, HttpMethod.DELETE, new
HttpEntity<>(map),
            String.class);

        assertEquals(HttpStatus.OK, result.getStatusCode());
        assertTrue(result.getBody().contains("Succeeded"));

        // 削除によって、API からタスクが返却されないことを確認
        result = restTemplate.getForEntity(targetEndpoint, String.class);

        assertEquals(HttpStatus.OK, result.getStatusCode());
        assertEquals("[]", result.getBody());
    }
```

◆テストを実行する

テストケースの実行は以下のコマンドで実施できます。

```
$ ./mvnw test
```

テストがすべて成功すると以下のように表示されます。FailuresやErrorsが0であれば、無事HTTP APIにて、タスクの追加、検索、更新、削除ができたことになります。

```
[INFO] Tests run: 4, Failures: 0, Errors: 0, Skipped: 0, Time elapsed: 44.617 s - in net.
```

4.1.5 » ブラウザでToDoリストを操作する

HTTP APIをJavaScriptから呼び出し、その結果をもとにHTMLを操作することで、ToDoリストをWebページで操作できます。

◆HTMLページを作る

Spring Bootでは、index.htmlをsrc/main/resource/staticに配置するとウェルカムページになります[注19]。src/main/resources/static/index.htmlを以下の内容で作成してみましょう。なお、index.htmlのコメントにあるコンテナは、Webページにおけるコンテナのことであり、これまで本書で扱ってきたコンテナ技術とは異なります。

apps/part2/src/main/resources/static/index.html

```
<!DOCTYPE html>
<html lang="ja">

<head>
  <meta charset="utf-8">
  <meta name="viewport" content="width=device-width, initial-scale=1">
  <title>My ToDo List</title>
  <link href="/bootstrap.min.css" rel="stylesheet">
</head>

<body>
  <!-- タスク登録のためのコンテナ -->
  <div class="container"></div>

  <!-- ToDoリストを表示するためのコンテナ -->
  <div class="container"></div>
  <script src="/bootstrap.bundle.min.js"></script>
  <script src="/index.js"></script>
</body>

</html>
```

Webページのレイアウトを容易にするために、Bootstrap v5.2を使います[注20]。Bootstrapは、Webページのデザインに加え、グリッドシステムを提供します。グリッドシステムによって、コンテナcontainerに行rowを、rowの中にさらにカラムcolを複数持つといったレイアウトを実現できます。グリッドシ

注19 「Welcome Page」https://docs.spring.io/spring-boot/docs/2.7.2/reference/html/web.html#web.servlet.spring-mvc.welcome-page

注20 https://github.com/twbs/bootstrap/tree/v5.2.0

ステムの詳細はBootstrapのドキュメントを参照してください注21。

Bootstrapを使うために、上記HTMLのようにbootstrap.min.cssとbootstrap.bundle.min.jsをWebブラウザに読み込ませます。両ファイルは、Webアプリケーションに同梱(どうこん)し、/bootstrap.min.cssや/bootstrap.bundle.min.jsへのHTTPリクエストで取得できるようにします。そのために、BootstrapのAssetsを提供しているサイト注22からbootstrap-5.2.0-dist.zip(第2部ではv5.2.0を使用)をダウンロードし、ZIPファイルの中にある両ファイルをsrc/main/resources/static/へ配置します。

index.htmlにタスク登録のためのコンテナを以下のように作成しましょう。

タスクのタイトルと締め切り、メモを入力したのち、送信ボタンを押下することでHTTP APIにてタスクがToDoリストに登録されます。送信ボタンを押下した際の処理はJavaScriptで作成するため、現時点では送信ボタンを押しても何も起こりません。

apps/part2/src/main/resources/static/index.html

```
<!-- タスク登録のためのコンテナ -->
<div class="container">
  <form id="new-todo">
    <div class="row">
      <div class="col">
        <label class="form-label" for="new-todo-title">タイトル</label>
        <input type="text" id="new-todo-title" name="title" class="form-control" />
      </div>
    </div>
    <div class="row">
      <div class="col">
        <label class="form-label" for="new-todo-duedate">締め切り</label>
        <input type="date" id="new-todo-duedate" name="duedate" class="form-control" />
      </div>
    </div>
    <div class="row">
      <div class="col">
        <label class="form-label" for="new-todo-memo">メモ</label>
        <textarea id="new-todo-memo" name="memo" class="form-control"></textarea>
      </div>
    </div>
    <div class="row">
      <div class="col col-3">
        <button type="button" id="new-todo-submit" class="btn btn-primary">送信</button>
      </div>
    </div>
  </form>
</div>
```

注21 「Bootstrap - Grid system」https://getbootstrap.com/docs/5.2/layout/grid/
注22 https://github.com/twbs/bootstrap/releases/

続いて、index.htmlにToDoリストを表示するためのコンテナを以下のように作成します。

更新ボタンを押下すると、ToDoリストの内容を、HTTP APIから再取得し、再描画します。この動作もJavaScriptで実装するため、現時点で更新ボタンを押しても何も起こりません。

ToDoリストのヘッダはthead要素であらかじめ生成しておきます。tbody要素にはToDoリストの各タスクが表示されますが、JavaScriptにて表示するタスクを取得するため、HTMLファイルではtbody要素の内容は空にしています。

apps/part2/src/main/resources/static/index.html

```
<!-- ToDoリストを表示するためのコンテナ -->
<div class="container">
  <div class="row">
    <div class="col col-2">
      <button type="button" id="refresh-todo" class="btn btn-primary">更新</button>
    </div>
  </div>
  <div class="row">
    <table class="table table-striped" id="todolist-table">
      <thead>
        <tr>
          <th scope="col col-1">#</th>
          <th scope="col">タイトル</th>
          <th scope="col">メモ</th>
          <th scope="col">ステータス</th>
          <th scope="col">締め切り</th>
          <th scope="col">削除</th>
        </tr>
      </thead>
      <!-- ボタン操作などのイベントでtbodyをJavaScriptで更新する -->
      <tbody></tbody>
    </table>
  </div>
</div>
```

◆ JavaScriptからHTTP APIを操作する

JavaScriptからHTTP APIを操作し、先ほど作成したHTMLの要素へ、HTTP APIの結果を動的に反映させます。script要素で指定した/index.jsからJavaScriptファイルがブラウザによってダウンロード、実行されるため、src/main/resources/static/にindex.jsファイルを下記内容で作成します。

index.jsをブラウザが読み込むと、無名関数function(){}が実行されます。無名関数の中でフォームの初期値や、HTMLの要素をユーザーが操作した際に実行されるイベントリスナを登録します。

apps/part2/src/main/resources/static/index.js

```
"use strict";
(function () {
    const $ = document;

    // 今日の日付で締め切りの初期値を設定する
    $.querySelector("#new-todo-duedate").valueAsDate = new Date();

    // 初期描画や更新ボタン押下時にToDoリストを描画する処理を呼ぶ
    window.onload = renderTodoList;
    $.querySelector("#refresh-todo").addEventListener("click", renderTodoList);

    // 送信ボタンを押したら、タスクを作成する
    $.querySelector("#new-todo-submit").addEventListener("click", doPost);

    // HTTP APIでタスクを作成し、ToDoリストを再描画する
    function doPost () {
    }

    // HTTP APIから取得したタスクでToDoリストを描画する
    function renderTodoList() {
    }

    // HTTP APIでタスクを更新し、ToDoリストを再描画する
    function doUpdate() {
    }

    // HTTP APIでタスクを削除し、ToDoリストを再描画する
    function doDelete () {
    }
})();
```

まず、送信ボタンを押下した際に、タスクを作成する処理を以下に示します。下記処理では、フォームに入力した値を取得し、Fetch API注23にてHTTP APIに送信し、タスクを作成します。

タスクの必須項目であるタイトルが未入力の場合、HTTP APIに送信する必要がないため、イベントをreturnで早期に終了しています(❶)。

タスクを作成するHTTP APIを呼びだしたら、フォームを初期状態に戻したり(❷)、ToDoリストを再描画したりします(❸)。

apps/part2/src/main/resources/static/index.js

```
// HTTP APIでタスクを作成し、ToDoリストを再描画する
function doPost () {
    const title = $.querySelector("#new-todo-title").value;
```

注23 「Using the Fetch API」https://developer.mozilla.org/en-US/docs/Web/API/Fetch_API/Using_Fetch

```
    const dueDate = $.querySelector("#new-todo-duedate").value;
    const memo = $.querySelector("#new-todo-memo").value;

    if (title == '') { // ❶
        return;
    }

    fetch("/api/todo", {
        method: "PUT",
        headers: {
            "Content-Type": "application/json"
        },
        body: JSON.stringify({
            "title": title,
            "dueDate": dueDate,
            "memo": memo
        })
    }).then(res => { // ❷
        $.querySelector("#new-todo-title").value = "";
        $.querySelector("#new-todo-duedate").valueAsDate = new Date();
        $.querySelector("#new-todo-memo").value = "";

        return res.json();
    }).then(renderTodoList) // ❸
    .catch(error => console.error(error));
}
```

次にタスクを取得し画面を描画するrenderTodoListメソッドを以下のように作成します。本メソッドでは、HTTP APIへGETメソッドを送付し、その結果をもとに各タスクをtr要素としてtbody要素に追加します(❶)。

各タスクは、ステータスと締め切りを変更できます。変更時にHTTP APIへPATCHメソッドを送付するために、イベントリスナへ後述のdoUpdateを登録し、doUpdateがステータスや締め切りの変更時に実行されるようにします(❷)。

各タスクには削除ボタンが付随します。削除ボタン押下時に該当タスクを削除できるように、イベントリスナへ後述のdoDeleteを追加することで、doDeleteを削除ボタン押下時に実行させます(❸)。

apps/part2/src/main/resources/static/index.js

```
// HTTP APIから取得したタスクでToDoリストを描画する
function renderTodoList() {
    fetch("/api/todo", function () {
        method: "GET"
    }).then(res => {
        return res.json();
    }).then(todos => {
```

```
        const todolist = $.querySelector("#todolist-table tbody");

        // <tbody> の中身を空にする
        while (todolist.firstChild) {
            todolist.removeChild(todolist.firstChild);
        }

        // ToDo が 0 個の場合は後続の処理は不要
        if (todos.length == 0) {
            return;
        }

        for (let i=0; i<todos.length; ++i) { // ❶
            let newRow = `
            <tr class="todo-task">
              <td class="task-id">${todos[i].id}</td>
              <td class="task-title">${todos[i].title}</td>
              <td class="task-memo">${todos[i].memo}</td>
              <td class="task-status">
                <select class="form-select">
                  <option value="Created" ${todos[i].status == "Created" ? "selected" : ""}>新規
</option>
                  <option value="Started" ${todos[i].status == "Started" ? "selected" : ""}>着手済
</option>
                  <option value="Done" ${todos[i].status == "Done" ? "selected" : ""}>完了</option>
                </select>
              </td>
              <td class="task-duedate">
                <input type="date" class="form-control" value="${todos[i].dueDate}" />
              </td>
              <td><button type="button" class="btn btn-danger delete-task">削除</button></td>
            </tr>
            `;

            todolist.insertAdjacentHTML("beforeend", newRow);
        }

        // 値の変化でタスクの変更処理が起きるようにする
        $.querySelectorAll(".todo-task").forEach(elem => { // ❷
            elem.addEventListener("change", doUpdate);
        });

        // 削除ボタンクリック時にタスクを削除する
        $.querySelectorAll(".delete-task").forEach(elem => { // ❸
            elem.addEventListener("click", doDelete);
        });
```

```
    }).catch(error => console.error(error));
}
```

タスクの値が変わったときに呼ばれるdoUpdateメソッドの処理内容を以下に示します。

本メソッドでは変更後のタスクの情報を取得し(❶)、HTTP APIへPATCHメソッドを送付します(❷)。その後、HTTP APIで最新のタスクを取得し、ToDoリストを再描画します(❸)。

apps/part2/src/main/resources/static/index.js

```
// HTTP APIでタスクを更新し、ToDoリストを再描画する
function doUpdate() {
    const currentRow = this; // ❶

    fetch("/api/todo", { // ❷
        method: "PATCH",
        headers: {
            "Content-Type": "application/json"
        },
        body: JSON.stringify({
            "id": currentRow.querySelector(".task-id").textContent,
            "status": currentRow.querySelector(".task-status > select").value,
            "title": currentRow.querySelector(".task-title").textContent,
            "dueDate": currentRow.querySelector(".task-duedate > input").value,
            "memo": currentRow.querySelector(".task-memo").textContent
        })
    }).finally (() => {
        renderTodoList(); // ❸
    });
}
```

最後に、タスクの削除ボタンが押下された際に呼ばれるdoDeleteメソッドの処理内容を以下に示します。

削除ボタンが押下されたタスクの識別子(id)を取得し(❶)、HTTP APIへDELETEメソッドを送付し、該当タスクの削除を試みます。その後、HTTP APIで最新のタスクを取得し、ToDoリストを再描画します(❷)。

apps/part2/src/main/resources/static/index.js

```
// HTTP APIでタスクを削除し、ToDoリストを再描画する
function doDelete () {
    const currentRow = this.closest(".todo-task");

    fetch("/api/todo", {
        method: "DELETE",
        headers: {
            "Content-Type": "application/json"
        },
```

```
        body: JSON.stringify({
            "id": currentRow.querySelector(".task-id").textContent  // ❶
        })
    }).finally (() => {
        renderTodoList(); // ❷
    });
}
```

◆ブラウザでToDoリストを動作確認する

ウェルカムページとそれを動作させるためのJavaScriptが準備できましたので、`./mvnw spring-boot:run`をDev Containerで実行し、ToDoリストを起動しましょう。`localhost:8080`をブラウザで開くと、**図4.3**のようなWebページでToDoリストを操作できることがわかります。

図4.3 ブラウザで使えるようになったToDoリストアプリケーション

タイトル
締め切り
08/14/2022
メモ
送信
更新

#	タイトル	メモ	ステータス	締め切り	削除
1	テスト	これはテストです。	新規	08/14/2022	削除

4.2 アプリケーションをコンテナ化してデプロイする

サンプルアプリケーションであるToDoリストがDev Containerで準備できました。次は、ToDoリストのコンテナイメージを作成します。

4.2.1 » Jibを使ってサンプルアプリケーションをコンテナ化する

コンテナイメージの作成にはJib注24を使います。Jibは、Docker DesktopやDockerfileなしにコンテナイメージを生成できるコンテナビルダです。MavenなどのJavaのビルドツール向けのプラグインとしても提供されているため、JARファイルを生成するような従来の感覚でコンテナイメージを作成できます。Dockerを用いずにコンテナイメージを生成できるのは、OCI Formatなどイメージの形式の標準化がされているためと筆者は考えます注25。

◆ベースイメージの選定

第2章ではベースイメージとして、シェルやパッケージマネージャを含まないdistrolessを利用しました。たしかにパッケージの少ないベースイメージはアタックサーフェスが少なくセキュアではありますが、Web App for ContainersではWebSSHを使うためにシェルやパッケージマネージャが必要です。そのため、アタックサーフェスを少なくするというポリシは継承しつつ、シェルやパッケージマネージャを含んだベースイメージを本章では使います。

Dockerのベストプラクティスにあるように、イメージサイズはなるべく小さくしてアプリケーションの起動時間を早くするのが望ましいです注26。軽量なベースイメージとしてAlpine Linux注27があります（以降、Alpine）。Alpineのベースイメージは5MB注28とうたわれているように、debian:stable-slim（約30MB）の1/5以上小さいサイズです。JavaにおけるAlpineへの対応はJEP 386注29にあるようにJava 16で実施されていますので、Alpineをベースイメージに使いましょう注30。

AlpineのベースイメージにJavaを入れ、新しいベースイメージを自作するよりは、JDKプロバイダが提供するJavaのベースイメージを使うのがお手軽です。JDKプロバイダのAdoptiumが提供するEclipse Temurin注31は、AlpineのJavaベースイメージを提供していますので、本章で使うベースイメージは`eclipse-temurin:17.0.4_8-jre-alpine`とします。

注24 https://github.com/GoogleContainerTools/jib

注25 「Image Format Specification」https://github.com/opencontainers/image-spec/blob/main/spec.md

注26 「Docker development best practices - How to keep your images small」https://docs.docker.com/develop/dev-best-practices/#how-to-keep-your-images-small

注27 https://www.alpinelinux.org/

注28 「alpine -A minimal Docker image based on Alpine Linux with a complete package index and only 5 MB in size!」https://hub.docker.com/_/alpine

注29 「JEP 386: Alpine Linux Port」https://openjdk.org/jeps/386

注30 Alpineは、標準Cライブラリ（libc）の実装としてglibcではなくmuslを使ったり、lsコマンドなどをcoreutilsではなくbusyboxで提供したりと、Debian GNU/Linux（以降、Debian）やFedoraとは異なる点があります。すでに特定のディストリビューションで動作しているアプリケーションの場合は、そのディストリビューションをベースイメージにするのが、libcなどの実装の変更による想定外の事象を回避できる場合もあるため、ベースイメージは従来のディストリビューションが有力な選択肢になると筆者は考えます。

注31 https://hub.docker.com/_/eclipse-temurin

Alpineの性能に関して

Alpineのmuslによって、Javaの性能がほかのベースイメージより10〜20%悪い、という報告が2019年8月にあります注32。2019年8月は、Java 13がリリースされる直前であり、AlpineがJava 16で対応されたこと、muslもバージョンアップを今日まで重ねていることを鑑みると現在でも有効な報告なのか筆者は気になります。そのため、AlpineとUbuntu(Debianベース)のベースイメージで動作させたJavaの性能を、ベンチマークとしてRenaissance Suite注33を用い比較しました。

比較に用いた環境は、Azure Virtual MachinesのStandard D2ds v4(2vcpu、8GiBメモリ)に構築し、ゲストOSはUbuntu 22.04.1 LTS、Dockerはバージョン20.10.17を使いました。比較対象のJavaのベースイメージは以下のとおりです。

- **Alpine：eclipse-temurin:17.0.4.1_1-jre-alpine**
- **Ubuntu：eclipse-temurin:17.0.4.1_1-jre-jammy**

評価時に実行したコマンドは以下のとおりであり、ヒープサイズ-Xmx4gを指定し、すべてのベンチマークallを実行します。なお、ベンチマークの各アプリケーションは、ベンチマーク内で複数評価されています。

```
$ java -Xmx4g -jar ./renaissance-mit-0.14.1.jar --json alpine
-17.0.4_1.json all(実際は1行)
```

評価結果はAlpineの実行時間で正規化し、**表4.2**に示します。すべてのベンチマーク結果の平均であるaverageの差は0.6%であり、muslを使ったAlpineも、glibcを使ったUbuntuも優位な差はベンチマークを総合すると見られませんでした。ベンチマークに含まれた個別のアプリケーションを見ても、Alpineが勝る場合もあれば、Ubuntuが勝る場合もあり、一概にどちらのベースイメージが性能が良いかと断言できる状況でもありません。少なくとも今回の評価から言えることは、Alpineが一方的に遅くはないことです。

表4.2 AlpineとUbuntuのベンチマーク結果

ベンチマーク	結果
akka-uct	1.007
als	0.974
chi-square	0.891
dec-tree	0.981
dotty	0.902
finagle-chirper	1.004
finagle-http	0.935
fj-kmeans	1.011
future-genetic	0.789
gauss-mix	1.732
log-regression	0.979
mnemonics	0.964
movie-lens	0.886
naive-bayes	1.065
page-rank	0.994
par-mnemonics	0.987
philosophers	1.024
reactors	1.042
scala-doku	0.954
scala-kmeans	1.002
average	1.006

◆レジストリにイメージをpushする

第2部では実行環境がAzureにあるためAzure Container Registry(以降、ACR)注34にコンテナイメージを格納するようにします。ACRは、マネージドなコンテナレジストリを提供するAzureサービスです。

注32 「Alpine vs. Debian Container Images for Java / JVM Builds」https://medium.com/rocket-travel/alpine-vs-debian-images-for-java-jvm-builds-b8f8e1cc58a8

注33 https://renaissance.dev/

注34 https://azure.microsoft.com/ja-jp/products/container-registry/

ACRの料金は、East USリージョンのBasicプランでは月おおよそ5ドルのコストになります。JibやWeb App for ContainersはACR以外のコンテナレジストリも使えるため、もしコストを削減したい場合は、Docker Hubなどのコンテナレジストリを代わりに利用しましょう。

ACRをさっそく作成する前に、少し用語の説明をします。Azureが提供するサービス（ACRやWeb App for Containersなど）を作成する場合、「名前」を付けてサービスを作成します。作成されたサービスはそれぞれ**リソース**と呼ばれ、**リソースグループ**というグループに属することになります[注35]。一般にリソースグループでは、同じライフサイクルを共有するACR、Web App for Containersなどを同じリソースグループに割り当て、ライフサイクルの管理を容易にします。たとえば下記コマンドでリソースグループを削除でき、リソースグループの削除によってリソースグループに属するすべてのリソースが一括で削除されます。不要なリソースを削除することによって、それらリソースが課金され続けることを防げますので、同じライフサイクルのリソースは同じリソースグループにまとめ、不要になったら削除しましょう。

```
$ az group delete --resource-group 削除するリソースグループ
```

それでは、az loginでAzureにログインして、East USリージョンにリソースグループとACRを作成します。RG_NAMEとYOUR_REGISTRY_NAMEはみなさんが決めたリソースグループとコンテナレジストリの名前です。ACRの名前は一意である必要があり、ほかの人が利用中の名前は使えないため、「(AlreadyInUse) The registry DNS name YOUR_REGISTRY_NAME.azurecr.io is already in use.」といったエラーが発生したら別の名前を付けましょう。

```
$ az group create --name RG_NAME --location eastus
$ az acr create --resource-group RG_NAME --name YOUR_REGISTRY_NAME --sku Basic --admin-enabled true
```

もし東日本リージョンなど違うリージョンを利用されたい場合は、下記コマンドの結果にあるnameの値（❶）をリソースグループ作成時のlocationパラメータに使用しましょう[注36]。以下の例では、東日本リージョンのnameが「japaneast」であることがわかります。

```
$ az account list-locations
(省略)
  {
    "displayName": "Japan East",
    "id": "/subscriptions/サブスクリプションID/locations/japaneast",
    "metadata": {
      "geographyGroup": "Asia Pacific",
      "latitude": "35.68",
      "longitude": "139.77",
```

注35 「リソースグループとは」https://learn.microsoft.com/ja-jp/azure/azure-resource-manager/management/manage-resource-groups-portal#what-is-a-resource-group

注36 「リージョンコード名」https://learn.microsoft.com/ja-jp/azure/media-services/latest/azure-regions-code-names

```
      "pairedRegion": [
        {
          "id": "/subscriptions/サブスクリプションID/locations/japanwest",
          "name": "japanwest",
          "subscriptionId": null
        }
      ],
      "physicalLocation": "Tokyo, Saitama",
      "regionCategory": "Recommended",
      "regionType": "Physical"
    },
    "name": "japaneast", # ❶
    "regionalDisplayName": "(Asia Pacific) Japan East",
    "subscriptionId": null
  },
(省略)
```

下記コマンドで作成したコンテナレジストリにログインします。

```
$ az config set defaults.acr=YOUR_REGISTRY_NAME
$ az acr login
```

コンテナレジストリにログイン後、下記コマンドでJibをMavenから起動し、ビルドしたコンテナイメージをACRにpushします。下記コマンドに登場するJibのパラメータをこのあと解説しますが、Jibのパラメータは多岐にわたるため、解説しきれないパラメータはJibのドキュメント[注37]を参照してください。

```
$ ./mvnw compile com.google.cloud.tools:jib-maven-plugin:3.2.1:build \
  -Djib.from.image=eclipse-temurin:17.0.4_8-jre-alpine \
  -Djib.to.image=YOUR_REGISTRY_NAME.azurecr.io/todolist \
  -Djib.to.tags=v1.0.0-tem_17.0.4_8-jre-alpine,latest \
  -Djib.container.ports=8080 \
  -Djib.container.environment=JDK_JAVA_OPTIONS="-Xmx512m -XX:StartFlightRecording"
```

Jibのパラメータ`-Djib.from.image`でベースイメージを指定し、`-Djib.to.image`はpushするコンテナレジストリとそのリポジトリ名、`-Djib.to.tags`はイメージのタグを指定します。

`-Djib.container.ports`はEXPOSEに相当し、指定したポートでコンテナがlistenしていることを意図します。

`-Djib.container.environment`ではコンテナが動作する際の環境変数を設定できます。環境変数`JDK_JAVA_OPTIONS`を用いると`java`コマンドの起動引数を指定できます。上記の例では、`-Xmx512m`で最大

注37 「Jib - Containerize your Maven project」https://github.com/GoogleContainerTools/jib/tree/master/jib-maven-plugin

ヒープサイズを512MBに設定し、-XX:StartFlightRecordingでJDK Flight Recorder(JFR)を起動時から有効にしています。JFRは、GC(*Garbage Collection*)やSocket I/Oなどのイベントを低いオーバーヘッドで収集するJavaのプロファイリング機能です。プロファイリング結果であるjfrファイルはJDK Mission Control(JMC)注38で解析でき、Javaのトラブルシューティングに便利なためJFRは有効にしておきます。JFRに関する詳細はドキュメント注39を参照してください。

ビルドしたコンテナイメージはもうDockerなどの実行環境で使えます。ためしにdockerコマンドを実行できるマシンで下記コマンドを実行しましょう。なお、該当マシンでもコンテナレジストリへのログインは必要です。MY_PORTは該当マシンの任意のポート(8081など)を選んでください。ACRからpullされたイメージでコンテナが起動し、dockerコマンドを実行したマシンから「http://localhost:MY_PORT」をブラウザで開くと、ToDoリストがブラウザに表示されます。

```
$ docker run -p MY_PORT:8080 YOUR_REGISTRY_NAME.azurecr.io/todolist:v1.0.0-tem_17.0.4_8-jre-alpine
```

4.2.2 » Web App for Containersにアプリケーションをデプロイする

コンテナレジストリにイメージの登録ができたので、いよいよWeb App for ContainersにToDoリストをデプロイしましょう。

◆デプロイ後にコンテナにssh接続するためのWebSSHの設定をする

デプロイ作業の前に、Web App for Containers上でコンテナにssh接続ができるようにWebSSHの設定をしておきます。Web App for ContainersにはWebSSHと呼ばれる、コンテナへのssh接続機能があります。本機能名にWebとついているとおり、ブラウザにsshのターミナルが表示され、該当ターミナルをブラウザで操作します。

WebSSHを利用するための条件は、ユーザーroot、パスワードDocker!でコンテナにポート2222番でssh接続ができることです。sshの接続情報が第三者にもわかってしまっていますが、コンテナにssh接続するのはプラットフォーム(Web Apps)のみです。ユーザーは、認証がかけられたWebページからブラウザを介してターミナルを操作するので、sshのパスワードが公開されていること自体に問題はありません。

Web App for Containersのドキュメント注40を参考にWebSSHの設定をコンテナのスタートアップ時に行いましょう。スタートアップに実行するシェルスクリプトを以下に掲載します。本シェルスクリプトでは、sshサーバをインストールし、WebSSHを利用するための冒頭に述べた条件を設定します。そ

注38 https://jdk.java.net/jmc/8/
注39 「Flight Recorder」https://docs.oracle.com/en/java/java-components/jdk-mission-control/8/user-guide/using-jdk-flight-recorder.html
注40 「SSHを有効にする」https://learn.microsoft.com/ja-jp/azure/app-service/configure-custom-container?pivots=container-linux#enable-ssh

の後、sshサーバを起動したうえでjavaプロセスをPID 1で起動しています。

apps/part2/src/main/jib/webapp_startup.sh

```
#!/bin/sh

## App Service - 高度なツールからの ssh 接続を有効化
apk add openssh-server

echo "root:Docker!" | chpasswd

cat<<EOF >/etc/ssh/sshd_config
Port                    2222
ListenAddress           0.0.0.0
LoginGraceTime          180
X11Forwarding           yes
Ciphers aes128-cbc,3des-cbc,aes256-cbc,aes128-ctr,aes192-ctr,aes256-ctr
MACs hmac-sha1,hmac-sha1-96
StrictModes             yes
SyslogFacility          DAEMON
PasswordAuthentication  yes
PermitEmptyPasswords    no
PermitRootLogin         yes
Subsystem sftp internal-sftp
EOF

ssh-keygen -A

if [ ! -d "/var/run/sshd" ]; then
    mkdir -p /var/run/sshd
fi

/usr/sbin/sshd

## アプリケーションを PID 1 で起動する。
exec java -cp @/app/jib-classpath-file @/app/jib-main-class-file
```

Jibのカスタムコンテナエントリポイント注41にて、コンテナ起動時に実行するプログラムをjavaから-Djib.container.entrypoint=sh,foobar.shといったように任意のプログラムに変更できます。Jibでは、src/main/jibにある資材をコンテナのルートディレクトリに配置します。上記シェルスクリプトをsrc/main/jib/webapp_startup.shに記載して、カスタムコンテナエントリポイントで該当シェルスクリプトからsshサーバやjavaプロセスを起動するようにしましょう。WebSSHを利用する場合のイメージのビルドは以下のコマンドになります。

注41 https://github.com/GoogleContainerTools/jib/tree/master/jib-maven-plugin#custom-container-entrypoint

```
$ ./mvnw compile com.google.cloud.tools:jib-maven-plugin:3.2.1:build \
  -Djib.from.image=eclipse-temurin:17.0.4_8-jre-alpine \
  -Djib.to.image=YOUR_REGISTRY_NAME.azurecr.io/todolist \
  -Djib.to.tags=v1.0.0-tem_17.0.4_8-jre-alpine,latest \
  -Djib.container.entrypoint=sh,webapp_startup.sh \
  -Djib.container.ports=8080,2222 \
  -Djib.container.environment=JDK_JAVA_OPTIONS="-Xmx512m -XX:StartFlightRecording"
```

◆ App ServiceプランとWeb App for Containersを作成してデプロイする

図4.1に示したサンプルアプリケーションの構造を再掲します(**図4.4**)。まずはWeb App for Containersをホスティングするために App Service プランをリソースグループRG_NAMEへ作成します。PLAN_NAMEは、作成したいApp Serviceプランの名前に置き換えます。--skuにてApp Serviceプランのスペックを指定できます。第3章で述べたとおり、特筆しない限り、B1プラン(CPU1コア、メモリ1.75GB)で以降の検証は実施します。

図4.4 サンプルアプリケーションの構造(図4.1再掲)

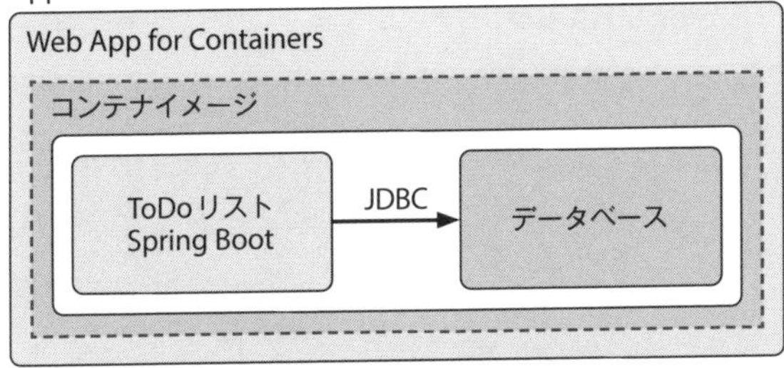


```
$ az appservice plan create --resource-group RG_NAME --name PLAN_NAME --is-linux --sku B1
```

次に、App ServiceプランにWeb App for Containersを作成します。WEB_APP_NAMEは、Web Appの名前であり、任意の値でかまいませんが、WEB_APP_NAME.azurewebsites.netと標準のFQDN(*Fully Qualified Domain Name*、完全修飾ドメイン名)に組み込まれます。たとえば、Web Appの名前を「foobar」とすると、デプロイしたアプリケーションにはhttps://foobar.azurewebsites.netで接続できるようになります。

```
$ az webapp create --resource-group RG_NAME --plan PLAN_NAME --name WEB_APP_NAME \
  --deployment-container-image-name YOUR_REGISTRY_NAME.azurecr.io/todolist:latest
```

Web App for Containersは、コンテナが80もしくは8080ポートのどちらかでHTTPリクエストをlisten

していると想定し、動作しています[注42]。一方で該当ポート番号でlistenしていないコンテナの場合、アプリケーション設定WEBSITES_PORTを用いて、コンテナがHTTPリクエストをlistenしているポート番号をWeb App for Containersに指示できます。今回のToDoリストは8080ポートでHTTPリクエストを待ち受けているためWEBSITES_PORTの設定は不要ですが、下記コマンドでアプリケーション設定WEBSITES_PORTにてポート番号を指定してみましょう。

```
$ az webapp config appsettings set --resource-group RG_NAME --name WEB_APP_NAME --settings
 WEBSITES_PORT=8080(実際は1行)
```

以上でWeb App for Containersでイメージが動作するようになり、インターネット越しにURL、`https://WEB_APP_NAME.azurewebsites.net`でブラウザからToDoリストを表示できます。

◆コンテナにWebSSH接続をする

ブラウザでURL、`https://WEB_APP_NAME.scm.azurewebsites.net/webssh/host`を表示すると、コンテナ内部のターミナルをWebSSHにて操作できます。WebSSHにて`ps`コマンドを実行した結果を以下に示します。そのほかにも`top`などのコマンドでプロセスの状態を見たり、`apk add tcpdump`などのパッケージを必要に応じて追加したりできるので、WebSSHはトラブルシューティングに便利です。

```
Welcome to Alpine!

The Alpine Wiki contains a large amount of how-to guides and general
information about administrating Alpine systems.
See <http://wiki.alpinelinux.org/>.

You can setup the system with the command: setup-alpine

You may change this message by editing /etc/motd.

ee5181c0274c:~# ps
PID   USER     TIME  COMMAND
    1 root      0:13 java -Xmx512m -XX:StartFlightRecording -cp /app/resources:/app/classes:/app/
libs/spring-boot-starter-actuator-2.7.2.jar:/app/libs/spring-boot-starter-2.7.2.jar:/app/libs/spr
ing-boot-2.7.2.jar:/app/libs/spring-boot-autoconfigure-2.7.2.jar:/app/libs/sp
   15 root      0:00 [sshd]
   16 root      0:00 sshd: /usr/sbin/sshd [listener] 0 of 10-100 startups
   51 root      0:00 sshd: root@pts/0
   53 root      0:00 -ash
   54 root      0:00 ps
```

注42 「ポート番号を構成する」https://learn.microsoft.com/ja-jp/azure/app-service/configure-custom-container?pivots=container-linux#configure-port-number

コンテナイメージは小さいほうがよく、トラブルシューティングに必要なツールはWebSSHから必要なときに導入する運用が考えられます。たとえば、ベースイメージがJRE(*Java Runtime Environment*、Java実行環境)のため、JDKにあるツールjcmdなどが必要になった際は、以下のようにapk add openjdk17-jdkをWebSSHから実行し、インストール後にjcmdを実行します。

```
$ apk add openjdk17-jdk
(省略)
$ jcmd
1 net.bookdevcontainer.todolist.TodolistApplication
91 jdk.jcmd/sun.tools.jcmd.JCmd
```

なお上記インストールに関連した注意事項として、Web App for Containersでは再起動のたびに新しいコンテナが生成されることが挙げられます。そのため、WebSSHやアプリケーションで、コンテナのWritable Layerに書き込んだ内容は、コンテナ再起動のたびに破棄されることに注意が必要です。

以上でサンプルアプリケーションをコンテナ化してWeb App for Containersにデプロイするハンズオンは完了です。下記手順でいったんWeb App for Containersを停止し、Freeプランにスケールダウンすることで、料金を抑えることもできます。

```
# Web App を停止させます。開始させる場合は、stopをstartに置き換えます
$ az webapp stop --resource-group RG_NAME --name WEB_APP_NAME

# Free プランへスケールダウンします
$ az appservice plan update --resource-group RG_NAME --name PLAN_NAME --sku F1
```

なお、Freeプランで利用できない機能を使っている場合は、スケールダウンに失敗します。その場合はエラーメッセージをもとにFreeプランで使えない機能を無効化しましょう。

4.3 デプロイスロットを利用したテストやデプロイ操作

Web App for Containersではアプリケーションの運用を容易にするためにデプロイスロット(スロット)と呼ばれる機能があります。1つのWeb App for Containersはスロットを複数持て、それぞれのスロットで異なるApp Serviceプランやイメージ、設定が適用されたアプリケーションを**図4.5**のように独立して動作させられます。ドメインもWEB_APP_NAME-スロット名.azurewebsites.netといったようにスロットごとに独立しており、App Serviceプランもスロットごとに異なるプランを設定できるため、運用側のドメインWEB_APP_NAME.azurewebsites.netへの影響を気にせずスロットを増やすことができます。

図4.5 デプロイスロットの概要図

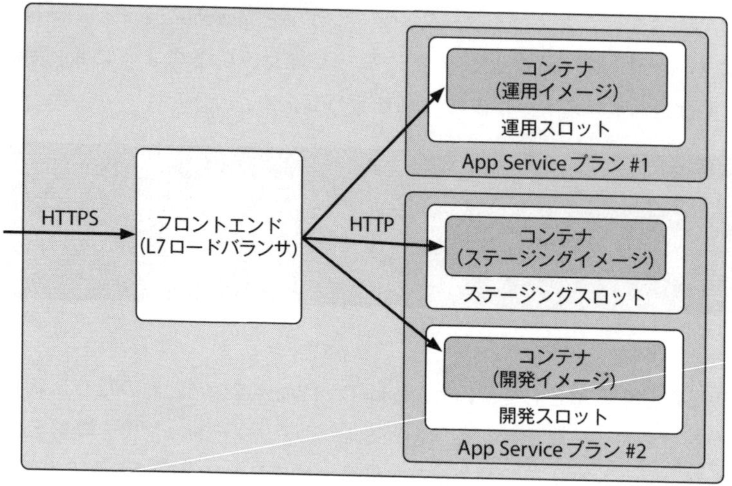

デプロイスロットはStandard以上のプラン(S1、P1V2など)でのみ利用ができます。デプロイスロットを使う際はApp ServiceプランをたとえばS1にスケールアップしましょう。

```
$ az appservice plan update --resource-group RG_NAME --name PLAN_NAME --sku S1
```

4.3.1 » ステージング環境への修正後イメージのデプロイ

アプリケーションをいきなり運用環境にデプロイするのではなく、いったんステージング環境にデプロイし、動作確認を実施したうえで運用環境にデプロイするのがより安全なイメージのデプロイと筆者は考えます。

実は、本章で最初にデプロイしたアプリケーションは、運用スロット(production)にデプロイされています[注43]。

ステージング環境のスロット(ステージングスロット)を作成し、ステージングスロットにイメージをデプロイしましょう。以下のコマンドを実行すると、運用スロットからイメージの設定やアプリケーション設定がコピーされ、ToDoリストがステージングスロットで動作します。SLOT_NAMEがスロット名にあたります。運用スロットからアプリケーション設定などの設定をコピーするオプション--configuration-source WEB_APP_NAMEも本コマンドでは指定しています。

```
$ az webapp deployment slot create --resource-group RG_NAME --name WEB_APP_NAME \
  --slot SLOT_NAME --configuration-source WEB_APP_NAME
```

注43 運用スロットのドメインはWebアプリケーション名.azurewebsites.netとほかのスロットのように-スロット名が付与されません。

◆GitHub Actionsを使ったWebアプリケーションへの反映の同期

Web App for Containersでは、コンテナレジストリ側のイメージ(latestタグ)を更新しても、Webアプリケーションが再起動されない限り、更新されたイメージはアプリケーションに適用されません。しかしイメージが更新されたら、Webアプリケーションが更新されないとステージングスロットでは不便ではあります。そこで、イメージの更新とWebアプリケーションへの反映を同期するためにCI(*Continuous Integration*、継続的インテグレーション)/CD(*Continuous Delivery*、継続的デリバリ)としてGitHub Actionsを活用します。GitHub Actionsを利用するために、apps/part2があるGitHubリポジトリをforkし、forkしたリポジトリで作業しましょう。

GitHub ActionsからAzure上のリソースを操作するには、Azure上のリソースを操作できるようにワークフローから認証と認可を実施する必要があります。そこで、ワークフロー上で認証と認可を受けるユーザーにあたるサービスプリンシパル[注44]を用意し、サービスプリンシパルが操作できるリソースを設定します[注45]。

下記コマンドでは、名前DISPLAY_NAMEのサービスプリンシパルを生成し、そのサービスプリンシパルに、リソースグループ(RG_NAME)のContributorロールを付与します。SUBSCRIPTION_IDはリソースグループのサブスクリプションIDに置き換えます。Contributorロールは、権限の付与などをのぞき該当のAzureリソースに対する全権限を有します[注46]。なおコマンド実行時に、--sdk-authが非推奨と表示されるかもしれませんが、コミュニティのコメント[注47]にあるように執筆時点では利用が推奨されるため--sdk-authを使います。

```
$ az ad sp create-for-rbac --name DISPLAY_NAME --role contributor \
  --scope /subscriptions/SUBSCRIPTION_ID/resourceGroups/RG_NAME \
  --sdk-auth
```

もしリソースグループRG_NAMEのサブスクリプションID含む--scopeに入力する値を確認したい場合は、以下のコマンドのidの値から確認ができます。

```
$ az group show --name RG_NAME | grep id
"id": "/subscriptions/SUBSCRIPTION_ID/resourceGroups/RG_NAME",
```

上記コマンドの出力結果は以下のようになっています。GitHub Actionsのワークフロー内で出力結果

注44 「サービスプリンシパルによる自動化」https://learn.microsoft.com/ja-jp/azure/analysis-services/analysis-services-service-principal

注45 "OIDC support in Azure is supported only for public clouds. "(https://github.com/marketplace/actions/azure-login#github-action-for-azure-login)とあるように現時点で適用範囲に制限がありますが、OpenID Connect(OIDC)を認証と認可に使うこともできます(https://learn.microsoft.com/ja-jp/azure/developer/github/connect-from-azure?tabs=azure-cli%2Clinux#use-the-azure-login-action-with-openid-connect)。OIDCはクライアントシークレットをGitHub Secretsに格納しない分、よりセキュアと考えられます。そのためOIDCが使える場合は、OIDCの利用が良いと筆者は考えます。OIDCの利点はドキュメントを参照してください(https://docs.github.com/en/actions/deployment/security-hardening-your-deployments/about-security-hardening-with-openid-connect#benefits-of-using-oidc)。

注46 「Azure組込みロール - Contributor」https://learn.microsoft.com/ja-jp/azure/role-based-access-control/built-in-roles#contributor

注47 https://github.com/Azure/login/issues/223#issuecomment-1125701121

を利用するため、出力結果はGitHub Secretsに保存するまで控えておきましょう。

```
{
  "clientId": "<GUID>",
  "clientSecret": "<STRING>",
  "subscriptionId": "<GUID>",
  "tenantId": "<GUID>",
  (省略)
}
```

ワークフローから参照できるように、GitHub Secretsに先ほどの出力結果を登録します。ブラウザでforkしたGitHubリポジトリを開き、**図4.6**にあるように「Settings」タブを開きます。サイドバーにある「Secrets」の「Actions」を開き、「New repository secret」ボタンからSecretを設定しましょう。SecretのAZURE_CREDENTIALSに以下のJSONを登録すれば、ワークフローでサービスプリンシパルを使う準備は完了です[注48]。

```
{
  "clientId": "<GUID>",            出力結果のclientIdをコピペ
  "clientSecret": "<STRING>",      出力結果のclientSecretをコピペ
  "subscriptionId": "<GUID>",      出力結果のsubscriptionIdをコピペ
  "tenantId": "<GUID>"             出力結果のtenantIdをコピペ
}
```

図4.6 GitHub Secretesの登録画面

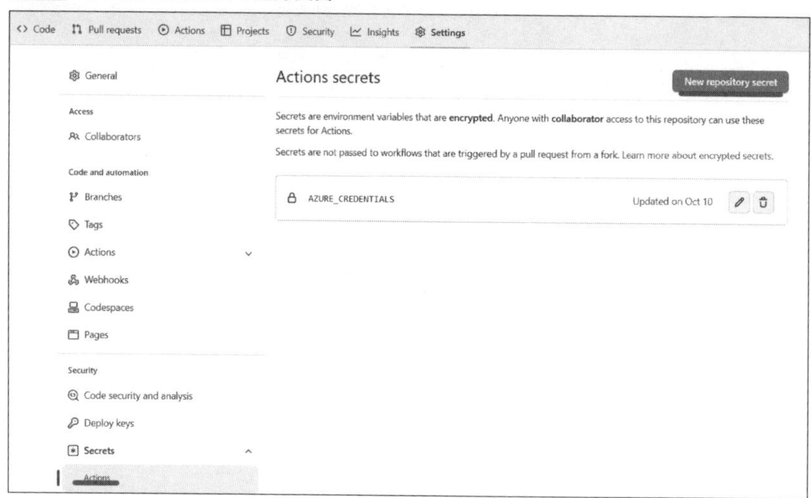

リポジトリにワークフローの定義.github/workflows/part2-staging-release.ymlを配置しましょ

注48 よりGitHub Secretsのセキュリティを高める方法として、JSONをそのままSecretに登録する代わりに、JSONの各要素をSecretに登録する方法があります。https://github.com/Azure/login/issues/236

う。配置するymlファイルの内容を以下に示します。

```
name: Staging Release(Part2)

on:
  workflow_dispatch:
  push:
    branches: [ "main" ]
    paths: 'apps/part2/**'

jobs:
  push_image:

    runs-on: ubuntu-20.04
    defaults:
      run:
        shell: bash
        working-directory: apps/part2

    steps:
    - uses: actions/checkout@v3 # ❶
    - uses: azure/login@v1 # ❷
      with:
        creds: ${{ secrets.AZURE_CREDENTIALS }}

    - name: Set up JDK 17 # ❸
      uses: actions/setup-java@v3
      with:
        java-version: '17'
        distribution: 'temurin'
        cache: maven

    - name: Build & Push Image # ❹
      run: |
        az config set defaults.acr=YOUR_REGISTRY_NAME
        az acr login
        mvn compile test com.google.cloud.tools:jib-maven-plugin:3.2.1:build \
          -Djib.from.image=eclipse-temurin:17.0.4_8-jre-alpine \
          -Djib.to.image=YOUR_REGISTRY_NAME.azurecr.io/todolist \
          -Djib.to.tags=v1.0.0-tem_17.0.4_8-jre-alpine_$GITHUB_SHA,latest \
          -Djib.container.entrypoint=sh,webapp_startup.sh \
          -Djib.container.ports=8080,2222 \
          -Djib.container.environment=JDK_JAVA_OPTIONS="-Xmx512m -XX:StartFlightRecording"

    - name: Update Staging Slot with the Latest Image # ❺
      run: |
        az webapp config container set --resource-group RG_NAME \
          --name WEB_APP_NAME --slot SLOT_NAME \
```

```
        --docker-custom-image-name YOUR_REGISTRY_NAME.azurecr.io/todolist:v1.0.0-tem_17.0.4_8-
jre-alpine_$GITHUB_SHA
```

ワークフローは、mainブランチのapps/part2配下にpushがあった際に動作します。defaults.run.working-directoryでapps/part2でコマンドを実行するように設定しています。ワークフローの処理内容は以下のとおりです。

❶リポジトリのチェックアウト
❷Azureにサービスプリンシパルでログイン
❸Java 17とMavenを利用できるように設定
❹アプリケーションのビルド、テスト、Jibによるイメージ作成、イメージをレジストリに登録
❺登録されたイメージをWeb App for ContainersのSLOT_NAMEスロットに適用

❺において、Web App for Containersのステージング環境に適用されているイメージを変更するには下記コマンドを使います。PATH_TO_IMAGEはYOUR_REGISTRY_NAME.azurecr.io/todolist:タグ名の表記です。

```
$ az webapp config container set --resource-group RG_NAME \
  --name WEB_APP_NAME --slot SLOT_NAME \
  --docker-custom-image-name PATH_TO_IMAGE
```

ワークフローでは、イメージのタグにはGITHUB_SHAを組み込みます。タグから、どのコミットの資材でビルドしたのかのトレーサビリティを確保し、トラブルシューティング時にイメージと資材を紐付けて調査するためです。

以上の本ワークフローよって、mainブランチのapps/part2配下にpushがあった際に、ワークフローが動作し、ワークフローによって生成されたイメージでWebアプリケーション(WEB_APP_NAME-SLOT_NAME.azurewebsites.net)が動作します。

4.3.2 » 運用とステージングスロットでのA/Bテストの実施

運用スロットへアクセスされた一部のトラフィックは別のスロットにルーティングできます。この機能を活用したスロットの用途としてA/Bテストがあります。A/Bテストは、2種類の異なる表示をランダムに表示し、どちらが優れた表示なのか評価する際に使われる技法です。たとえばステージング環境に評価したい修正が入った画面を表示させ、エンドユーザーからの反応を観察できます。

以下のコマンドでは、--distributionで10と指定することによって10%のトラフィックをステージング環境にルーティングし、残りの90%のトラフィックは運用スロットにルーティングさせています。

```
$ az webapp traffic-routing set --resource-group RG_NAME --name WEB_APP_NAME --distribution SLOT_
NAME=10(実際は1行)
```

4.3.3 » スロットの入れ替えによるブルーグリーンデプロイの実施

ブルーグリーンデプロイ注49は、実行環境(ブルー環境)と事前に構築完了した次期実行環境(グリーン環境)をそれぞれ動かし、ブルー環境とグリーン環境それぞれへのトラフィックのルーティングを切り替えることで、極力ダウンタイムを発生させずにアプリケーションの更新ができる手法です。

グリーン環境の構築後十分にテストした状態でルーティングを切り替えられるため、グリーン環境構築時の不具合が商用リリース前に見つかりやすいです。また、万が一問題が生じた場合でもブルー環境に切り戻せばよいため、安全なデプロイ手法でもあります。

Web App for Containersでは、運用スロットとステージングスロットをスワップと呼ばれる機能で入れ替えることができ、ブルーグリーンデプロイが標準で実現できます注50。

ステージングスロットを運用スロット(production)にスワップしてみましょう。スワップは2段階のフェーズで構成されます。フェーズ1では、運用スロット固有の設定をステージングスロットに反映し、ステージングスロットを再起動します。フェーズ2では、ステージングスロットと運用スロットのFQDNを切り替えます。フェーズ2に進む前に、ステージングスロットの次期実行環境を操作し、問題がないことをユーザーは検査できます。もし検査で問題が発覚したら、フェーズ1でデプロイは取り消しでき、商用環境にその問題が反映されないため安全です。なお、フェーズ1で立ち止まらず、フェーズ2からスワップを開始することもできますが、フェーズ1で行える任意の検査が実施できないため、筆者としてはフェーズ1での検査を省略しないことをお勧めします。

以下のコマンドでフェーズ1を開始できます。

```
$ az webapp deployment slot swap --resource-group RG_NAME --name WEB_APP_NAME \
  --action preview --slot SLOT_NAME --target-slot production
```

上記コマンド実行後、次期実行環境(WEB_APP_NAME-SLOT_NAME.azurewebsites.net)に接続し、次期実行環境の最終検査ができます。その際に不具合が見つかったらフェース1でスワップを取り消しましょう。

```
$ az webapp deployment slot swap --resource-group RG_NAME --name WEB_APP_NAME \
  --action reset --slot SLOT_NAME
```

もし検査に問題がなければ、フェーズ2を行う下記コマンドを実施し、ステージングスロットと運用スロットのFQDNを入れ替えましょう。

```
$ az webapp deployment slot swap --resource-group RG_NAME --name WEB_APP_NAME \
  --action swap --slot SLOT_NAME --target-slot production
```

注49 https://docs.aws.amazon.com/whitepapers/latest/overview-deployment-options/bluegreen-deployments.html
注50 「2つのスロットをスワップする」https://learn.microsoft.com/ja-jp/azure/app-service/deploy-staging-slots#swap-two-slots

運用スロット(WEB_APP_NAME.azurewebsites.net)で動作しているイメージが、以前のステージングスロットにあったイメージになっていることが、運用スロットに接続することでわかります。一方、ステージングスロット(WEB_APP_NAME-SLOT_NAME.azurewebsites.net)で動作しているイメージは、直前まで運用スロットにあったイメージになっています。

4.4 IPアドレス制限や任意ドメイン利用をした公開方法

インターネット越しにToDoリストはすでに公開されています。ただ、セキュリティの観点から特定のIPアドレスからのアクセスのみに絞りたい場合もあります。また、現状ドメインがWEB_APP_NAME.azurewebsites.netですが、任意のドメインを設定したいケースもあります。

4.4.1 » IPアドレスでアクセス制限をする構成

アクセス制御のドキュメント[注51]を参考に、特定の発IPのみWebアプリケーションへのアクセスを許可しましょう。IPV4_ADDRには自身の作業端末のグローバルIPを代入します。

下記コマンドにて、許可されていないIPアドレスからの接続は、ステータスコード403(Forbidden)にてアプリケーションに到達する前にはじかれます。

```
$ az webapp config access-restriction add --resource-group RG_NAME --name WEB_APP_NAME \
  --rule-name 'IP example rule' --action Allow --ip-address IPV4_ADDR/32 --priority 100
```

4.4.2 » カスタムドメインの追加

Web App for Containersにはドメイン[注52]を紐付け、そのドメインでアクセスできます。

自身が所有していないドメインを紐付けられないようにするために、ドメインの所有権の検証がWeb App for Containersでは実施されます。ドメイン検証ID(customDomainVerificationId)を下記コマンドで取得し、それをドメインプロバイダのTXTレコードに名前がasuidとしてあらかじめ設定します。

```
$ az webapp show --resource-group RG_NAME --name WEB_APP_NAME | grep customDomainVerificationId
```

ドメイン検証IDを追加したら、ドメインがルートドメインの場合は、AレコードにWEB_APP_NAME.

注51 「Azure App Serviceのアクセス制限を設定する」https://learn.microsoft.com/ja-jp/azure/app-service/app-service-ip-restrictions
注52 ドメインは、App Serviceが提供する無料のマネージド証明書の利用を想定すると、英数字、ダッシュ(-)、ピリオド(.)の組み合わせが制約になります。

azurewebsites.netのIPアドレスを設定します。なお、サブドメインの場合は、TXTレコードの名前が変わり、Aレコードの代わりにCNAMEレコードを利用することになりますので、サブドメインの場合の手順はドキュメント「DNSレコードの種類」[注53]を参照してください。

Aレコードに設定するIPアドレスを、getent hosts WEB_APP_NAME.azurewebsites.netで取得します。下記例ではドメインプロバイダに設定するAレコードが20.119.0.19になります。ドメインプロバイダのレコードに名前が@、値を先ほど取得したIPアドレスでAレコードを作りましょう。

```
$ getent hosts  WEB_APP_NAME.azurewebsites.net
20.119.0.19     waws-prod-blu-351-4594.eastus.cloudapp.azure.com WEB_APP_NAME-staging.
azurewebsites.net waws-prod-blu-351.sip.azurewebsites.windows.net waws-prod-blu-351.sip.
azurewebsites.windows.net
```

最後にWeb App for Containersに下記コマンドにてドメインMY_DOMAINを紐付けると、アプリケーションにMY_DOMAINでHTTP接続できます。

```
$ az webapp config hostname add \
    --resource-group RG_NAME \
    --webapp-name WEB_APP_NAME \
    --hostname MY_DOMAIN
```

4.4.3 » SSL/TLSサーバ証明書によるカスタムドメインの保護

カスタムドメインにHTTPS接続するにはSSL/TLSサーバ証明書を準備し、Web App for Containersに設定する必要があります。App Serviceマネージド証明書は無料で使え、証明書の自動更新すらプラットフォームによって実施されるため、魅力的な証明書です。

下記コマンドでMY_DOMAINに対するマネージド証明書を作成しましょう[注54]。

```
$ az webapp config ssl create --resource-group RG_NAME --name WEB_APP_NAME  --hostname MY_DOMAIN
```

作成したマネージド証明書のサムプリントThumbprintは、ドメインに証明書を紐付ける際に必要となります。サムプリントの値は下記コマンドで取得できます。

```
$ az webapp config ssl list --resource-group  RG_NAME -o table
```

取得したサムプリントTHUMBPRINTを使って、MY_DOMAINにマネージド証明書を下記コマンドで紐付けましょう。

注53 https://learn.microsoft.com/ja-jp/azure/app-service/app-service-web-tutorial-custom-domain?source=recommendations&tabs=cname%2Cazurecli#dns-record-types

注54 Azure CLIからの無料のマネージド証明書の作成は執筆時点でプレビューの機能です。Azure Portalから無料のマネージド証明書を作成する方法は「無料のマネージド証明書を作成する」(https://learn.microsoft.com/ja-jp/azure/app-service/configure-ssl-certificate?tabs=apex%2Cportal#create-a-free-managed-certificate)を参照してください。

```
$ az webapp config ssl bind --resource-group RG_NAME --name WEB_APP_NAME \
  --certificate-thumbprint THUMBPRINT --ssl-type SNI
```

以上の設定で、https://MY_DOMAINでアプリケーションにHTTPS接続できるようになりました。平文のHTTP接続はもう利用する必要がないので、下記コマンドでHTTPをHTTPSにリダイレクトさせます。

```
$ az webapp update --resource-group RG_NAME --name WEB_APP_NAME --https-only true
```

4.5 まとめ

本章では、サンプルアプリケーションとしてToDoリストを作成し、Jibにて生成したコンテナイメージをWeb App for Containersにデプロイし、インターネット越しにユーザーがアクセスできるようにしました。

また、デプロイスロットを利用したテストやデプロイ操作、SSL/TLSサーバ証明書によるカスタムドメインの保護などから、Web App for Containersが実行環境として、アプリケーション自体の開発や運用にエンジニアが注力できるように支援していることを感じられたらうれしいです。

次章からは、作成したサンプルアプリケーションをほかのマネージドサービスと連携させ、単一コンテナ以上に実現できることを増やしていきます。

第5章 Web App for Containers内のコンテナから別のリソースを利用する

インターネット経由の外部接続と
Azureサービス内の内部接続の設定ポイント

本章では、Azure Web App for ContainersがAzure内部のほかのリソースにアクセスする場合や、Azure外への宛先に通信を行う場合の実例について紹介します。なお本書では今後、前者を内部接続、後者を外部接続と呼ぶことにします。実際に運用されるアプリケーションがコンテナ内部のみですべての処理が完結するケースは少ないかと思います。そのため、Web App for Containers外への通信が発生する場合のポイントについて本章で解説します。第3章で解説したとおり、App ServiceではOSをWindowsとLinuxから選ぶことができ、「コード」並びに「コンテナ」のホスティングオプションが存在します。本章での解説はApp Service全般に通じる話ではありますが、ここでは前章に引き続き、コンテナをベースとしたWeb App for Containersを題材とすることにします。

5.1 SNATポート —— Web App for Containersでのインターネット通信における必須要素

Web App for Containersからインターネット宛の通信を行う際には、Source Network Address Translation(SNAT)ポートを意識する必要があります。本節ではSNATポートの概念と、アプリケーション並びにインフラ設計時のポイントについて紹介します。

5.1.1 » 前提となるWeb App for Containersのアーキテクチャ

SNATポートを解説するにあたっては前提として第3章で解説したWeb App for Containersのアーキテクチャへの理解が必要となりますが、あらためて簡単にこちらで概念を紹介します。

Web App for Containersは全世界のリージョンに存在するデータセンター内のサーバにて稼働しており、各データセンター内のサーバではWeb App for Containersが稼働している多数のサーバが稼働しています。Web App for Containersではこの多数のサーバ群のことをスケールユニットと呼んでおり、世界中のデータセンターにスケールユニットが存在しています。スケールユニットの主要な構成要素としては、frontendと呼ばれるL7ロードバランサと、実際にアプリケーションがデプロイされるWeb Worker(インスタンス)が存在します。frontendとWeb Workerの関係ですが、frontendはHTTPリクエストをWeb Workerに転送する役割を担い、複数台のインスタンス構成をとっている場合はリクエストを単純ラウンドロビンにて各インスタンスに振り分け、負荷分散を行う役割を担います。なお、Web Workerについてはインスタンスと呼ばれることが多いことから、以後、本書では特にことわりのない限りインスタンスと呼ぶこととします。

5.1.2 » SNATポートの役割

Web App for Containersからインターネット宛の接続を行う際に、SNATポートは使用されます。Web App for Containersにてデプロイされたアプリケーションが外部サービスとインターネット経由で接続する必要があるという場面を考えたとき、Web App for Containersは外部のサービスと直接コネクションを確立することはできません。これは、Web App for Containersのインスタンスは必ずロードバランサ経由で外部と通信をする必要があるからです。インスタンスはインターネットに公開されたIPアドレスを割り振られておらず、外部のIPアドレス宛の通信を行うためには、スケールユニットごとに用意されたロードバランサを利用してSNATを行う必要があります。

5.2 外部接続時にSNATポートが枯渇しないための対策

SNATポートは、同一パブリックIPかつ同一ポート宛の通信が複数発生した場合に消費されます。また、SNATポートは各インスタンスごとに使用可能な上限数が定められています。したがって、このような通信が大量に発生した場合はSNATポートが不足して通信が失敗してしまいます。

5.2.1 » SNATポートの制限

Web App for Containersの各インスタンスでは、128個のSNATポートが使用できることが保証されています。厳密には128個を超過した場合でも外部への通信に成功する場合がありますが、必ず通信が成功する保証はありません。そのため、基本的にはSNATポートが128個を超過しないように設計を行う必要があります。公式ドキュメント[注1]でも解説があるため、併せて参照してください。

注1 「Azure App Serviceでの断続的な送信接続エラーのトラブルシューティング」https://learn.microsoft.com/ja-jp/azure/app-service/troubleshoot-intermittent-outbound-connection-errors#cause

5.2.2 » SNATポートの制限に抵触しないための回避策

前節での制限事項を踏まえると、SNATポートの枯渇を回避するためには、1インスタンスあたりにおけるSNATポートの使用数を128以下にする必要があります。この制約に抵触しない限りロードバランサがSNATのポート枯渇を理由にインターネット宛の通信をブロックすることはありません。SNATポートの枯渇を回避するには、アプリケーションの実装並びにインフラ構成の両面にて対策可能です。

◆アプリケーション実装による回避 —— TCPコネクションを使い回す

前述のとおり、同一パブリックIPかつ同一ポート宛の通信が発生するとSNATポートが消費されます。そのため、この宛先への通信時に毎回コネクションを生成・破棄しているとSNATポートが枯渇するリスクが生じます。この問題を回避するには、コネクションプールを利用してコネクションを再利用する必要があります。通常、Webアプリケーションのフレームワークなどを利用してデータベースなどの外部IPアドレス宛に通信を行っている場合はコネクションプールが利用されるため、特にユーザー側で何かを意識することなくSNATポートの消費を抑えることができます。

◆インフラ構成による回避 —— NATゲートウェイを利用する

前節のようなアプリケーション側での対処を基本的には行う必要がありますが、何らかの事情でアプリケーションの実装を修正することが難しい場合、NAT(*Network Address Translation*)ゲートウェイを使用することでも問題の回避が可能です。NATゲートウェイは、インターネットに接続されたすべての送信トラフィックがゲートウェイ経由でルーティングされるようにします(**図5.1**)。NATゲートウェイを使用することで使用可能なSNATポートも大幅に増加します。したがって、同じパブリックIPアドレスとポートの組み合わせへの同時接続が多いシナリオにおいて、NATゲートウェイを用いることはSNATポート枯渇の有効な回避策となります。

図5.1 NATゲートウェイ経由で外部への通信を行う場合の構成

(出典:「Virtual Network NATゲートウェイの統合 - Azureのドキュメント」https://learn.microsoft.com/ja-jp/azure/app-service/networking/nat-gateway-integration)

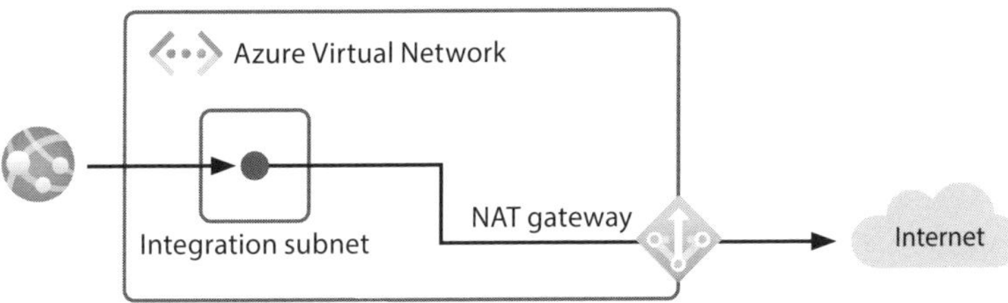

5 Web App for Containers内のコンテナから別のリソースを利用する

5.2.3 » データベース接続を例にTCPコネクションを実装する

前節「アプリケーション実装による回避 ―― TCPコネクションを使い回す」での解説の具体例として、ここでは、Spring Data JPA注2にてAzure Database for MySQLへアクセスし、単純なSELECT文を実行する方法を解説します。Spring Data JPAはSpringのサブプロジェクトの一つであり、データベースに関連するアプリケーションの実装を簡易的に記述することを可能にします。第4章ではJavaの標準インタフェースであるJdbcTemplateをまずは使用しましたが、本章からはより実戦で使用されるSpring Data JPAを題材とすることにします。Spring Data JPAについての詳細な解説は割愛しますが、詳細はリファレンスドキュメント注3を参照してください。

Spring Data JPAにてAzure Database for MySQLを使用するには、まずSpring Data JPAとMySQLに関する依存関係をpom.xmlに以下のように定義します。

apps/part2/pom.xml

```
<dependency>
  <groupId>org.springframework.boot</groupId>
  <artifactId>spring-boot-starter-data-jpa</artifactId>
</dependency>
<dependency>
  <groupId>mysql</groupId>
  <artifactId>mysql-connector-java</artifactId>
  <scope>runtime</scope>
</dependency>
```

MySQLのリソースが必要となるため、以下のコマンドにてAzure Database for MySQLのリソースを作成します。任意のSERVER_ADMIN_PASSWORDにはMySQLの管理者パスワードを指定し、MY_IPにはMySQLへのアクセスを許可するIPアドレスを指定します。

```
$ az mysql flexible-server create --resource-group book-devcontainer --name mysqltododemoserver
 --location japaneast --admin-user myadmin --admin-password SERVER_ADMIN_PASSWORD --sku-name
 Standard_B12ms --version 5.7(実際は1行)
```

上記のコマンドを実行すると以下のような確認メッセージが表示されます。ここではクライアントのIPアドレスからの接続を許可するために「y」を入力します。

```
> Do you want to enable access to client <クライアントが使用している IP アドレス> (y/n) (y/n):
```

Web App for ContainersからMySQLへの接続も許可する必要があるため、以下のコマンドにてAzureリソースからの接続を許可するネットワークセキュリティルールも追加します。

注2 https://spring.io/projects/spring-data-jpa

注3 https://spring.pleiades.io/spring-data/jpa/docs/current/reference/html/

```
$ az mysql flexible-server firewall-rule create --resource-group book-devcontainer --name
 mysqltododemoserver --rule-name AzureIPs --start-ip-address 0.0.0.0(実際は1行)
```

続けて、データベースを「defaultdb」という名前で作成します。

```
$ az mysql flexible-server db create --resource-group book-devcontainer --server-name mysqltododemo
server -d defaultdb(実際は1行)
```

リソースの作成後、Azure Database for MySQLへの接続情報を定義するためにapplication.ymlの修正とapplication-azure.ymlファイルを新規作成します。前章ではapplication.ymlにおけるspring.profiles.activeの値をembeddedとしていましたが、今回はazureに修正し、新しく作成するapplication-azure.ymlを参照するように修正のうえ、Azure Database for MySQLのリソースに接続するための定義を行います。

apps/part2/src/main/resources/application.yml

```
spring:
  profiles:
    active: azure
```

apps/part2/src/main/resources/application-azure.yml

```
spring:
  jpa:
    hibernate:
      ddl-auto: update
  datasource:
    url: 'jdbc:mysql://${MYSQL_HOST}:3306/defaultdb'
    username: myadmin
    password: SERVER_ADMIN_PASSWORD
  sql:
    init:
      mode: always
      schema-locations: classpath:azuredatabaseschema.sql
```

本章でのテスト内容と直接的な関係はありませんが、前章で使用したサンプルアプリケーションがAzure上で動作しなくなることを防ぐために、taskテーブルをAzure上でも使用できる環境を用意する必要があります。データベースのスキーマファイルをsrc/main/resources/azuredatabaseschema.sqlに下記内容で作成し、アプリケーションでAzure Database for MySQLを使う準備を完了させましょう。こちらは第4章で使用したSQLと同義のものですが、第4章ではローカル実行のためにH2データベースを使用したのに対して、本章ではAzure上でMySQLデータベースを使用することから異なるSQL構文を使用する必要があるため、別のSQLファイルを用意してtaskテーブルをMySQL上に作成します。第4章と同様にこちらのSQLファイルを用意するとアプリケーションの起動時に自動でMySQLのデータベース上にテーブルが作成されるため、手動でデータベースに対してSQL文を実行する必要はありません。

apps/part2/src/main/resources/azuredatabaseschema.sql

```
CREATE TABLE IF NOT EXISTS task (
   id INT NOT NULL AUTO_INCREMENT, -- 識別子
   `user` VARCHAR(64) NOT NULL, -- ユーザーID
   `status` VARCHAR(64) NOT NULL, -- タスクのステータス
   title VARCHAR(64) NOT NULL, -- タスクのタイトル
   dueDate DATE NOT NULL, -- タスクの締め切り
   memo VARCHAR(64), -- タスクのコメント
   createdOn TIMESTAMP NOT NULL, -- タスクを作成した日時
   updatedOn TIMESTAMP NOT NULL, -- タスクを更新した日時
   PRIMARY KEY ( id )
);
```

次に、Spring Data JPAにて提供される機能でデータベースへのアクセスを行うにあたり、データベース上のテーブルに対応したクラスを作成します。本章ではsnattestという名前のテーブルに対してアクセスを行うテストを実施するため、snattestに対応したエンティティクラスのSNATTest.javaとリポジトリクラスのSNATTestRepository.javaを作成します。Spring Bootの領域となるため詳細な解説はここでは割愛しますが、これらのクラスを利用して簡易的にアプリケーションのコードからデータベースへの処理を行うことができます。

apps/part2/src/main/java/net/bookdevcontainer/todolist/api/repository/SNATTest.java

```
package net.bookdevcontainer.todolist.api.repository;

import java.time.ZonedDateTime;
import javax.persistence.Entity;
import javax.persistence.GeneratedValue;
import javax.persistence.GenerationType;
import javax.persistence.Id;

@Entity // This tells Hibernate to make a table out of this class
public class SNATTest {
  @Id
  @GeneratedValue(strategy=GenerationType.AUTO)
  private Integer id;

  private ZonedDateTime createdOn;

  private ZonedDateTime updatedOn;

  public Integer getId() {
    return id;
  }

  public void setId(Integer id) {
    this.id = id;
```

```
  }

  public ZonedDateTime getCreatedOn() {
    return createdOn;
  }

  public void setCreatedOn(ZonedDateTime createdOn) {
    this.createdOn = createdOn;
  }

  public ZonedDateTime getUpdatedOn() {
    return updatedOn;
  }

  public void setUpdatedOn(ZonedDateTime updatedOn) {
    this.updatedOn = updatedOn;
  }

}
```

apps/part2/src/main/java/net/bookdevcontainer/todolist/api/repository/SNATTestRepository.java

```
package net.bookdevcontainer.todolist.api.repository;

import org.springframework.data.repository.CrudRepository;

// This will be AUTO IMPLEMENTED by Spring into a Bean called userRepository
// CRUD refers Create, Read, Update, Delete

public interface SNATTestRepository extends CrudRepository<SNATTest, Integer> {

}
```

以上で準備が整いましたので、あとは以下のようにSNATPortTestController.javaを作成してデータベースへの接続を行うだけでコネクションプーリングを利用したデータベースへの接続が自動的に行えます。return句のrepository.findAll()にてJPAで確保されたコネクションプールを利用し、SELECT句をsnatportテーブルに対して実行しています。/allへのリクエストを実行することでfindAll()メソッドが呼びだされるようになります。

apps/part2/src/main/java/net/bookdevcontainer/todolist/api/SNATPortTestController.java

```
package net.bookdevcontainer.todolist.api;

import org.slf4j.Logger;
import org.slf4j.LoggerFactory;

import org.springframework.beans.factory.annotation.Autowired;
import org.springframework.web.bind.annotation.RestController;
```

5 Web App for Containers内のコンテナから別のリソースを利用する

```
import org.springframework.web.bind.annotation.GetMapping;
import org.springframework.web.bind.annotation.RequestMapping;
import org.springframework.web.bind.annotation.ResponseBody;

import net.bookdevcontainer.todolist.api.repository.SNATTest;
import net.bookdevcontainer.todolist.api.repository.SNATTestRepository;

@RestController
@RequestMapping("/")
public class SNATPortTestController {

  private static final Logger logger = LoggerFactory.getLogger(SNATPortTestController.class);

  @Autowired // This means to get the bean called repository
  // Which is auto-generated by Spring, we will use it to handle the data
  private SNATTestRepository repository;

  @GetMapping(path = "/all")
  public @ResponseBody Iterable<SNATTest> findAll() {
    logger.info("start");

    return repository.findAll();
  }
}
```

以上の実装が完了後、第4章で解説した以下のコマンドをDev Containerのapps/part2/ディレクトリで実行し、Web App for Containersを再起動することで最新のコンテナイメージがWeb App for Containersに反映され、デプロイが完了します。

```
$ ./mvnw compile com.google.cloud.tools:jib-maven-plugin:3.2.1:build \
  -Djib.from.image=eclipse-temurin:17.0.4_8-jre-alpine \
  -Djib.to.image=YOUR_REGISTRY_NAME.azurecr.io/todolist \
  -Djib.to.tags=v1.0.0-tem_17.0.4_8-jre-alpine,latest \
  -Djib.container.entrypoint=sh,webapp_startup.sh \
  -Djib.container.ports=8080,2222 \
  -Djib.container.environment=JDK_JAVA_OPTIONS="-Xmx512m -XX:StartFlightRecording=dumponexit=true"
```

前述のように/allへのリクエストをブラウザ上で実行することで、snatportテーブルへのSELECT結果がアプリケーションのレスポンスとして**図5.2**のように返却されることが確認できます。

図5.2 /allのリクエスト実行結果

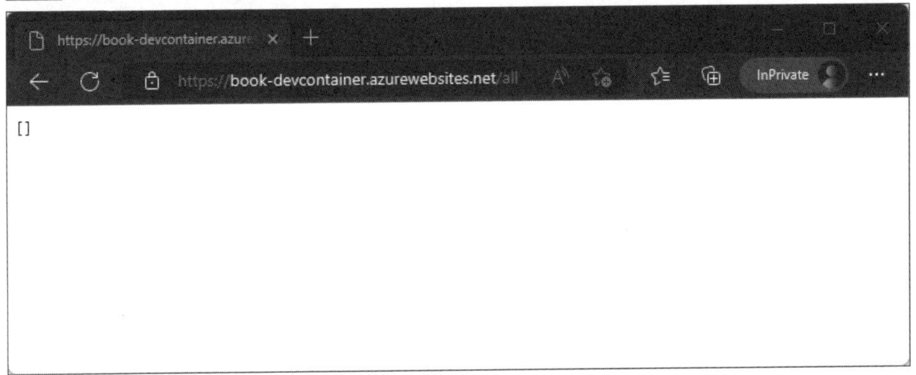

◆マネージドIDを認証に使ってセキュリティを高める

前節ではapplication.ymlにパスワードを記載する方法を紹介しましたが、運用環境にてパスワードをファイル上に記載することはセキュリティ上望ましくありません。一番シンプルな設定方法として参考までに紹介はしましたが、推奨するのはマネージドIDなどを利用してパスワードをファイルに記載することなくデータベースへの接続を可能としておくことです。マネージドIDはAzure AD認証をサポートするAzure Active Directoryで管理されるIDで、Azure App Serviceをはじめとしたさまざまな Azureリソースに対応しています。

それでは、パスワードの代わりにマネージドIDを認証として使用する方法を紹介します。公式ドキュメント「Azure Database for MySQLでパスワードレス接続を使用するようにアプリケーションを移行する」[注4]に参考となる情報が解説されているため、こちらの内容に沿って本書でも説明します。

まず、以下のコマンドを実行し、App ServiceにマネージドIDを割り当てます。

```
$ AZ_MI_OBJECT_ID=$(az webapp identity assign \
    --resource-group book-devcontainer \
    --name WEB_APP_NAME \
    --query principalId \
    --output tsv)
```

マネージドID用にAzure ADのユーザーが必要であるため、MySQLデータベースのリソース「AZ_DATABASE_NAME」に対するすべてのアクセス許可を付与します。以下のコマンドを実行すると、Azure ADへ非管理者ユーザーmanagediduserを追加するSQLファイルcreate_ad_user.sqlが作成されます。

```
$ AZ_MYSQL_AD_MI_USERID=$(az ad sp show --id $AZ_MI_OBJECT_ID --query appId --output tsv)

$ cat << EOF > create_ad_user.sql
SET aad_auth_validate_oids_in_tenant = OFF;
```

注4 https://learn.microsoft.com/ja-jp/azure/developer/java/spring-framework/migrate-mysql-to-passwordless-connection

```
CREATE AADUSER 'managediduser' IDENTIFIED BY '$AZ_MYSQL_AD_MI_USERID';
GRANT ALL PRIVILEGES ON AZ_DATABASE_NAME.* TO 'managediduser'@'%';
FLUSH privileges;
EOF
```

作成されたcreate_ad_user.sqlを以下のコマンドで実行します。-nにはMySQLのリソース名(サーバ名)を指定し、-uにはMySQLのユーザー名を指定します。

```
$ az mysql flexible-server execute -n mysqltododemoserver -u myadmin -p SERVER_ADMIN_PASSWORD
 --file-path create_ad_user.sql(実際は1行)
```

SQLの実行後、SQLファイルを以下のコマンドで削除します。

```
$ rm create_ad_user.sql
```

最後に、application-azure.ymlで定義したMySQLへの接続情報を修正します。passwordを削除し、usernameには追加されたAzure ADユーザー名を指定することでマネージドIDでの認証並びにMySQLへの接続が可能となります。

apps/part2/src/main/resources/application-azure.yml

```
spring:
  jpa:
    hibernate:
      ddl-auto: update
  datasource:
    url: 'jdbc:mysql://${MYSQL_HOST:localhost}:3306/defaultdb'
    username: managediduser
```

5.2.4 » Web App for ContainersにてNATゲートウェイを利用する際の制約

ここからは、前節「インフラ構成による回避 —— NATゲートウェイを利用する」での解説の具体例です。NATゲートウェイを用いることで、Web App for Containersからの通信先のパブリックIPアドレスごとに64,000個のSNATポートが提供され、最大16個のパブリックIPアドレスがサポートされます。したがって、最大1,024,000個の送信SNATポートを使用できます。

図5.3のように、NATゲートウェイはAzureのVNet(仮想ネットワーク)に配置する必要があります。したがって、Web App for ContainersでNATゲートウェイを使用するには、VNet統合と呼ばれる機能によってWeb App for ContainersからVNetへのアクセスを可能な状態にする必要があります。VNet統合ではWeb App for Containersからの接続の受け口となるサブネットを用意する必要があります。NATゲートウェイの設定にてこちらのサブネットとの紐付けを行うことで、Web App for ContainersからVNetを経由したすべての外部通信がNATゲートウェイを経由します。

図5.3 NATゲートウェイ経由で外部への通信を行う場合の構成（図5.1再掲）

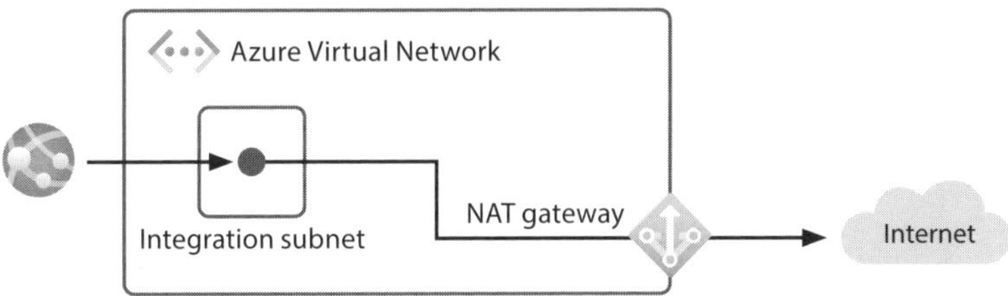

そのほかの制約としては以下のような点があります。

- Web App for ContainersからのVNet(Azureのプライベート仮想ネットワーク)統合に依存しているため、VNet統合がサポートされるApp Serviceプランの価格レベルを使用する必要がある
- NATゲートウェイをWeb App for Containersと併用する場合、Azure Storageへのすべてのトラフィックはプライベートエンドポイントまたはサービスエンドポイントを使う必要がある
- NATゲートウェイはApp Service Environment v1またはv2と併用できない

5.2.5 ≫ Web App for Containersからの通信をNATゲートウェイ経由にする手順

図5.3のように、通信経路としてはWeb App for Containersから外部へのリクエストがVNet内のサブネットを経由し、外部宛の接続がNATゲートウェイを経由して行われます。

それでは図5.3のようなインフラ構成を実現しましょう。以下のAzure CLIを順に実行していきます。

最初に、Web App for ContainersがVNet統合で使用するVNetとサブネットを作成します。`--name`には作成するVNetの名前を任意に付けます。`--resource-group`にはリソースグループ名を、`--subnet-name`にはサブネット名を指定します。サブネット名は、ここでは`default`という名前を指定していますが、任意の名前に変更してもかまいません。

```
$ az network vnet create \
  --name VNET_NAME \
  --resource-group book-devcontainer \
  --subnet-name default
```

続いてパブリックIPとNATゲートウェイを作成します。

```
パブリックIPの作成
$ az network public-ip create --resource-group book-devcontainer --name myPublicIP --sku standard
 --allocation static（実際は1行）

NATゲートウェイの作成
$ az network nat gateway create --resource-group book-devcontainer --name myNATgateway --public-ip-
addresses myPublicIP --idle-timeout 10（実際は1行）
```

Web App for Containersを最初に作成したサブネットにVNet統合します。--nameにはVNet統合するWeb App for Containersの名前を任意に付けます。

```
$ az webapp vnet-integration add --resource-group book-devcontainer --name WEB_APP_NAME --vnet VNET
_NAME --subnet default（実際は1行）
```

NATゲートウェイをVNet統合で使用しているサブネットに紐付けます。--nameにVNet統合で使用しているサブネット名を指定します。

```
$ az network vnet subnet update --resource-group book-devcontainer --vnet-name VNET_NAME --name
 default --nat-gateway myNATgateway（実際は1行）
```

以上でNATゲートウェイを経由するVNetが構築できます。

◆NATゲートウェイ利用料

NATゲートウェイを利用するには課金が発生します。東日本リージョンの場合、2022年12月19日現在でリソース時間あたり0.045ドル／時間と、処理されたデータあたりで0.045ドル／GBの料金が発生します。

5.3 内部接続時に利用できるサービスエンドポイント／プライベートエンドポイント

Web App for ContainersからAzure SQL DatabaseやAzure Storageなどへのそのほかのリソースに接続を行う場合に、サービスエンドポイントもしくはプライベートエンドポイントを使用できます。本節では、これらのユースケースを紹介します。

5.3.1 » サービスエンドポイント／プライベートエンドポイントが必要となるユースケース

両者に共通しているポイントとしては、Azure SQL DatabaseやAzure Storageへの通信を閉域網からのアクセスに限定することが挙げられます。したがって、Azure SQL DatabaseやAzure Storageへの通信が不特定多数のアクセス元から行われることを防ぐ場合に使用することが多い機能と言えます。

両者の相違点としては、サービスエンドポイントは特定のサブネットを許可対象として指定する一方で、プライベートエンドポイントはVNet全体をリクエスト元の許可対象として指定します。サービスエンドポイントのメリットとしては許可対象をサブネット単位で細かく限定できることに対し、オンプレミスの閉域網を指定することがかないません。一方で、プライベートエンドポイントを使用する場合はパブリックなエンドポイントを使用せずにVNetとピアリングしたオンプレミスの閉域網も許

可対象として指定できる半面、サブネット単位といった細かい単位でアクセス許可を指定することはできません。このような一長一短があるため、開発するシステムのネットワーク要件に応じて利用する機能を検討してください。

図5.4のシステム構成図は、プライベートエンドポイントを使用する場合のイメージです。このようにプライベートエンドポイントを使用することで、通信を閉域網に限定できます。同様に、**図5.5**のシステム構成図は、サービスエンドポイントを使用する場合のイメージです。

図5.4 Web App for Containersからプライベートエンドポイント経由で接続を行う場合の構成

（出典：「Azure SQL DatabaseへのWebアプリのプライベート接続 - Azureのドキュメント」https://learn.microsoft.com/ja-jp/azure/architecture/example-scenario/private-web-app/private-web-app）

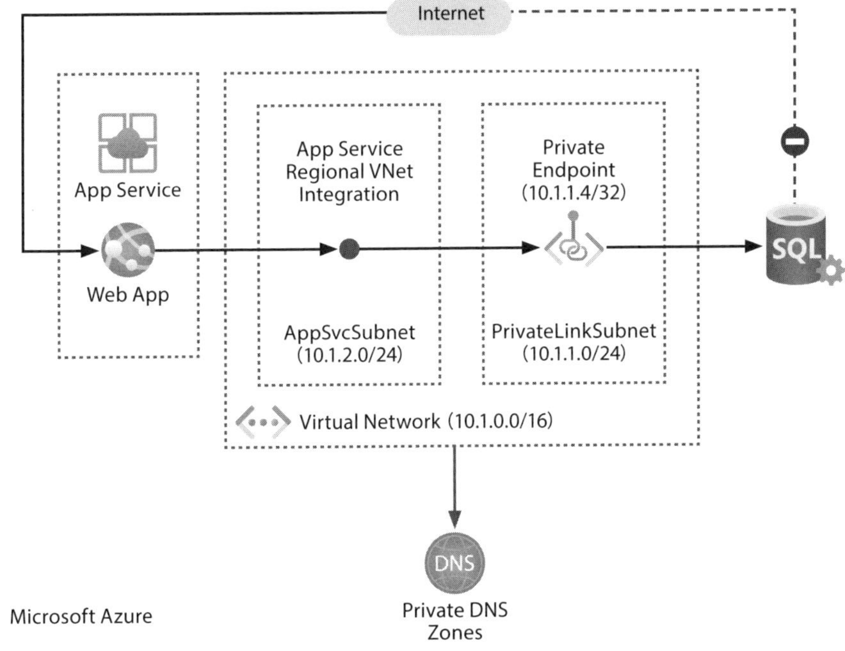

図5.5 Web App for Containersからサービスエンドポイント経由で接続を行う場合の構成

（出典：「サービスエンドポイントを使用する多階層アプリサービス - Azureのドキュメント」https://learn.microsoft.com/ja-jp/azure/architecture/reference-architectures/app-service-web-app/multi-tier-app-service-service-endpoint）

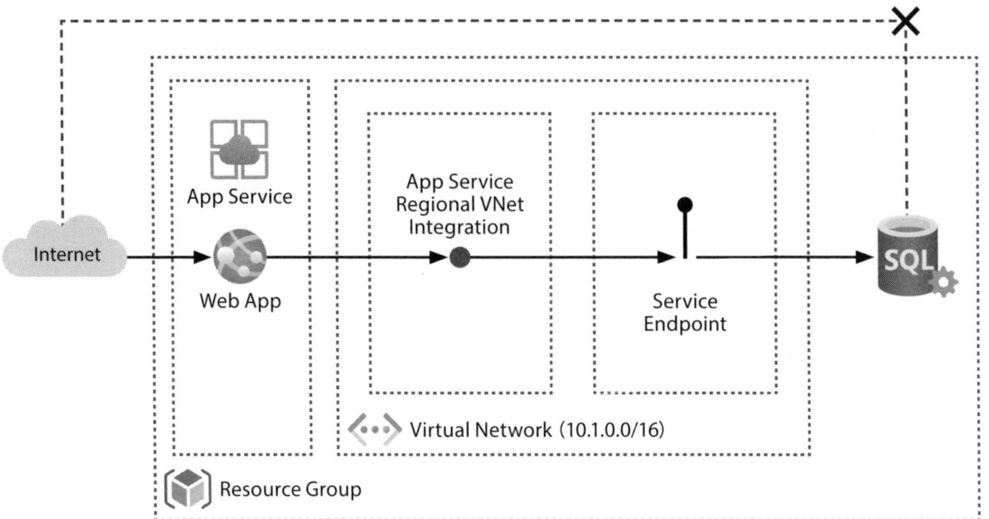

サービスエンドポイントの注意点として、ルートテーブルにユーザー定義ルート（UDR）が設定されている場合はサービスエンドポイントが機能しなくなる可能性があります。サービスエンドポイントはシステムルートを書き換えることでネットワーク経路を制限するしくみとなっていますが、Azureのルート選択のしくみとしてはユーザー定義ルートのほうがシステムルートよりも優先度が高いため、もしサービスエンドポイントが機能しない場合はルートテーブルの設定を確認してください。詳細については公式ドキュメント[注5]を参照してください。

5.4 CORSへの対応方法

オリジン間リソース共有（CORS）に対応する機能がWeb App for Containersでは提供されています。異なるオリジンからWeb App for Containersにリクエストを実行する場合、リクエスト元のオリジンが許可されていなければコンテンツの読み込みがブラウザによってブロックされます。この問題を回避するには、Web App for Containers側の設定にて該当のオリジンからのアクセスを許可する必要があります。

注5　「Azure がルートを選択するしくみ」https://learn.microsoft.com/ja-jp/azure/virtual-network/virtual-networks-udr-overview#how-azure-selects-a-route

まずCORSの設定を行う前の状態で、何が起きるかを確認しましょう。次のように、本章でWeb App for Containersにデプロイしたアプリケーションであるhttps://book-devcontainer.azurewebsites.netへのリクエストを任意の異なるオリジンのアプリケーションであるhttp://127.0.0.1:8000/から実行した場合、通信にてエラーが発生していることが確認できます(**図5.6**)。

図5.6 CORSの制約によりエラーが発生

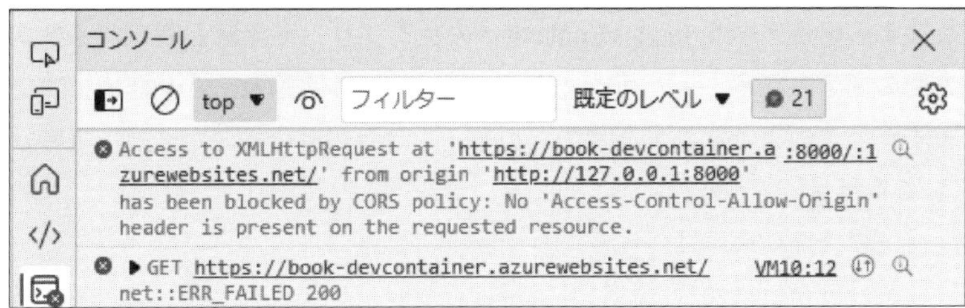

APIのHTTPレスポンスヘッダにAccess-Control-Allow-Originが付与されていないことから、通信に失敗したことが確認できました。エラーを解消するにはリクエスト元のオリジンをAccess-Control-Allow-Originにて許可する必要があるため、Azure CLIで以下のコマンドを実行します。--nameにはWeb App for Containersのリソース名を指定し、--allowed-originsには許可するリクエスト元のオリジンを指定します(今回は例としてhttp://127.0.0.1:8000/を指定しています)。

```
$ az webapp cors add --resource-group book-devcontainer --name WEB_APP_NAME --allowed-origins http://127.0.0.1:8000/
```

このコマンドを実行し、WEB_APP_NAMEで指定したリソースを再起動することで、異なるオリジンから同様なリクエストを実行しても通信が成功することが確認できます。以下のように、先ほどまで表示されていたエラーが解消されています(**図5.7**)。

図5.7 CORSの制約を回避後

5.5 オンプレミス環境への接続

システム要件によっては、Web App for Containersからオンプレミス環境への接続が必要なシナリオが存在するかと思います。オンプレミス環境のようなAzureに接続されていない閉域網の環境にWeb App for Containersからアクセスする場合、Web App for Containersのハイブリッド接続と呼ばれる機能を使用することで簡単に双方間の通信を行うことが可能です。本書の主旨から逸れるため詳細についての説明はここでは割愛しますが、このようなシナリオのためにインフラ設計の検討が必要な場合は公式ドキュメント[注6]を参照してください。

5.6 まとめ

以上が、外部のサーバに通信するアプリケーションにおいて意識すべきポイントです。本章で言及したとおり、外部のサーバへの通信時はアプリケーションの観点に加えてネットワーク構成の検討も必要となります。また、SNATポートの枯渇問題については、開発段階で十分に負荷試験が実施されていない場合、本番環境でのリクエスト数(負荷)が増加するまで発覚しない危険があります。本章で解説した内容をご参考のうえ、高負荷時においても堅牢となるシステム構成を検討してください。サービスエンドポイント並びにプライベートエンドポイントやCORSについても、意図しないアクセスポイントからのリクエストを防ぐ大事な点となります。セキュリティを高めるためにも、本章の内容をぜひ押さえていただければと思います。

注6 「Azure App Servicesからのハイブリッド接続」https://learn.microsoft.com/ja-jp/azure/app-service/app-service-hybrid-connections

第6章 ユーザーを識別する

認証機能の開発工数を削減!?
組込みの認証機能でサンプルアプリにGoogle認証を設定する

第6章では、第4章で使用したサンプルを再び利用し、Web App for Containersでサポートされている組込み認証機能を使ったユーザー認証を設定し、個人ごとにToDoリストを管理できるようにします。

6.1 Web App for Containersの組込み認証機能

Web App for ContainersではAzureのIDaaS(*Identity as a Service*)であるAzure Active Directory(Azure AD)、WindowsやMicrosoft Storeで使用するMicrosoft IDプラットフォームのみならず、Google、TwitterなどさまざまなIDプロバイダ(IdP)に対応した組込み認証機能[注1]があります。この機能は無料であり、使用することでアプリケーションに認証を実装する工数を削減できます。アプリケーションの要件に合う場合にはこれを利用しない手はないでしょう。

6.1.1 » サポートされているIDプロバイダ

本書の執筆時点でサポートされているIDプロバイダは以下のとおりです。

- Microsoft IDプラットフォーム(個人用のMicrosoftアカウント、組織用のAzure ADアカウント)
- Apple(プレビュー)
- Facebook
- GitHub
- Google
- Twitter

注1 EasyAuthと表記される場合もあります。「Azure App ServiceおよびAzure Functionsでの認証と承認」https://learn.microsoft.com/ja-jp/azure/app-service/overview-authentication-authorization

このほかにもOpenID Connectの仕様に準拠したカスタム認証プロバイダを使用することも可能です。たとえば、Auth0のようなIDaaSやKeyCloakのようなオープンソースのID管理ソリューションを利用される場合には、カスタム認証プロバイダとして認証機能の設定を行います。

6.2 組込み認証機能のしくみ

組込みの認証機能を使う前にまずはしくみについて説明します。

6.2.1 » アーキテクチャ

組込みの認証機能は**図6.1**の構成のようにWeb App for Containersを構成する認証・認可のミドルウェアとトークンストアによって実現されています。認証・認可のミドルウェアはアプリケーションを実行するVM上でアプリケーションと別のコンテナで実行され、クライアントとアプリケーションコンテナの通信の間でプロキシとなります。アンバサダーパターン[注2]というコンテナのデザインパターンに該当します。トークンストアはIDプロバイダから受け取ったトークンを保存する場所になります。

図6.1 組込みの認証機能のしくみ

(出典:「Azure App ServiceおよびAzure Functionsでの認証と承認 - Azureのドキュメント」https://learn.microsoft.com/ja-jp/azure/app-service/overview-authentication-authorization#how-it-works)

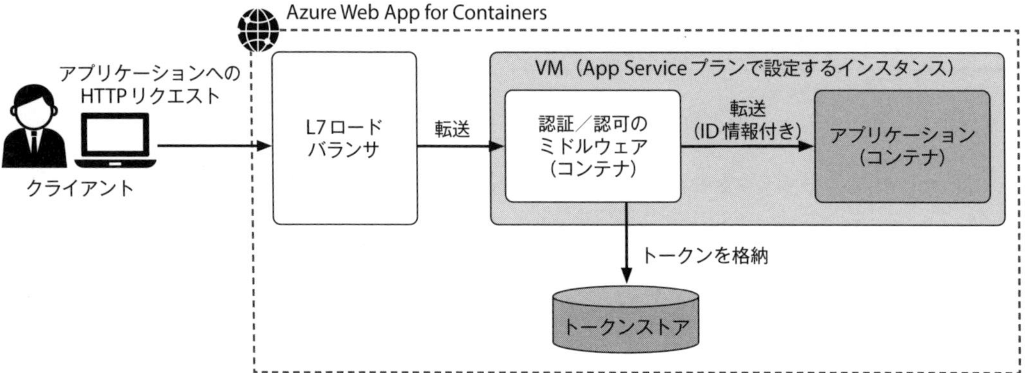

注2 https://learn.microsoft.com/ja-jp/azure/architecture/patterns/ambassador

6.2.2 ≫ 認証・認可のミドルウェアの役割

組込み認証機能の肝となる認証・認可のミドルウェアの役割を説明します。このミドルウェアがIDプロバイダとの認証のやりとり[注3]をするおかげでアプリケーションの実装を省くことができるのです。

- **あらかじめ設定したIDプロバイダを使用したユーザー認証の処理(サインイン)およびサインアウトを行う**
- **認証の過程でIDプロバイダから受け取ったユーザーIDやアクセストークンなどの情報をWeb App for Containersが提供するトークンストアに格納する**
- **認証済みのクライアントに対して「AppServiceAuthSession」というCookieを発行し、認証のセッションを管理する**
- **認証済みのクライアントからのHTTPリクエストのヘッダにユーザーIDやユーザー名などのID情報を付与して、アプリケーションのコンテナに転送する**

6.2.3 ≫ ユーザー情報の取得方法

サーバコードとクライアントコードのそれぞれからユーザー情報を取得する方法を説明します。それぞれのサンプルコードについては後述の6.3.4節、6.4.1節をご覧ください。

◆サーバコード

認証・認可のミドルウェアは認証済みのクライアントからのHTTPリクエストにユーザー情報として以下のようなHTTPヘッダを挿入します。サーバコード(Web App for Contaienrsにデプロイしたコンテナアプリケーション)はこれらのHTTPヘッダを読み取ることでユーザーIDやアクセストークンなどを取得できます[注4]。

- X-MS-CLIENT-PRINCIPAL-NAME
- X-MS-CLIENT-PRINCIPAL-ID

多く利用されるMicrosoft IDプラットフォームや後述するGoogleの場合、X-MS-CLIENT-PRINCIPAL-NAMEにはメールアドレス、X-MS-CLIENT-PRINCIPAL-IDにはユーザー固有の識別子(21桁の数字)が値として含まれます。本章では、便宜上後者をユーザーIDと呼びます。

扱うトークンと格納されるヘッダについては**表6.1**のようにIDプロバイダごとに異なります。トークンの有効期限や更新方法などの詳細はマイクロソフトの公式ドキュメント[注5]およびそこにリンクされているIDプロバイダごとの公式ドキュメントをご覧ください。なお、本書の執筆時点では、IDプロ

注3 認証のやりとりはクライアントの実装(IDプロバイダのSDKの使用の有無)によって異なります。「Authentication flow」https://learn.microsoft.com/ja-jp/azure/app-service/overview-authentication-authorization#authentication-flow

注4 「Azure App Service 認証でユーザーIDを操作する」https://learn.microsoft.com/ja-jp/azure/app-service/configure-authentication-user-identities

注5 「Azure App Service認証でOAuthトークンを操作する」https://learn.microsoft.com/ja-jp/azure/app-service/configure-authentication-oauth-tokens

バイダにGitHubおよびAppleを指定した場合のHTTPヘッダについての公開情報はありませんでした。

表6.1 各IDプロバイダのトークン一覧

IDプロバイダ	ヘッダ名
Microsoft IDプラットフォーム	X-MS-TOKEN-AAD-ID-TOKEN
	X-MS-TOKEN-AAD-ACCESS-TOKEN
	X-MS-TOKEN-AAD-EXPIRES-ON
	X-MS-TOKEN-AAD-REFRESH-TOKEN
Facebook	X-MS-TOKEN-FACEBOOK-ACCESS-TOKEN
	X-MS-TOKEN-FACEBOOK-EXPIRES-ON
Google	X-MS-TOKEN-GOOGLE-ID-TOKEN
	X-MS-TOKEN-GOOGLE-ACCESS-TOKEN
	X-MS-TOKEN-GOOGLE-EXPIRES-ON
	X-MS-TOKEN-GOOGLE-REFRESH-TOKEN
Twitter	X-MS-TOKEN-TWITTER-ACCESS-TOKEN
	X-MS-TOKEN-TWITTER-ACCESS-TOKEN-SECRET

◆クライアントコード

クライアントコードでは/.auth/meというエンドポイントにGETリクエスト(HTTPリクエストのGETメソッド)することでユーザー情報やアクセストークンをJSON形式で取得できます。一例としてIDプロバイダにGoogleを指定した場合(詳細は後述)のフォーマットの一部を抜粋します。

```
[
    {
        "access_token": "<アクセストークン>",
        "expires_on": "<アクセストークンの有効期限>",
        "id_token": "<IDトークン>",
        "provider_name": "google",
        "user_claims": [
            (省略)
            {
                "typ": "http:\/\/schemas.xmlsoap.org\/ws\/2005\/05\/identity\/claims\/nameidentifier",
                "val": "<ユーザー固有の識別子です。本章ではユーザーIDと呼びます。(X-MS-CLIENT-PRINCIPAL-
IDと同じ値)>"
            },
            {
                "typ": "http:\/\/schemas.xmlsoap.org\/ws\/2005\/05\/identity\/claims\/emailaddress",
                "val": "<メールアドレス>"
            },
            (省略)
            {
                "typ": "name",
                "val": "<Googleアカウントの個人情報として設定した姓名(Display Name)>"
            },
```

```
            {
                "typ": "picture",
                "val": "<プロフィール画像>"
            },
            {
                "typ": "http:\/\/schemas.xmlsoap.org\/ws\/2005\/05\/identity\/claims\/givenname",
                "val": "<名>"
            },
            {
                "typ": "http:\/\/schemas.xmlsoap.org\/ws\/2005\/05\/identity\/claims\/surname",
                "val": "<姓>"
            },
            (省略)
        ],
        "user_id": "<user_idという名前のキーですが、実際に含まれる値はメールアドレスとなります(X-MS-CLIENT-
PRINCIPAL-NAMEと同じ値)>"
    }
]
```


6.3 サンプルアプリケーションを Google認証でサインインできるようにする

本節では認証の設定方法の一例として、IDプロバイダにGoogleを設定する方法[注6]と認証済みユーザーの情報へアクセスするコードのサンプルについて説明します。

6.3.1 ≫ 準備するもの —— Googleアカウント

準備するものはGoogleアカウントのみです。アカウントがあればクレジットカードの登録など不要で無料で試せます[注7]。なお、Googleアカウントは「Googleアカウントの作成」[注8]より作成できます。

6.3.2 ≫ Google CloudのIdentity Platformにアプリケーションを登録する

Google認証を利用する際はGet your Google API client ID[注9]のGoogleの公式ドキュメントに従ってアプ

注6 「Googleログインを使用するようにApp ServiceアプリまたはAzure Functionsアプリを構成する」https://learn.microsoft.com/ja-jp/azure/app-service/configure-authentication-provider-google

注7 ただし、Quotaを超える場合は費用が発生します。https://support.google.com/cloud/answer/6330231

注8 https://accounts.google.com/SignUp

注9 https://developers.google.com/identity/gsi/web/guides/get-google-api-clientid#get_your_google_api_client_id

リケーションの登録を行います。これより画面キャプチャ付きでアプリケーションの登録方法を説明しますが、クラウドサービスの性質上、画面が変わる場合もありますので、その場合は公式サイトも併せて確認してください。

◆プロジェクトを作成する

まずはプロジェクトの作成画面注10を開き、新しいプロジェクトを作成します。ご利用のアカウントで初めてこの画面を開く場合、利用規約への同意を求められます。利用規約などをご覧のうえ、図6.2のように利用規約の項目のチェックを有効にして「同意して続行」をクリックします。

図6.2 同意画面

同意画面が閉じたら「有効なAPIとサービス」の画面が開きますので、そこで「プロジェクトを作成」をクリックします(図6.3)。

図6.3 プロジェクト作成

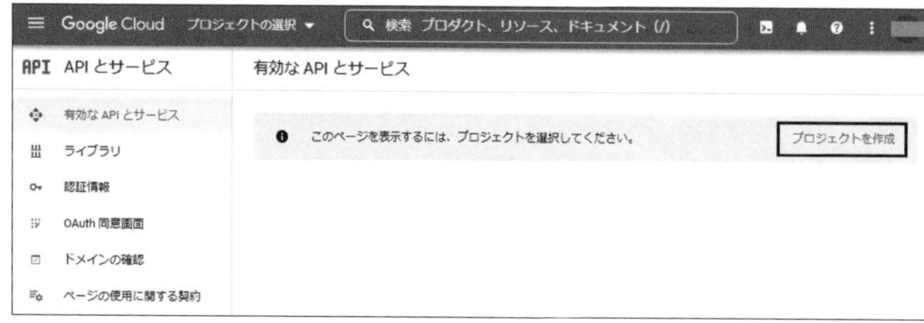

注10 https://console.cloud.google.com/projectcreate

「新しいプロジェクト」の画面では、任意のプロジェクト名(本書ではBookDevContainerという名前)を入力し、「作成」ボタンをクリックします(**図6.4**)。今回は組織に所属していない個人のGoogleアカウントを使用しているため、「場所」の項目は「組織なし」が自動的に入力されています。

図6.4 新しいプロジェクト(個人アカウントの場合)

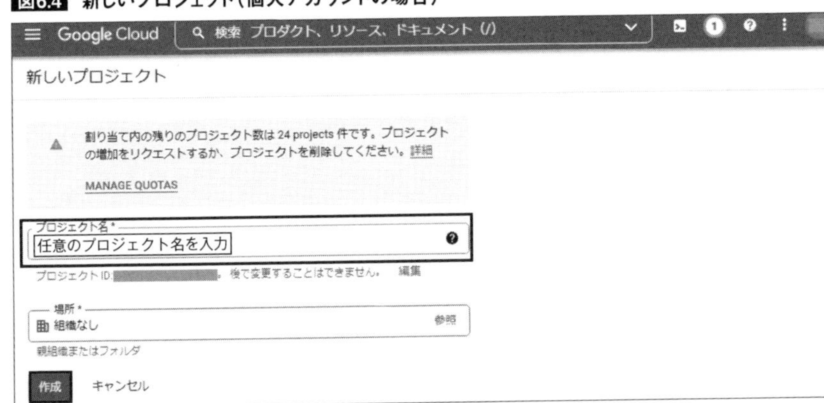

もし会社や学校などの組織で使用しているGoogleアカウントを使用する場合には、**図6.5**のように「組織」と「場所」の項目に対象のアカウントが所属している組織が表示されます。

図6.5 新しいプロジェクト(組織所属のアカウントの場合)

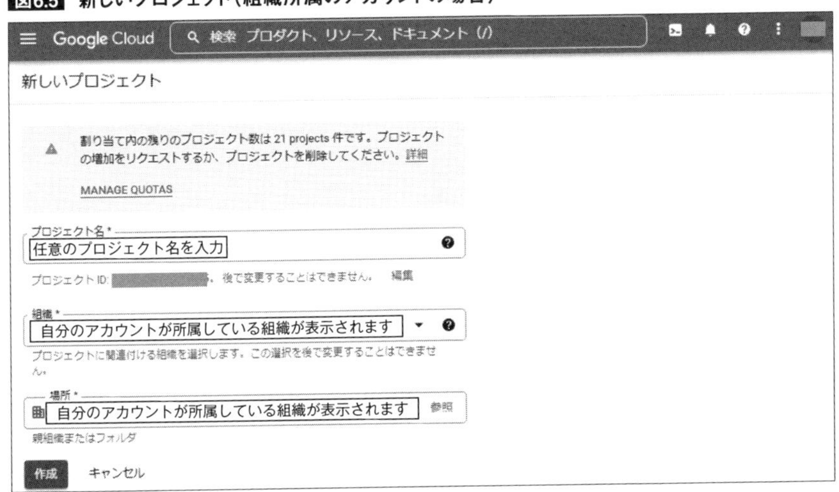

◆OAuthを利用するアプリケーションを登録する

プロジェクトの作成が完了したら、画面左側のサイドメニューより「認証情報」をクリックします。「認証情報」の画面で「同意画面を構成」をクリックします(**図6.6**)。

図6.6 同意画面を構成

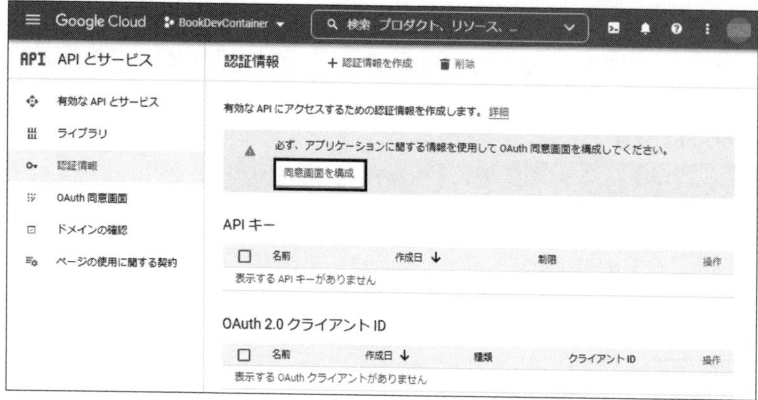

「OAuth同意画面」では、「User Type」の項目より「内部」または「外部」を選択し、「作成」をクリックします(**図6.7**)。アプリケーションを組織内で使用する場合は「内部」、そうでない場合は「外部」を選択します。「内部」は対象のGoogleアカウントが組織に所属している場合のみ選択できます。本書では組織に所属していない個人のGoogleアカウントを使用していますので、「外部」を選択します。

図6.7 OAuth同意画面

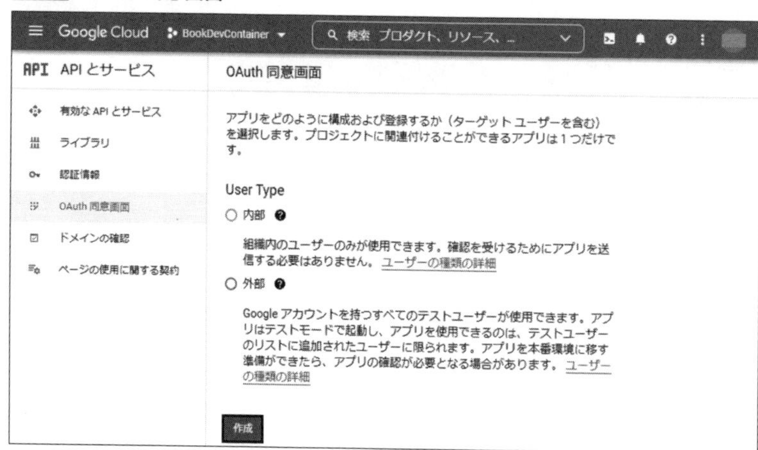

認証をするユーザーの画面に表示するためのアプリケーションの情報を登録します(**図6.8**)。「アプリ名」は必須項目です。第4章の「WEB_APP_NAME」に入力した名前を入力してください。「ユーザーサポートメール」は自動的に対象のアカウントのメールアドレスが表示されます。「アプリのロゴ」は任意で登録できます。

図6.8　アプリ情報

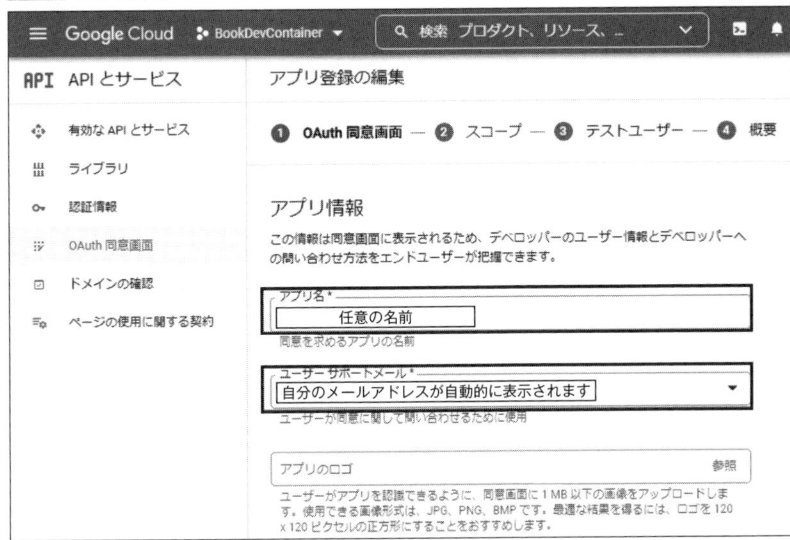

画面を下にスクロールすると、アプリケーションのホームページやプライバシーポリシーなどのリンクの入力項目があります（**図6.9**）。これらは任意で入力することができますが、今回は空欄のままにします。

図6.9　アプリのドメイン

さらに画面を下にスクロールするとメールアドレスの入力項目があります（**図6.10**）。こちらはユーザー向けに表示する情報ではなく、Googleが開発者にお知らせをする際に使用されます。

ここまでの入力が終わりましたら、「保存して次へ」ボタンをクリックします。

図6.10 デベロッパーの連絡先情報

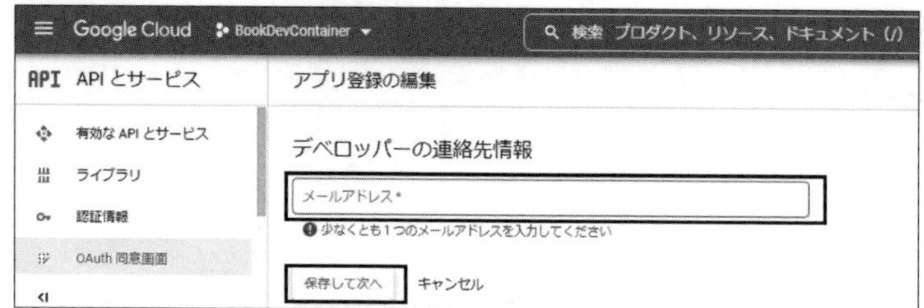

「スコープ」の画面では、アプリケーションがユーザーに代わってできるGoogle APIの操作範囲を設定できますが、今回は認証のためだけにGoogle Cloudを使用するため、ここでは何も設定せず画面の最下部にある「保存して次へ」ボタンをクリックします(**図6.11**)。Google APIのOAuth 2.0スコープの詳細を知りたい方はOAuth 2.0 Scopes for Google APIs[注11]をご覧ください。

図6.11 スコープ

「テストユーザー」の画面では、アプリケーションにアクセス可能なユーザーを個別に指定できます(**図6.12**)。プロジェクトの公開ステータスは初期状態で「テスト中」となりますが、一般公開したい場合はステータスを「本番環境」に変更できます。ステータスの詳細についてはPublishing status[注12]をご覧ください。

注11 https://developers.google.com/identity/protocols/oauth2/scopes
注12 https://support.google.com/cloud/answer/10311615#publishing-status

図6.12 テストユーザー

概要画面では、最後にこれまで入力した内容を確認できます(図6.13)。入力した内容に修正が必要なければ、画面下部にある「ダッシュボードに戻る」をクリックします。

図6.13 概要

◆OAuthクライアントIDを作成する

サイドバーの「認証情報」で認証情報の画面を開き、「認証情報を作成」より「OAuth クライアントID」をクリックします(図6.14)。

図6.14 認証情報を作成

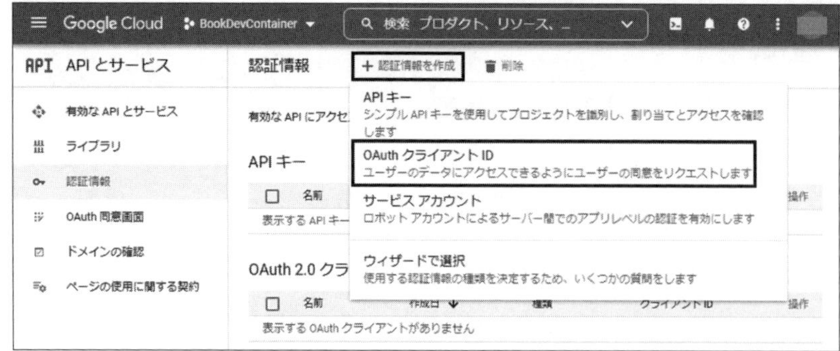

「OAuthクライアントIDの作成」画面では、「アプリケーションの種類」で「ウェブ アプリケーション」を選択し、「名前」に任意の名前（本書ではDevContainerSampleAppという名前）を入力します（**図6.15**）。ここで入力した名前はGoogle Cloud上でOAuth 2.0クライアントIDを管理する際に使用するものであり、このあとの手順では使用しません。

図6.15 OAuthクライアントIDの作成

画面を下にスクロールすると2ヵ所URLを入力する箇所があります（**図6.16**）。

「承認済みのJavaScript生成元」には「`https://WEB_APP_NAME.azurewebsites.net/`」（WEB_APP_NAMEには第4章で作成したWeb App for Containersの名前が入ります）を入力します。

「承認済みのリダイレクトURI」には「`https://WEB_APP_NAME.azurewebsites.net/.auth/login/google/callback`」を入力します。

最後に「作成」ボタンを押下すると、次の「OAuthクライアントを作成しました」というダイアログが表示されます。

図6.16 アプリのURLを登録

この画面に表示されたクライアントID、シークレットはAzure PortalでWeb App for Containersの設定に使用しますので、忘れないようどこかにメモしておいてください(図6.17)。

以上でGoogle認証を組み込むためのGoogle Cloud側の操作は完了です。

図6.17 クライアントID、シークレット

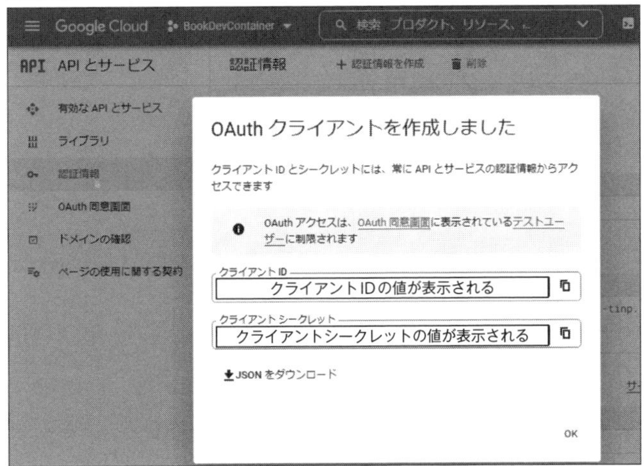

6.3.3 » Web App for Containersで認証の設定を行う

ここでは先にメモしたGoogleのクライアントID、シークレットを使ってWeb App for Containersの組込み認証の設定を行います。

まずはAzure Portalで、作成済みのWeb App for Containersのリソースを開きます。

次に画面左側にあるサイドメニューの「認証」より、表示された「IDプロバイダーを追加」ボタンをクリックします(図6.18)。

図6.18 作成済みリソースでの認証設定を開始

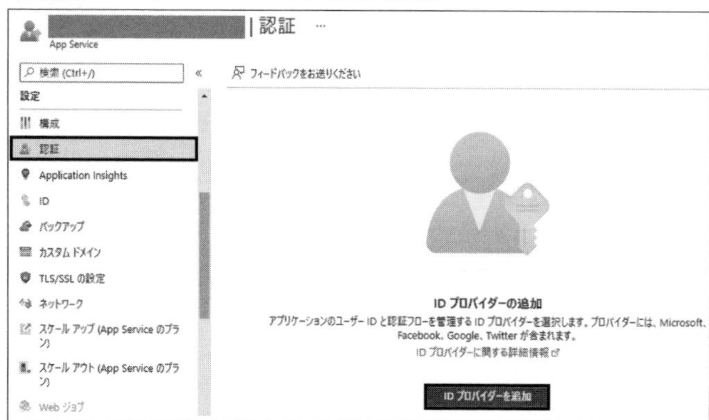

「IDプロバイダーの追加」の画面が表示されたら、IDプロバイダーのプルダウンから「Google」を選択します(図6.19)。

図6.19 IDプロバイダーの選択

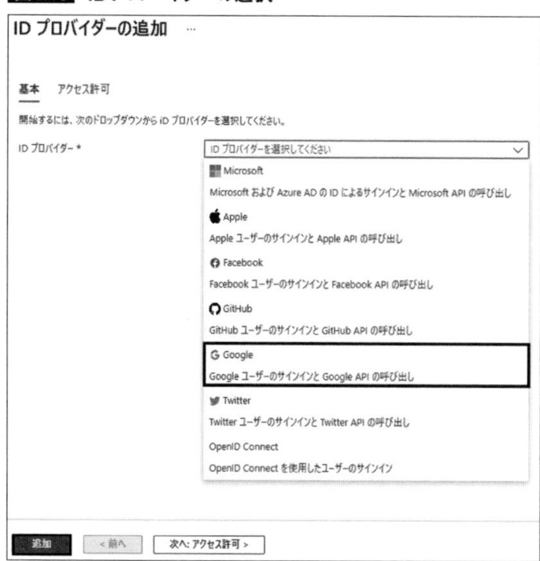

選択後、**図6.20**の画面に自動で切り替わります。ここでは**表6.2**の内容を入力および選択し、最後に「追加」ボタンをクリックします。

図6.20 認証設定

ID プロバイダーの追加 …

基本　スコープ

ID プロバイダー * Google

アプリの登録

アプリの登録により、ID プロバイダーがアプリに関連付けられます。アプリの登録情報をこちらに入力するか、プロバイダーに移動して新規作成してください。詳細情報

クライアント ID * クライアント ID を入力してください

クライアント シークレット * クライアント シークレットを入力してください

App Service の認証設定

認証を必須にすると、アプリのすべてのユーザーに認証が必要になります。認証されていない要求を許可する場合は、特定の認証要件のための独自のコードが必要になります。詳細情報

アクセスを制限する * ◉ 認証が必要 ○ 認証されていないアクセスを許可する

認証されていない要求 * ◉ HTTP 302 リダイレクトが見つかりました: Web サイトに推奨 ○ HTTP 401 認可されていない: API に推奨 ○ HTTP 403 許可されていない

次へリダイレクト Google

トークン ストア

追加　< 前へ　次へ: スコープ >

表6.2 IDプロバイダーの追加の設定内容

設定項目	設定内容
クライアントID	先の手順でGoogle Cloudコンソールの画面でコピーした値
クライアントシークレット	先の手順でGoogle Cloudコンソールの画面でコピーした値
アクセス制限する	認証が必要
認証されていない要求	HTTP 302リダイレクトが見つかりました: Webサイトに推奨

これで最低限の認証の設定は完了しました。反映までに数分かかる場合がありますが、作成したWeb App for ContainersのURL(`https://WEB_APP_NAME.azurewebsites.net/`)にアクセスして**図6.21**のようなGoogleの認証画面が表示されれば設定が反映されたと判断できます。

図6.21 認証画面

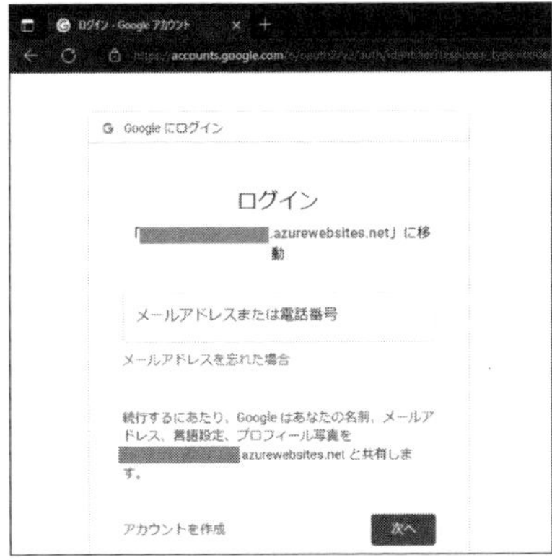

6 ユーザーを識別する

6.3.4 » 認証済みユーザーの情報へアクセスするには

ここまでの手順によって、アクセスしたユーザーをアプリケーション側で特定する準備ができました。ToDoリストアプリケーションのToDoのデータは、認証済みのユーザーの情報と関連付けてデータベースに保存することで、ユーザーごとのToDoを管理できます。第4章で作成したサンプルアプリケーションに含まれるapps/part2/src/main/java/net/bookdevcontainer/todolist/api/TodoListController.javaのコードを一部変更します。これは先に記載したX-MS-CLIENT-PRINCIPAL-IDというユーザーIDが含まれるHTTPヘッダを用いてサーバコードでユーザーを識別する方法となります。クライアントコードでは/.auth/meというエンドポイントにGETリクエストすることで取得できます(前述の「クライアントコード」の節を参照)。

- 新しいメソッドの追加

apps/part2/src/main/java/net/bookdevcontainer/todolist/api/TodoListController.java

```
  // (第6章で使用)認証したユーザーのユーザーIDの取得
  private String GetUserId(HttpServletRequest req){
    String userId = req.getHeader("X-MS-CLIENT-PRINCIPAL-ID");
    if(userId == null || userId.isEmpty()){
      userId = req.getSession().getId(); // ユーザーIDが空の場合でもサンプルの動作させるため、セッション
IDを代入 (Exceptionにしても0K)
    }
    return userId;
  }
```

- 変更対象(get()、put()、patch()、delete()に各1ヵ所ずつ、合計4ヵ所)

apps/part2/src/main/java/net/bookdevcontainer/todolist/api/TodoListController.java

```
req.getSession().getId()
```

- 変更後

apps/part2/src/main/java/net/bookdevcontainer/todolist/api/TodoListController.java

```
GetUserId(req)
```

Column サインインユーザーの情報をログに記録する

サーバコードではログとしてサインインしたユーザーの情報を記録することが多くありますが、今回はプライバシーに配慮してユーザーID(21桁の数字)を使用しています。その理由はそれ単体では個人の特定や悪用をしにくいデータであり、万が一それを記録したログが流出した場合のリスクを軽減するためです。

政府広報オンライン(取材協力 個人情報保護委員会)の個人情報保護法について解説した記事[注13]では、個人情報およびメールアドレスについて以下のような記載があります。

> 個人情報保護法において「個人情報」とは、生存する個人に関する情報で、氏名、生年月日、住所、顔写真などにより特定の個人を識別できる情報をいいます。これには、他の情報と容易に照合することができ、それにより特定の個人を識別することができることとなるものも含まれます。例えば、生年月日や電話番号などは、それ単体では特定の個人を識別できないような情報ですが、氏名などと組み合わせることで特定の個人を識別できるため、個人情報に該当する場合があります。また、メールアドレスについてもユーザー名やドメイン名から特定の個人を識別することができる場合は、それ自体が単体で、個人情報に該当します。
>
> ――「「個人情報保護法」をわかりやすく解説個人情報の取扱いルールとは？ 令和4年(2022年)8月5日」
> https://www.gov-online.go.jp/useful/article/201703/1.html

メールアドレスやユーザー名など個人情報になり得るデータを扱う場合には、難読化や匿名化などの処理を行うことが望ましいとされていますが[注14]、加工したあとに元の個人情報を復元できるできるかどうかによって法律上の扱いが異なるため注意が必要です[注15]。

6.4 サンプルアプリケーションにサインアウト機能を追加する

ToDoリストのアプリケーションにサインアウト機能を追加します。

認証・認可のミドルウェアでは`/.auth/logout`というエンドポイントにGETリクエストをすることで、次のようなサインアウトの処理を行います[注16]。

- **現在のセッションから認証Cookie(`AppServiceAuthSession`)をクリアする**

注13 「「個人情報保護法」をわかりやすく解説個人情報の取扱いルールとは？ 令和4年(2022年)8月5日」https://www.gov-online.go.jp/useful/article/201703/1.html

注14 「個人データの処理に関する戦略」https://learn.microsoft.com/ja-jp/azure/azure-monitor/logs/personal-data-mgmt#strategy-for-personal-data-handling

注15 「匿名加工情報と仮名加工情報の違いは何ですか。」https://www.ppc.go.jp/all_faq_index/faq1-q14-1/

注16 「Azure App Service認証でのサインインとサインアウトのカスタマイズ」https://learn.microsoft.com/ja-jp/azure/app-service/configure-authentication-customize-sign-in-out

- トークンストアから現在のユーザー情報(/.auth/meで取得できる情報)を削除する
- Azure Active DirectoryとGoogleの場合、IDプロバイダでサーバ側のサインアウトを実行する

ここではHTMLとJavaScriptを使ったサインアウトボタンを作成し、サインアウトする方法を説明します。サインインのタイミングはアプリケーションによって異なります。たとえばGmailのようにURL「https://mail.google.com/」にアクセスするとすぐに認証を求められるアプリケーションもあれば、AmazonのECサイトのようにURL「https://www.amazon.co.jp/」にアクセスしてすぐではなく決済操作の過程で認証を求められるアプリケーションもあります。いずれもユーザーを識別しないといけないタイミングで認証が求められることに違いはありません。今回のサンプルアプリケーションであるToDoリストは個人ごとに利用することを想定し、アプリケーションのURLにアクセスするとすぐにGoogleアカウントでの認証画面を表示します。認証に成功するとToDoリストの画面とサインアウトのボタンが表示されるように作成します。

6.4.1 » サインアウトボタンと処理を実装する

第4章で作成したサンプルアプリケーションに含まれるapps/part2/src/main/resources/static/index.htmlに以下のコードを追加します。これによる更新は以下の2点です。

- 画面上部のナビゲーションバーを設置
- ナビゲーションバーの右側にサインアウト用のボタンを設置

apps/part2/src/main/resources/static/index.html

```
<body>
  <body>の直下に以下のコードを追加
  <!-- 第6章で使用、ナビゲーションバーとサインアウトボタン -->
    <nav class="navbar navbar-light bg-primary">
      <div class="container" >
        <a class="navbar-brand" href="#" style="color: #ffffff;">TODO List</a>
        <div class="text-end">
          <button type="button" id="sign-out-btn" class="btn btn-primary btn-sm"></button>
        </div>
      </div>
    </nav>
```

次にapps/part2/src/main/resources/static/index.jsに以下の処理を追加します。

- ボタンをクリックした際にサインアウト用のエンドポイント(/.auth/logout)にGETリクエストを送信してサインアウト
- 認証済みユーザーの情報を取得し、サインアウト用のボタンにメールアドレスを表示(クライアントコードから/.auth/meにGETリクエストを送信し、ユーザー情報を取得)

apps/part2/src/main/resources/static/index.js

index.js全体をくくっている無名関数function()内に以下を追加

```
    //------------------- 第6章で使用するサインアウト -------------------
    const signOutLink = "/.auth/logout?post_logout_redirect_uri=" + encodeURI("/?a=") + new Date().
getTime();  // ❶
    let isSignedIn = false;
    let userId = "?";

    window.addEventListener("load", showUserName());
    $.querySelector("#sign-out-btn").addEventListener("click", signOut);

    // ユーザー名の表示
    function showUserName() {
        fetch("/.auth/me", function () {
            method: "GET"
        }).then(res => {
            if (!res.ok) {
                throw new Error("Network response was not OK");
            }
            return res.json();
        }).then(json => {
            if(!Object.keys(json).length){
                throw new Error("Invalid response");
            }
            isSignedIn = true;
            userId = json[0].user_id;
        }).catch(error => {
            isSignedIn = false;
            console.error("Error: ", error);
        }).finally(() => {
            if (isSignedIn) {
                $.querySelector("#sign-out-btn").innerHTML = "Sign out of " + userId;
            }
        })
    }

    // サインアウト
    function signOut() {
        $.cookie = "AppServiceAuthSession=; max-age=0";
        isSignedIn = false;
        location.href = signOutLink;
    }
```

以上のようにindex.htmlとindex.jsを更新したあと、Web App for Containersにデプロイしましょう。対象のサイトのURL(https://WEB_APP_NAME.azurewebsites.net)をブラウザで開くと「Googleにログイン」の画面にリダイレクトして認証が求められますので、そこでサインインをするとToDoリストの画面になります(図6.22)。

図6.22 ToDoリストアプリケーションのログイン/ログアウト操作

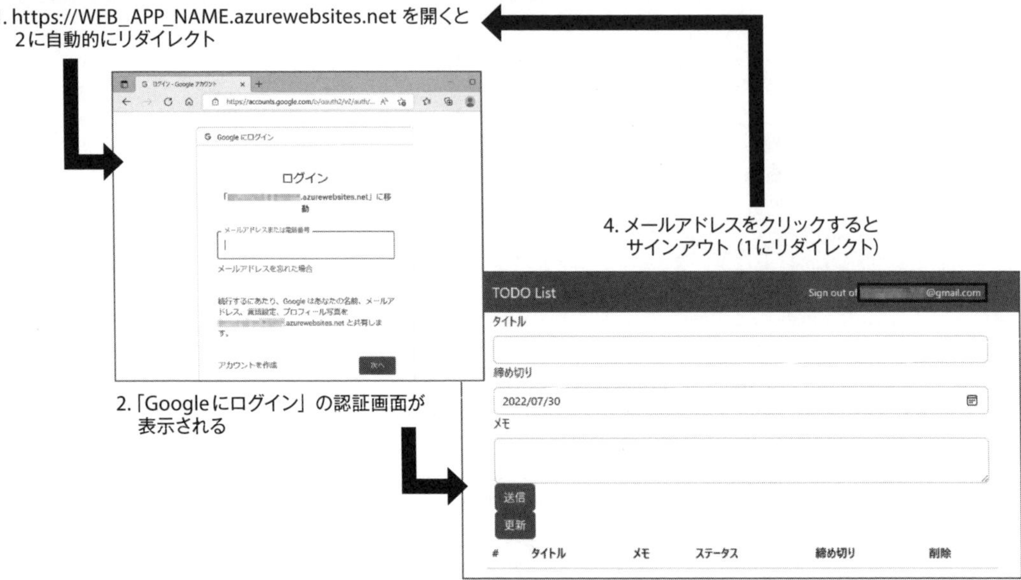

/.auth/logoutの後ろにクエリ文字列(?post_logout_redirect_uri=パス)を指定することで、サインアウト後のリダイレクト先を指定できます(❶)。指定しない場合は、デフォルトのサインアウト完了ページ/.auth/logout/completeにリダイレクトします(図6.23)。

サンプルコードではpost_logout_redirect_uri=/(アプリケーションルート)のほかにクエリ文字列(a=new Date().getTime())を追加し、それらをURLエンコードしています。これによってサインアウト処理のあとにアプリケーションルートにリダイレクトされますが、このときにブラウザのキャッシュによって発生し得る現象(データが空のToDoリストの画面表示)を回避することができます。

図6.23 サインアウト完了ページ

6.4.2 ≫ 一部のページだけ認証不要とするには

ここまでの作業で認証の設定ができましたが、一方でヘルプページや利用規約など、認証をしなくてもユーザーに見せたいページもあるでしょう(図6.24)。

図6.24 除外設定

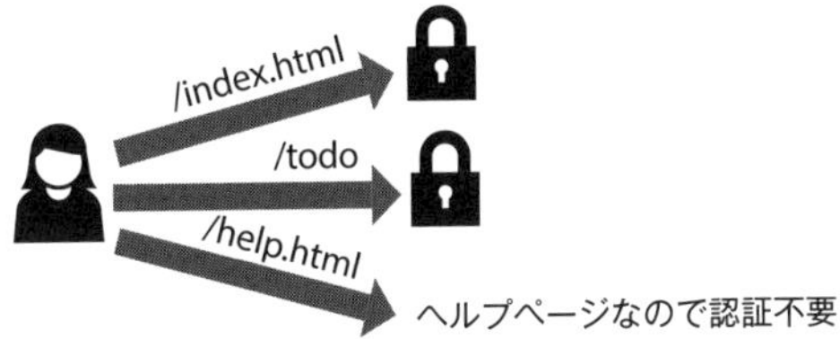

組込み認証の機能では、それに対応する設定も備わっています。これまでの手順と異なり、テキストベースでの設定となってしまいますが試してみましょう。Azure Resource Explorer[注17]というツールをブラウザで開きます。Azureの各リソースの設定はJSON形式で保存されており、このツールを使って参照したり、書き換えたりできます。Azure Resource Explorerを開いたら、画面左の項目から「subscriptions」➡「対象のサブスクリプション」➡「resourceGroups」➡「対象のリソースグループ(第4章でWeb App for Containersのリソースを作成したRG_NAME)」➡「providers」➡「Microsoft.Web」➡「sites」➡「対象のWeb App for Containersの名前(WEB_APP_NAME)」➡「config」➡「authSettingsV2」の順に展開します(図6.25)。表示するAzureのリソースや設定の量によってページの情報量が増えるため、表示までに数分かかる場合があります。

図6.25 Azure Resource Explorerの画面

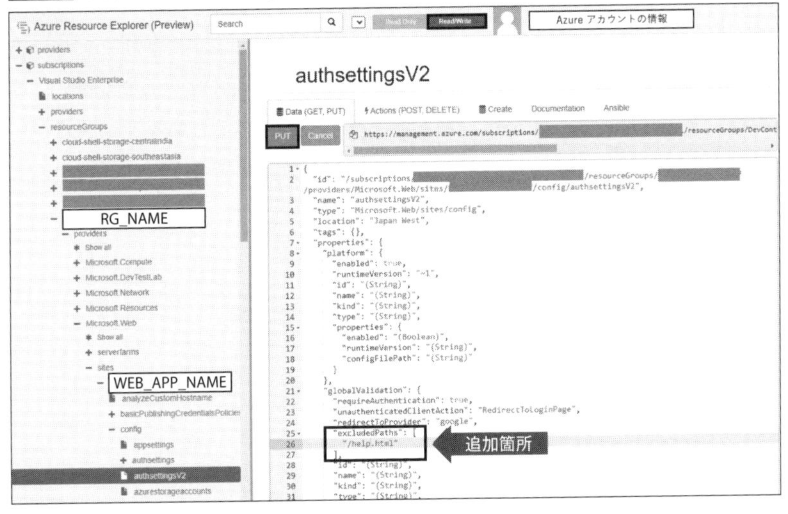

注17 https://resources.azure.com

authSettingsV2まで展開できたら、画面上部の「Read/Write」および「Edit」をクリックし、JSONの設定を編集できるようにします。編集内容は「Azure App Service認証でのファイルベースの構成」[注18]にある例を参考に、以下のようにglobalValidation要素に新たにexcludedPaths[注19]の要素を追加し、認証不要の任意のページのパス(今回は/help.html)を追加します。

図6.25の画面に入力

```
"globalValidation": {
  "requireAuthentication": true,
  "unauthenticatedClientAction": "RedirectToLoginPage",
  "redirectToProvider": "google",
  以下の3行を追加
  "excludedPaths": [
        "/help.html"
  ],
```

編集が終わったら「PUT」ボタンを押して反映します。なお、以前はauthorization.json／authorization.yaml／authorization.ymlというファイルをデプロイすることで同様の設定を行うことができたため、インターネット上の記事にはそのような説明を見ることもあるかもしれません。しかし、これはすでにサポートされていない方法となりますためご注意ください[注20]。

6.5 まとめ

本章ではWeb App for Containersでサポートされている組込み認証機能について学び、第4章で使用したサンプルアプリケーションでToDoリストのデータを個人ごとに管理できるようになりました。組込み認証機能は今回の例であるJava以外のプログラミング言語でもGoogle Cloud Identity Platform以外のIDプロバイダでも使用可能です。また、この機能は追加料金不要で使用できるため実運用を想定した開発のみならず、開発期間や予算に限りがあるデモやPoCといったシナリオでも便利にご活用いただけると思います。

注18 https://learn.microsoft.com/ja-jp/azure/app-service/configure-authentication-file-based#configuration-file-reference

注19 https://learn.microsoft.com/ja-jp/azure/templates/microsoft.web/sites/config-authsettingsv2?pivots=deployment-language-arm-template#globalvalidation-1

注20 https://github.com/MicrosoftDocs/azure-docs/issues/77383#issuecomment-871146660

可用性と回復性を高める Web App for Containersの運用設計

不意の再起動、過負荷、障害発生、データの永続性を考慮する

前章までは、Azure Web App for Containersにてコンテナアプリケーションを稼働させるまでの流れについて解説しました。本章では、実際に稼働させたコンテナアプリケーションにおいて高い可用性と回復性を実現するために必要となる、運用面での設計について紹介します。本章でもWeb App for Containersを引き続き題材としますが、解説する内容は全般的にApp Serviceのコードベースによるホスティングオプションにおいても通じる内容です。

7.1 PaaS側で行われるメンテナンスに備える

Web App for ContainersはPaaS製品としての特性上、ユーザーがアプリケーションのレイヤに集中して開発並びに運用を行うことが可能です。ハードウェアや、Webサーバ並びにOSから構成されるミドルウェアについてはAzureのプラットフォーム側によってマネージされるため、基本的にユーザーはハードウェアやミドルウェアのことを意識する必要はありません。これらの保守作業が必要となった場合でもプラットフォーム側によってメンテナンスが実行されるため、Web App for ContainersのようなPaaS製品を使用することでユーザーは煩雑な運用作業から解放されるという恩恵を享受できます。ただし、メンテナンスが発生することを前提としたシステム構成を検討する必要はあるため、本章ではこちらのポイントについて解説します。

7.1.1 » メンテナンスの実行がWeb App for Containersで発生する理由

Web App for Containersでは提供されているインスタンスのハードウェアやミドルウェアを安心してユーザーが使用できるように、定期もしくは不定期なタイミングでメンテナンスが発生します。これらのメンテナンスには機能アップグレードやセキュリティパッチなど、さまざまな内容を含み、これらの変更を適用するためにアプリケーションの再起動が発生する場合があります。また、PaaSの特性としてハードウェアやミドルウェアのレイヤはAzureプラットフォーム側の責任範囲となるため、メンテナンス内容の詳細については公開されていません。

7.1.2 ≫ メンテナンスの発生を前提としてWeb App for Containersを構成する

前述のように、メンテナンス時にはアプリケーションの再起動が発生する場合があります。本節では、メンテナンスの発生を前提としてWeb App for Containersの可用性を保つ構成について述べます。

◆アプリケーションの起動時間を短くする

再起動時にアプリケーションの起動に時間を要する場合、アプリケーションの起動が完了するまでの間はリクエストを正常に処理できなくなる可能性が高まります。コンテナアプリケーションの場合、コンテナイメージのサイズが大きくなるにつれてコンテナイメージのpullなどの処理に時間を要し、アプリケーションの起動時間に影響がおよびます。また、アプリケーションの初期化処理の中で負荷の大きい処理を行っている場合も同様に起動時間に影響がおよびます。

コンテナイメージのサイズを軽量化するには、Alpineなどの軽量なベースイメージを使用したり、不要なパッケージのインストールを避けるといった方法があります。また、Dockerのマルチステージビルドを利用することでビルド時のみに必要なパッケージをコンテナイメージから除外することも可能であるため、コンテナサイズの軽量化につながります。

◆処理の再試行を行う

再起動の影響によってアプリケーションが正常にリクエストを受け付けできず、サーバエラーが発生することも想定する必要があります。このような事象における推奨される対処として、クライアントからWeb App for Containersへのリクエストを再試行する方法があります。再試行に関してはSDKやその他クライアントライブラリにて再試行用の標準機能が提供されている場合があるため、こちらを利用することでも適切に再試行処理を実装できます。

再試行の処理を実装する場合には、適切な試行回数や試行間隔を検討してください。あまりにも再試行の頻度が多くなる場合、アプリケーションがデプロイされているインスタンスのCPUやメモリなどのリソースに対する負荷が高まるリスクも発生します。タイムアウト値が異常に短い場合や試行回数があまりにも多い場合にリソースが過負荷状態となることを防ぐため、適切な再試行戦略を検討するようにしてください。再試行戦略で意識しなければいけないポイントは多岐にわたるため、詳細についてはドキュメント[注1]を参考に検討してください。

◆冪等性のある処理を実装する

処理の再試行が行われる際には、再試行前にエラーとなった処理が中断された状態になる可能性があります。たとえば、データベースにレコードを登録した直後に再起動によって処理が中断され、エラーをクライアント側に返却した場合、再試行処理時に同一のデータが再度登録されるようなことが

注1 「一般的なガイドライン」https://learn.microsoft.com/ja-jp/azure/architecture/best-practices/transient-faults#general-guidelines

あってはなりません。このようなデータの不整合を防ぎ、常に冪等性が保たれるよう、アプリケーションの実装にて例外処理などにより設計を検討することが必要です。

◆冗長化構成を取る

メンテナンスが発生する場合、1インスタンスごとに順次再起動が発生するケースが多いです。複数インスタンスにてアプリケーションを運用している場合、起動が完了しているインスタンスにのみリクエストが割り振られるため、メンテナンスが発生した場合でも可用性への影響を抑えることが可能です。一方で、メンテナンスの内容によってはまれに同一App Serviceプラン内の全インスタンスにおいて再起動が発生することがあります。このような影響を抑えるには、リージョン単位での冗長化を行うことで可用性を保つことができます。たとえば東日本と西日本リージョンのようなペアとなるリージョンにて冗長化を行う場合、ペアリージョンでは基本的には同時にメンテナンスが発生しないことが担保されています。しかしながらリージョン単位での冗長化には複数リージョンに同様なリソースをそれぞれ作成する必要があることから、コストの面では高くついてしまいます。そのため、運用コストとも天秤にかけたうえで、適切な構成を検討してください。

◆Auto Healing（自動復旧）を設定する

メンテナンスによって再起動が発生した場合に、何らかの原因で起動処理が失敗する可能性も想定に入れておくと可用性の向上につながります。Web App for ContainersのAuto Healingと呼ばれる機能を使用すると、インスタンスのメトリック値を用いて再起動をあらためて実行するといったアクションを実行できます。使用可能なメトリック値としては、リクエスト数、レスポンスタイム、メモリ使用率、HTTPステータスコードなどがあります。

◆ヘルスチェックを実装する

Auto Healingと同様に、アプリケーションにて予期しない動作が発生してインスタンスの稼働に影響が出ている場合、ヘルスチェックを用いることで事象の軽減が可能です。ヘルスチェックを構成すると、Web App for Containersは各インスタンスの監視を行います。監視の具体的な方法としては、ユーザー側で指定したパスへHTTPリクエストを送信し、HTTPレスポンスのステータスコードが200番台であるときのみ正常とみなします。そのため、該当のパスへのリクエストが転送されて300番台のHTTPレスポンスが返却されるような場合でも異常とみなされるためご注意ください。ヘルスチェックでは異常なインスタンスをロードバランサから除外し、1時間経過後もインスタンスの状態が異常の場合は新しいインスタンスへの交換が行われます。

ヘルスチェックの監視で使用するパスでの処理内容としては、該当のアプリケーションが接続する外部のリソースへのアクセスを含むものがよいでしょう。外部リソースへの処理を含むことでリソース間の疎通確認を含むことが可能であるため、迅速にサービスレベルの異常を検知することにつながります。ただし、外部リソースへのアクセス時においては負荷が低い処理を実装するようにしてください。正常性チェックによってすべてのインスタンスに対して1分おきにリクエストが試行されるため、ヘルスチェック専用に疎通確認用の処理を実装することが望ましいでしょう。

7.2 スケールアップやスケールアウトを行う

本節では、インスタンスのスケーリングを行うにあたっての選択肢となる、スケールアップやスケールアウトについて解説します。クラウドの特性として、柔軟にインスタンスのスペックを変更したり、インスタンスの台数を変更できます。クラウド環境にてアプリケーションの負荷やコスト面を踏まえて柔軟に運用を行うための大切なポイントとなるため、本節の内容を参考に適切な設計をご検討ください。

7.2.1 » スケールアップとスケールアウトの違い

スケールアップとスケールアウトは名前こそ似ていますが、それぞれの挙動はまったく別物です。それぞれについて解説します。

◆スケールアップ

CPUやメモリなどの、インスタンスの**性能を高めること**です。Web App for Containersの場合は、App Serviceプランを上位のプランに変更することが該当します。逆にインスタンスの性能を下げる場合はスケールダウンと言います。

◆スケールアウト

インスタンスの**台数を増やすこと**を指します。逆にインスタンスの台数を減らす場合はスケールインと呼びます。

7.2.2 » スケールアップとスケールアウトの使いどころ

どちらを採用するのが適切であるか悩ましい場合があるかと思いますが、検討時の観点はアプリケーションの処理が使用するCPUやメモリなどの使用状況における傾向に依存します。

スケールアップではApp Serviceプランが変更されることによりすべてのインスタンスの再起動が発生するため、ダウンタイムが必ず発生します。インスタンス単体での処理性能は向上しますが、頻繁に実施することは避けたほうがよいでしょう。

スケールアウトはインスタンスの台数が増加しますが、ダウンタイムは発生しません。そのため、

突発的な負荷の上昇時に向いていると言えます。しかしながら、スケールアウトはインスタンスの台数を増やすため、インスタンスの台数分、コストが比例的に増加します。

実際に負荷テストを行い、コストが最適化されるように適切なApp Serviceプランとインスタンスの台数を検討してください。

7.2.3 » App ServiceプランとApp Serviceの関係

App Serviceプランと App Service(Web App for Containers)についての関係を解説します。App Serviceにおけるスケーリングのしくみを理解するうえでも必要な点です。

◆ App Serviceプラン

App Serviceプランは、App Serviceが稼働するインスタンスを指します。App Serviceプランはさまざまなプランが用意されており、使用できるCPUやメモリがプランごとに異なります注2。また、プランに応じてApp Serviceで利用可能な機能の制約も異なるため、注意が必要です。

◆ Azure App Service

Azure App Service(Web App for Containers)はユーザーのアプリケーションを稼働させるためにプラットフォームが用意したOS、Webサーバ、プラットフォームのランタイムと、ユーザーがデプロイしたアプリケーションのコードなどが含まれます。同一のApp Serviceプランに対して複数のアプリケーションをデプロイすることも可能であるため、App ServiceプランのCPUやメモリ使用率に余裕がある場合はこのような構成も行えます。しかしながら、単一のApp Serviceでのみ再起動やスケールアップが必要な場合でも、同一App Serviceプラン上のApp Serviceはすべて再起動されます。マイクロサービスの考え方のようにそれぞれのApp Service間を疎結合にしたい場合は、App ServiceプランをApp Serviceごとに分けることを推奨します。

7.2.4 » スケールアップとスケールアウトの設定方法

では、実際にWeb App for Containersでのスケールアップ(スケールダウン)とスケールアウト(スケールイン)を説明します。

◆スケールアップの設定

以下のAzure CLIコマンドを実行することで、App Serviceプランのスケールアップが行われます。--nameには対象のApp Serviceプラン名を指定します。

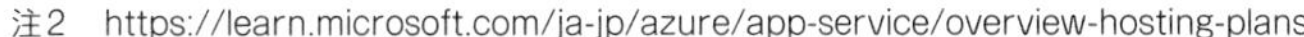

注2 https://learn.microsoft.com/ja-jp/azure/app-service/overview-hosting-plans

```
$ az appservice plan update --name MY_APP_SERVICE_PLAN --resource-group book-devcontainer --sku P1V2
```

以下のコマンドで、実際にスケールアップが完了したことを確認できます。

```
$ az appservice plan show --name MY_APP_SERVICE_PLAN --resource-group book-devcontainer
```

◆スケールアウトの設定

スケールアウト(スケールイン)については手動にてインスタンス台数を変更する方法と、あらかじめ指定したルールに基づいて自動でスケールアウトを行う方法があります。

まず手動でのスケールアウト方法ですが、以下のAzure CLIコマンドを実行することで、インスタンスの台数が増加します。

```
$ az appservice plan update --number-of-workers 2 --name MY_APP_SERVICE_PLAN --resource-group book-
devcontainer(実際は1行)
```

以下のコマンドで、実際にスケールアウトが完了したことを確認できます。

```
$ az appservice plan show --name MY_APP_SERVICE_PLAN --resource-group book-devcontainer
```

自動でのスケールアウト(スケールイン)設定を行う場合は、Azure Monitorの設定にて構成を行います。本書での解説は割愛しますが、詳細を知りたい方は公式ドキュメント注3を参照してください。

自動スケールアウトの注意点として、スケールアウト並びにスケールインのしきい値となるメトリック値は、ある程度の間隔を持たせて設定する必要があります。これらのしきい値があまりにも近接している場合は、スケールアウトとスケールインが繰り返し実行される「フラッピング」のリスクがあるため、プラットフォーム側の制御によりスケーリングが中断され、失敗する可能性があります。なぜフラッピングが発生するかについてはAzureの公式ドキュメント注4に詳細があるため、こちらを参照してください。

7.3 可用性ゾーンやAzure Front Doorを構成し、さらに可用性を高める

Azureでは世界各地のリージョンにデータセンターが存在し、各リージョン内には物理的に隔離された複数のデータセンターが存在します。また、1つもしくは複数のデータセンターのまとまりは可用性ゾーンと呼ばれます。万が一リージョンもしくはデータセンター単位での障害が発生した場合でも、複数のリージョンもしくは可用性ゾーンにて冗長構成をとることで、障害発生時の影響を軽減で

注3 「Azureでの自動スケールの使用」https://learn.microsoft.com/ja-jp/azure/azure-monitor/autoscale/autoscale-get-started
注4 「Azure Monitor 自動スケールの使用」https://learn.microsoft.com/ja-jp/azure/architecture/best-practices/auto-scaling#use-azure-monitor-autoscale

きます。

7.3.1 ≫ 可用性を高める方法

では、可用性を高めるうえでのポイントをこれから紹介します。

◆ 可用性ゾーンを利用した分散配置

Web App for Containersはインスタンスを複数の可用性ゾーンに分散して配置できます。デフォルトではWeb App for Containersは単一の可用性ゾーン内にすべてのインスタンスがデプロイされます。可用性ゾーンを使用するにはPremium v2またはPremium v3のApp Serviceプランを選択する必要があり、インスタンスを最低3台用意する必要があります[注5]。

注意点として、執筆時点で日本国内のリージョンでは東日本リージョンのみが可用性ゾーンに対応していることが挙げられます。西日本リージョンでは可用性ゾーンの提供はないため、可用性ゾーンをサポートしているそのほかのリージョンの使用を検討してください。

◆ Azure Front Doorを利用したルーティング

Azure Front Doorを利用することで、複数リージョンに配置されているWeb App for Containersへのルーティングを実現できます。Azure Front DoorはAzureグローバルCDNとして働き、ユーザーは最も近くに配置されているリージョンのWeb App for Containersにアクセスします。特定のリージョンで障害が発生した場合はアクセス可能なリージョンのWeb App for Containersへトラフィックがルーティングされるため、高い信頼性を求められるシステムにおいてはとても有効なソリューションです。

トラフィックを複数のWeb App for Containersにルーティングする似たようなAzureのサービスとして、Azure Application Gatewayがあります。Azure Application Gatewayは単一のリージョンにデプロイされるロードバランサであるという点が、グローバルに配置されたCDN(*Contents Delivery Network*)であるAzure Front Doorとの大きな相違点です。Azure Application Gatewayでは同一リージョン内のWeb App for Containersに対してのみルーティングが可能であるため、複数リージョン間に配置されたWeb App for Containers間での冗長構成をとる必要がある場合は、Azure Front Doorにてリージョン冗長構成をとる必要があります。

7.3.2 ≫ 冗長構成にて可用性を高める際に意識すべきポイント

前述のようなリージョン冗長もしくはゾーン冗長となる構成を検討するうえでは、構築するシステムに求められる運用要件やコストを意識する必要があるでしょう。冗長化を行う場合はインスタンス

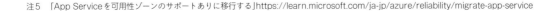

注5 「App Serviceを可用性ゾーンのサポートありに移行する」https://learn.microsoft.com/ja-jp/azure/reliability/migrate-app-service

数、もしくはWeb App for Containers自体を複数用意する必要があることから、発生するコストも考慮のうえ、ビジネス的に適切と思われる手段にて構成するとよいでしょう。金融系のシステムのような厳しい運用要件が求められる場合はリージョン冗長を図り、逆に、システムがダウンした場合でも致命的な問題が発生する場合が低いようなケースでは冗長化を行わないといった考え方もあります。一概に正解となる方法はないため、求められる要件に応じて最適な構成を検討してください。

7.4 コンテナ外部でのセッション管理 ――Service Connectorを使ってRedisに接続する

コンテナアプリケーションを運用するうえで意識する必要がある重要なポイントとして、セッションをコンテナの外部で管理する方法を紹介します。

7.4.1 » セッション管理とは

HTTPプロトコルはステートレスであるため、HTTPを用いた通信は状態を保持しません。そのため、永続化を行う必要がある情報についてはどこかに状態を保存する必要があります。Webアプリケーションのセッション情報については、オンプレミスのシステムの場合はアプリケーションが稼働しているサーバに保存する場合がありますが、クラウド環境ではインスタンスがメンテナンスなどにより不測のタイミングで入れ替わることや、コンテナアプリケーションの場合はコンテナの再起動によりコンテナ内のデータが初期化されることが起こり得ます。このような事象が発生した場合はセッションが初期化されるため、ユーザーに頻繁にセッション情報の再作成を要求する原因になります。コンテナアプリケーションにおいてはホストサーバがオンプレミスであるかクラウドであるかによらず、コンテナ内のデータは永続化されないことから、コンテナ外にセッション情報を保管するための領域を確保する必要があります。

7.4.2 » セッション管理に必要なリソースの例

では、実際にセッション管理をコンテナアプリケーションにて行う例を解説します。

◆Redis ―― セッション情報の保存

保管領域の選択肢として、RedisのPaaS製品であるAzure Cache for Redisを用いた例を紹介します。RedisはAzure SQL Serverなどのデータベースや Azure Storageなどのクラウドストレージと異なりインメモリデータベースであるため、高速にデータベースへアクセスできます。複雑なリレーション管理が必要なデータや大規模なデータを保持するような用途には向きませんが、セッション情報のような

性質のデータを取り扱う場合にはRedisが選択肢として挙がることが多いでしょう。

◆ Service Connector —— 接続状態の設定と管理

Service Connectorとは、Web App for ContainersなどのPaaS(Compute Services)と、接続情報を要するほかのサービス(Target Services)を接続する際のセットアップや接続状態の管理を容易にするサービスです。Service Connectorを使用することでWeb App for ContainersからRedisへの接続文字列が自動的にWeb App for Containersのアプリケーション設定に保存され、接続の正常性状態の監視も自動的に行われます。Redisへの接続情報といったような秘匿化が必要な情報を設定ファイルに記載する必要がなくなるため、秘匿情報をセキュアに管理することが可能となります。また、何か接続に問題が発生した場合は、問題の修正を行うためのアクションを提案してくれるような便利な機能も備わっています。Service Connectorは2022年12月19日時点において、以下のAzureサービスに対応しています。

- Compute Services:
  - Azure App Service
  - Azure Spring Cloud
  - Azure Container Apps
- Target Services:
  - Confluent CloudでのApache Kafka
  - Azure App Configuration
  - Azure Cache for Redis(Basic、Standard、Premium、Enterpriseレベル)
  - Azure Cosmos DB(Core、MangoDB、Gremlin、Cassandra、Core、MangoDB、Gremlin、Cassandra、Table)
  - Azure Database for MySQL
  - Azure Database for PostgreSQL
  - Azure Event Hubs
  - Azure Key Vault
  - Azure Service Bus
  - Azure SQLデータベース
  - Azure SignalR Service
  - Azure Storage(Blob、Queue、File、Table Storage)
  - Azure Web PubSub

7.4.3 » RedisとService Connectorを使用したセッション管理の実装例

Web App for Containersのコンテナアプリケーションにて使用するセッション情報をService Connectorを使用してRedisに保存する方法について、実装例を見てみましょう。

◆ Redisの作成

以下のAzure CLIコマンドにて、Azure Cache for Redisのリソースを作成します。コマンドの詳細はドキュメント注6を参照してください。注意点として、Azure Cache for RedisのサービスレベルはPremiumレベルを選択する必要があります。Basic並びにStandardのサービスレベルではデータは永続化されないため、Redisの再起動にて格納したデータが消失します。

```
$ az redis create --name "book-devcontainer-redis" --resource-group "book-devcontainer" --location
 "East US" --vm-size P1 --sku Premium(実際は1行)
```

◆Service Connectorの使用

次に、以下のAzure CLIコマンドを実行して、Web App for ContainersとAzure Cache for Redisの接続情報をService Connectorにて構成します。コマンドの各オプション値の意味ですが、-gはWeb App for Containersのリソースグループ名、-nはWeb App for Containersのリソース名、--tgはRedisのリソースグループ名、--serverはRedisのサーバ名、--databaseはRedisのデータベース名を表し、--client-typeはクライアント(Web App for Containers)のタイプをdotnet、go、java、nodejs、none、python、springBootの中から選択します。

```
$ az webapp connection create redis -g book-devcontainer -n WEB_APP_NAME --tg book-devcontainer
 --server book-devcontainer-redis --database 0 --client-type springBoot --secret(実際は1行)
```

このコマンドを用いたあとに、Web App for ContainersからRedisへのService Connectorが登録されていることがわかります。

```
$ az webapp connection list -g book-devcontainer -n WEB_APP_NAME --output table
```

以上のように、コンテナアプリケーションの実装としてはService Connectorによる接続情報を用いることでRedisへのアクセスが可能となります。

なお、今回はセキュリティの観点からService Connectorを使用しましたが、ローカルでのデバッグなどの理由でService Connectorではなくapplication.ymlファイルを使用したい場合もあります。その場合はapplication.ymlにRedisへの接続情報を定義します。サンプルアプリケーションを例にすると、apps/part2/src/main/resources/application-azure.ymlに以下のものを追加します。

```
apps/part2/src/main/resources/application-azure.yml
spring:
  redis:
    host: <host name>
    password: <passward>
    port: '6380'
    ssl: true
```

注6 「az redis create」https://learn.microsoft.com/ja-jp/cli/azure/redis?view=azure-cli-latest#az-redis-create

◆ Web App for ContainersからService Conectorを経由したRedisへのセッション管理処理の実装

Spring SessionからRedis内にHTTPセッションデータを格納するには、Spring BootにRedisとSpring Sessionの依存関係を追加します。pom.xmlファイルの<dependencies>セクションに以下の定義を追加します。

apps/part2/pom.xml
```
<dependency>
    <groupId>org.springframework.boot</groupId>
    <artifactId>spring-boot-starter-data-redis</artifactId>
</dependency>
<dependency>
    <groupId>org.springframework.session</groupId>
    <artifactId>spring-session-data-redis</artifactId>
</dependency>
```

また、Redisにレプリカを用意してセッションレプリケーションを構成するために、apps/part2/src/main/resources/application-azure.ymlファイルに以下の定義を追加します。

apps/part2/src/main/resources/application-azure.yml
```
spring:
  session:
    store-type: redis
```

次に、新しいSpring MVC RESTコントローラを追加して、セッションのレプリケーションをテストしましょう。ここでは、Azure公式ドキュメント[注7]にて取り上げられているサンプルコードを用いて、セッションデータをRedisに格納できることを確認します。

サンプルアプリケーションにapps/part2/src/main/java/net/bookdevcontainer/todolist/api/SessionReplicationController.javaを作成し、以下のコードを記述してみましょう。

apps/part2/src/main/java/net/bookdevcontainer/todolist/api/SessionReplicationController.java
```
package net.bookdevcontainer.todolist.api;

import org.springframework.context.annotation.Bean;
import org.springframework.session.data.redis.config.ConfigureRedisAction;
import org.springframework.web.bind.annotation.GetMapping;
import org.springframework.web.bind.annotation.RequestMapping;
import org.springframework.web.bind.annotation.RestController;

import javax.servlet.http.HttpSession;

@RestController
```

注7 「演習 - Spring Sessionを使用してRedisにHTTPセッションデータを格納する」https://learn.microsoft.com/ja-jp/training/modules/accelerate-scale-spring-boot-application-azure-cache-redis/6-exercise-store-session-data

```
@RequestMapping("/")
public class SessionReplicationController {

    @Bean
    public static ConfigureRedisAction configureRedisAction() {
        return ConfigureRedisAction.NO_OP;
    }

    @GetMapping("/session")
    public String session(HttpSession session) {
        Integer test = (Integer) session.getAttribute("test");
        if (test == null) {
            test = 0;
        } else {
            test++;
        }
        session.setAttribute("test", test);
        return "[" + session.getId() + "]-" + test;
    }
}
```

コンテナイメージをビルド並びにデプロイ後、ブラウザで/sessionへのリクエストを行った結果にてセッションデータが保持されていることを確認できます。以下のように、ブラウザリロード後に同じセッションIDが維持されており、セッション内テスト用変数testの値を画面リロード後も保持できていることが確認できます。

- **初回アクセス時のレスポンス**
  [3c1f4ee6-45ff-4f17-8a5c-7ab008626901]-1
- **ブラウザリロード後のレスポンス**
  [3c1f4ee6-45ff-4f17-8a5c-7ab008626901]-2

7.5 コンテナ外部にファイルを保存する ――Blobストレージの活用

コンテナアプリケーションを構築する場合は、前述のとおり、アプリケーションの処理にて作成並びに更新するファイルはコンテナの外部に配置する必要があります。コンテナが再起動するとコンテナ上のファイルシステムはコンテナイメージの状態に初期化されます。また、アプリケーションの処理で参照する画像ファイルなどをあらかじめコンテナイメージに含むような構成もコンテナサイズを増加させる要因となることから、コンテナ外部のストレージに格納しておくことが望ましいでしょう。以上のような理由により、コンテナは原則として常にステートレスな状態として扱い、アプリケーションから作成、更新、参照するファイルについては外部のストレージを利用するようにしましょう。

7.5.1 » Blobストレージを使用した実装例

Web App for Containersを利用した際に外部のストレージを扱う例として、Azure StorageのBlobストレージを使用する方法を紹介します。Web App for ContainersからBlobストレージにアクセスを行う方法としては、ストレージのマウント機能が便利です。Web App for ContainersにてSDKを用いてBlobストレージにアクセスを行う方法もありますが、マウントを行うとマウント先のストレージのファイルパスを用いてWeb App for Containers上のファイルシステムと同様にファイルを扱えるため、簡単にファイルアクセス処理の実装を行うことが可能です。また、同一のBlobストレージを複数のWeb App for Containers間やWeb App for Containers外のリソースなどと共有したい場合にも便利な場面が多いでしょう。

Blobストレージのマウントを行うには、以下のコマンドを実行します。--storage-typeには、AzureBlobまたはAzureFilesを指定できます。各ストレージの詳細な説明については本書では割愛しますが、AzureBlobは読み取り専用のストレージである点にはご注意ください。また、--mount-pathは、Azure Storageにマウントされる、Linuxコンテナ内のディレクトリを表します。なお、マウント対象のパスには/(ルートディレクトリ)は使用できない制約があります。

```
$ az webapp config storage-account add --resource-group RESOURCE_GROUP_NAME --name WEB_APP_NAME
--custom-id CUSTOM_ID --storage-type AzureBlob --share-name SHARE_NAME --account-name STORAGE_
ACCOUNT_NAME --access-key ACCESS_KEY --mount-path MOUNT_PATH_DIRECTORY(実際は1行)
```

詳細はドキュメント[注8]にて解説されています。

コマンドの実行後、次のコマンドでマウント状況の確認を行えます。

```
$ az webapp config storage-account list --resource-group book-devcontainer --name WEB_APP_NAME
```

7.6 アプリケーションのコールドスタートを防ぐ常時接続設定

Web App for Containersの可用性を保つうえで忘れがちなポイントとして、コールドスタートの発生があります。Web App for Containersでは、20分間Web App for Containersへのアクセスがない場合、アプリケーションのアンロードが発生するという動作がもとから備わっています。再度リクエストが発生した際に自動的にアプリケーションが起動しますが、この際に新たなリクエストの処理に時間を要する可能性があります。このようなコールドスタートを防ぐために、Web App for Containersでは「常時接続」という設定が存在し、デフォルトで有効化されています。この常時接続の機能が有効化されて

注8 「App Cache」https://learn.microsoft.com/ja-jp/azure/app-service/configure-connect-to-azure-storage?tabs=cli&pivots=container-linux

いるとWeb App for Containersのプラットフォームが内部的に所持しているロードバランサより5分ごとにアプリケーションのルートパスにGETリクエストが送信され、アプリケーションがアンロードされることを防ぎます。

7.7 アプリキャッシュで高速化を図る——ローカルキャッシュのLinux／Web App for Containers版

Linux並びにWeb App for Containers版のApp Serviceにはアプリキャッシュという機能があります(Windows版はローカルキャッシュと呼ばれます)。通常、App Serviceにデプロイされたファイル一式は全インスタンス間で共有される、App Serviceの内部的な共有ストレージに格納されます。そのため、各インスタンスにてアプリケーションが実行される場合は各インスタンスとストレージ間の通信が発生することになります。通常はこのような構成で問題が発生することはありませんが、少しでもオーバーヘッドを削減して処理の高速化を図りたい場合にはアプリキャッシュが有効です。

アプリキャッシュを使用すると、デプロイされたファイル一式は各インスタンスのローカルにあるファイルシステム領域にコピーされます。ローカルのファイルシステムを参照することで処理は高速化しますが、その弊害として、アプリケーションの起動時にコピー処理によるオーバーヘッドが生じることがあります。一度アプリケーションを起動したあとはアプリキャッシュを使用するほうが処理は高速化されますが、このような起動時のオーバーヘッドについては留意してください。詳細については「App Cache」のドキュメント[注9]とAzureのドキュメント[注10]にて解説されています。

7.8 まとめ

障害の発生や、クラウド環境で発生するメンテナンス、並びにコンテナの特性を踏まえ、本章で解説したような設計を検討する必要があります。本章で言及したように、コンテナではコンテナ内のデータは永続化されないことから、同じアプリケーションをデプロイする場合でも、コンテナの使用有無に応じて要求される設計は異なります。また、オンプレミスのアプリケーションをクラウドに移行するにあたっても、メンテナンスの発生を考慮する必要があります。高い可用性と回復性を実現するために、アプリケーションの稼働環境によって留意すべきポイントが異なる点があることをイメージいただけますと幸いです。

注9 https://github.com/Azure-App-Service/KuduLite/wiki/App-Cache

注10 「Azure App Serviceのローカルキャッシュの概要」https://learn.microsoft.com/ja-jp/azure/app-service/overview-local-cache

プラットフォームやアプリケーションを監視し異常を検知する

監視とアラートの機能を使いこなして運用の手間を減らそう

本章ではWeb App for Containersのリソースとその上で動作するアプリケーションまでを対象とした監視、アラートの機能ついて説明します。それらはAzure Monitor[注1]というAzureのプラットフォームや各サービスの監視の機能を提供するSaaS(*Software as a Service*)が利用されています。本章で使用するLog Analyticsというログの保存や分析の機能を提供するサービス、Application Insightsというアプリケーションのパフォーマンス監視機能を提供するサービス、アラートのしくみはAzure Monitorのサービスの一部となります[注2]。これらは第2部で取り扱っているWeb App for Containers以外にも第3部で説明するAzure Container Appsなどのほかのサービスでも利用できますので、本章で利用シーンや使用方法を押さえておきましょう。

8.1 監視機能

Web App for Containersのプラットフォームからアプリケーションまでの監視に役立つ機能は以下があります。

- **リソース正常性**
  対象のリソースに対して影響を及ぼすような障害など、Azureのプラットフォーム側で異常を検知した場合に情報を表示する
- **メトリック**
  CPUやメモリの使用率などのリソースの使用状況、リクエスト数や応答時間などのアプリケーションのパフォーマンス情報を収集、表示する
- **正常性チェック**
  任意のパスに対して定期的にGETリクエストを送信し、正常を示すHTTPレスポンスコード(200〜299)が得られない場合は仮想マシン(VM)の削除や切り替えを行う
- **診断設定**

注1 「Azure Monitorの概要」https://learn.microsoft.com/ja-jp/azure/azure-monitor/overview

注2 Azure Monitorはブランド名、サービス群と解釈してもよいでしょう。

アクセスログや標準出力などのログをLog Analyticsワークスペースやストレージアカウントなどのサービスに出力する

- **Application Insights**
  アプリケーションの処理遅延や例外発生などの問題の調査に役立つ情報を記録するパフォーマンス監視のサービス

これらのログはLog Analyticsワークスペースというサービスにログを保存し、Kusto Query Language（KQLやKustoクエリと呼ばれます）で検索が行えます（**図8.1**）。さらに、クエリで条件を指定して、該当する場合にはアラートとしてメールやSMSで通知することもできます。以降ではプラットフォームに近いほうから順に監視機能について設定方法やログの確認方法を説明します。

図8.1 監視

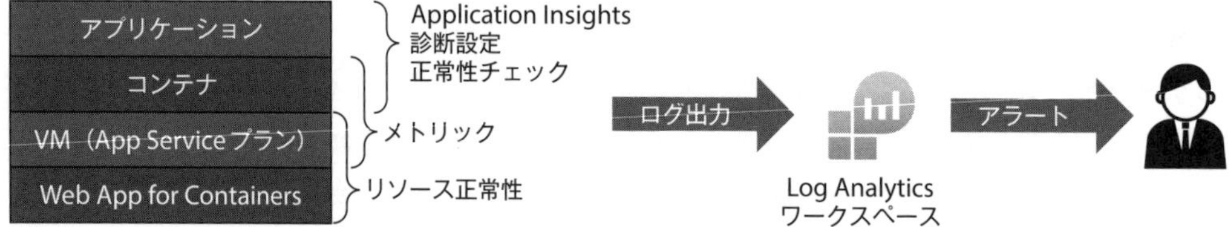

8.2 リソース正常性 —— 作成したリソースの異常検知

リソース正常性（Azure Resource Health）[注3]はAzureのサービス全般に備わっている機能で、作成した各リソースについて異常を検知します。監視はAzureのプラットフォームレベルで行われ、障害が発生している場合にはその原因やデータセンター側での対応状況についても情報が公開されることがあります。Azure Portalで作成済みのWeb App for Containersを開き、画面左側のサイドメニューにある「リソース正常性」をクリックすればすぐに情報を参照できます（**図8.2**）。監視のための追加の設定は不要です。

注3 https://learn.microsoft.com/ja-jp/azure/service-health/resource-health-overview?WT.mc_id=Portal-Microsoft_Azure_Health

図8.2 リソース正常性

8.2.1 » アラートの設定方法

図8.2で「リソース正常性アラートの追加」ボタンをクリックすると、Azure Monitorを使ったアラートを設定できます。アラートの設定では以下の3つの内容を含むアラートルールを作成します。

- **アラートの対象**
- **アラートの条件**
- **アクション**

アラートの対象とアラートの条件については監視対象ごとに設定が必要となりますが、アクション(条件を満たしたときに通知する先や方法(メール、SMSなど)、Webhookなどの外部呼び出し処理)については後述のメトリックや診断設定などでも同じ設定を使いまわすことができます。

8.2.2 » 料金

リソース正常性の利用とその異常検知をするためのアラートルールの設定は無料ですが、通知(アクション)については料金が発生します。たとえば、メールの場合(本書執筆時点で)100,000通につき2ドルとなります。詳細は公式ドキュメント[注4]をご覧ください。

注4 「Azure Monitorの価格」https://azure.microsoft.com/ja-jp/pricing/details/monitor/

8.3 メトリック —リソース、アプリケーションのパフォーマンスデータの確認

メトリックの機能では、CPUやメモリの使用率といったリソースの使用状況、クライアントからのHTTPリクエストの数やレスポンス時間といったアプリケーションのパフォーマンスデータをAzure Portalから確認できます。メトリックはデフォルトで93日間自動で保存され、あらかじめ設定をしておく必要はありません。メトリックの一覧については公式ドキュメント[注5]を確認してください。

8.3.1 » 確認のしかたとアラートの設定方法

リソースの使用状況についてはApp Serviceプランを、アプリケーションへのHTTPリクエストの状況などについてはApp Service(作成済のWeb App for Containers)を開き、サイドメニューにある「メトリック」をクリックします。次に画面中央にある「メトリック」のプルダウンより任意の項目を選択します(図8.3)。

図8.3 メトリック

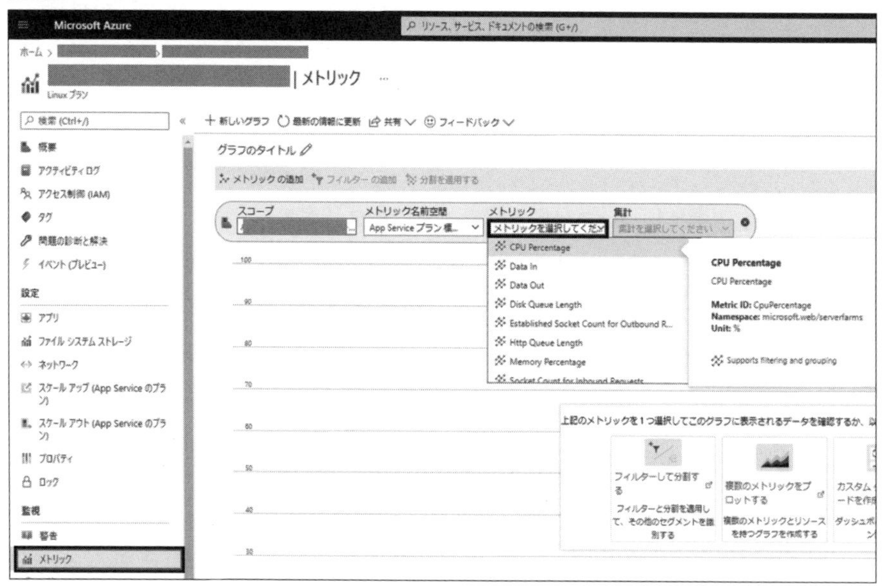

表示された画面の右側にある「新しいアラートルール」ボタンをクリックすると、アラートを設定できます(図8.4)。

注5 「Azure App Serviceのアプリの監視」https://learn.microsoft.com/ja-jp/azure/app-service/web-sites-monitor#understandmetrics

図8.4 CPU使用率

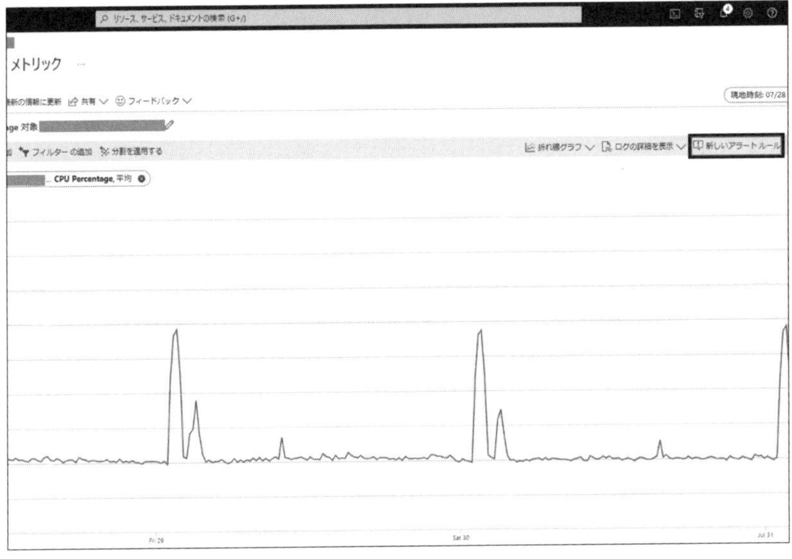

アラートは、たとえば「CPU使用率の5分間の平均値がしきい値80%を超えたとき」といった、選択したメトリックに応じた内容で設定できます（図8.5）。

図8.5 アラート

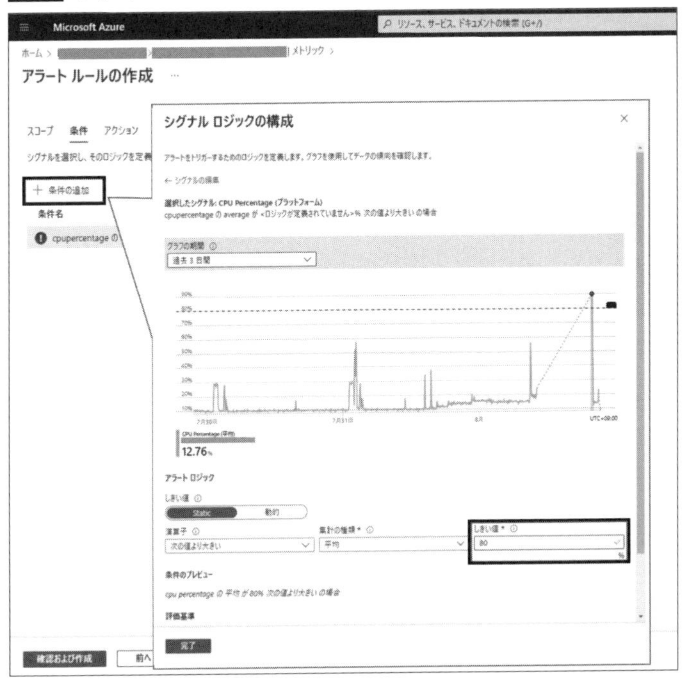

8.3.2 ≫ 料金

メトリックの参照費用は無料ですが、アラートルールには10個のメトリックにつき0.10ドル/月、さらにメールなどでの通知の料金としてリソース正常性と同様の料金がかかります。こちらも詳細は公式ドキュメント注6をご覧ください。

8.4 正常性チェック —— 任意のパスのURL監視と自動復旧

Web App for Containersではアプリケーションの正常性監視のための「正常性チェック」という機能が用意されています。

8.4.1 ≫ 設定方法

正常性チェックの設定は、Azure Portalで作成済みのWeb App for Containersを開き、「正常性チェック」の項目より行います(**図8.6**)。この画面で監視対象の任意のパスを設定すると、Web App for Containersの基盤は各インスタンス(VM)に1分間隔で定期的にGETリクエストを送信します。そのHTTPレスポンスコードが200〜299の範囲外の場合、またはレスポンスが得られない場合は失敗とみなします。負荷分散の項目で指定した数だけ連続でレスポンスに失敗すると、Web App for Containersの基盤は対象のVMを異常と判断し、内部のロードバランサの振り分け対象から除外します。こちらの機能の利用は無料です。

注6 「Azure Monitorの価格」https://azure.microsoft.com/ja-jp/pricing/details/monitor/

図8.6 正常性チェックの設定画面

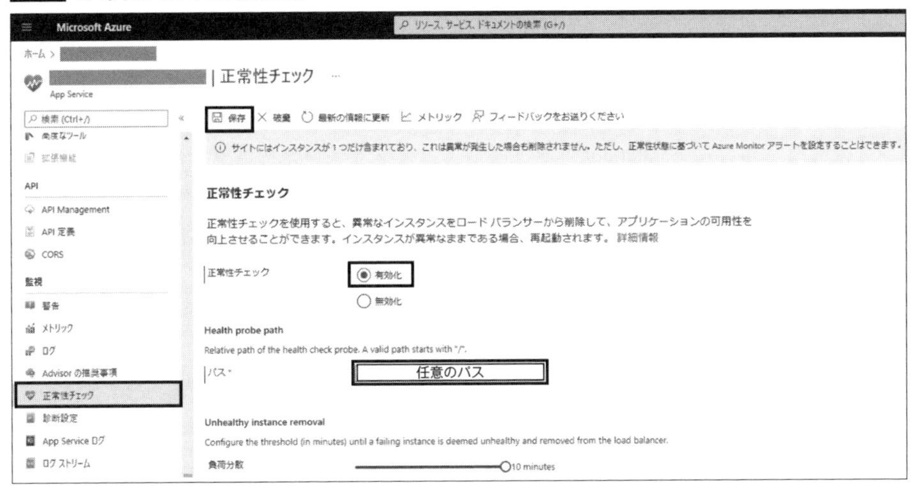

8.4.2 » チェック対象とするパスのポイント

ここで設定するパスについて、以下の2点を考慮することが望ましいです。

- **アプリケーションと依存関係のあるリソースへのアクセスを行うこと**
- **GETリクエストに対してHTTPステータスコード200〜299の正常なレスポンスが想定されるパスを設定すること**

たとえばアプリケーションでGETリクエストを処理できる監視用のパス/healthcheckを用意し、シンプルなSELECT文でデータベースへの問い合わせをするようにアプリケーションの実装を行います。また、このとき第6章で紹介したWeb App for Containersの組み込みの認証機能を使用せず、アプリケーション側で認証処理を実装している場合には、正常性チェックのGETリクエストに対してもリダイレクトやエラーが想定されるのでご注意ください。このように正常性チェック用のパスを用意しておくことで、アプリケーションが接続するデータベースで異常が発生した場合、アプリケーションは正常性チェックのGETリクエストにエラーを返すことになり、接続データベースの異常の検知にも役立てることができます。

8.5 診断設定 —— 各種ログの出力

診断設定という機能[注7]では、Azure Monitor[注8]を使用して、アクセスログや標準出力などのWeb App for ContainersのログをLog Analyticsワークスペースやストレージアカウントなどのサービスに出力する設定ができます。今回のサンプルアプリケーションで利用可能なログの種類については**表8.1**をご覧ください。

表8.1 サンプルアプリケーションで利用可能なログの種類

ログの種類	テーブル名	説明
App Service Platform logs	AppServicePlatformLogs	コンテナの操作ログ
App Service Console Logs	AppServiceConsoleLogs	標準出力、標準エラー
HTTP logs	AppServiceHTTPLogs	アクセスログ
Access Audit Logs	AppServiceAuditLogs	FTPおよび高度なツールKudu経由のログインアクティビティ
IPSecurity Audit logs	AppServiceIPSecAuditLogs	アクセス制限で拒否されたHTTPリクエストのログ

8.5.1 » 出力先のオプション

出力先は以下を選択できますが、ここでは特別な理由がなければ検索のしやすいLog Analyticsワークスペースを選択することをお勧めします。

- **Log Analyticsワークスペース**
  Kustoクエリという SQLに似たクエリ言語を用いてAzure Portalから簡単にログ分析、アラートの設定ができる
- **ストレージアカウント**
  Blobストレージという任意のファイルを保存できるオブジェクトストレージに、リソースや時間ごとに分割されたJSON形式のテキストファイルが出力される。Log Analyticsと比べてコスト[注9]が低いため、監査やバックアップなどで長期間大量のログの保存が求められる場合に適している
- **Event Hubs**[注10]
  Event Hubsというストリーミングプラットフォームにストリーム配信する。IBM QRadarやSplunk、Sumo Logicといったサードパーティ製のSIEM(*Security Information and Event Management*)やログ分析サービス[注11]を

注7 「チュートリアル：Azure Monitorを使用したApp Serviceアプリのトラブルシューティング」https://learn.microsoft.com/ja-jp/azure/app-service/tutorial-troubleshoot-monitor

注8 「Azure Monitorの診断設定」https://learn.microsoft.com/ja-jp/azure/azure-monitor/essentials/diagnostic-settings

注9 https://azure.microsoft.com/ja-jp/pricing/details/storage/blobs/

注10 https://learn.microsoft.com/ja-jp/azure/event-hubs/event-hubs-about

注11 https://learn.microsoft.com/ja-jp/azure/azure-monitor/essentials/stream-monitoring-data-event-hubs#partner-tools-with-azure-monitor-integration

利用している場合、それを使用してデータを取り込むことで既存の監視対象とまとめて監視できるため有効。Azureではデータの取り込みにData Explorerというサービスを使用できる注12

- **パートナーソリューション注13**
  サードパーティ製品を購入できるマーケットプレイスであるAzure Marketplaceより、あらかじめDatadogやElastic、Dynatraceなどのパートナーが提供する監視ソリューションをAzureのリソースとして作成してある場合、Event Hubsなしでそのリソース宛にログを出力できる

8.5.2 ≫ Log Analyticsへの出力設定

Log Analyticsワークスペースはさまざまな Azureのサービスのログを保存、検索するためのサービスです。まずはLog Analyticsワークスペースのリソースを作成します。

Azure Portalより「リソースの作成」➡「分析」➡「ログ分析(OMS)」の順にクリックします(**図8.7**)。もしくは直接Log Analyticsワークスペースの作成注14のページを開きます。

図8.7 Log Analyticsワークスペースの作成

Log Analyticsワークスペースの作成画面が開いたら必須項目を**表8.2**のように入力し、「確認および

注12 「イベントハブからAzure Data Explorerにデータを取り込む」https://learn.microsoft.com/ja-jp/azure/data-explorer/ingest-data-event-hub

注13 https://learn.microsoft.com/ja-jp/azure/partner-solutions/partners#observability

注14 https://portal.azure.com/#create/Microsoft.LogAnalyticsOMS

作成」ボタンをクリックします(**図8.8**)。

表8.2 Log Analyticsワークスペース作成の設定内容

設定項目	設定内容
サブスクリプション	任意のサブスクリプション
リソースグループ	任意のリソースグループ
名前	任意のリソース名
地域	Japan East(またはこのリソースを作成したい任意の地域)

図8.8 ワークスペース作成に必要な項目の入力

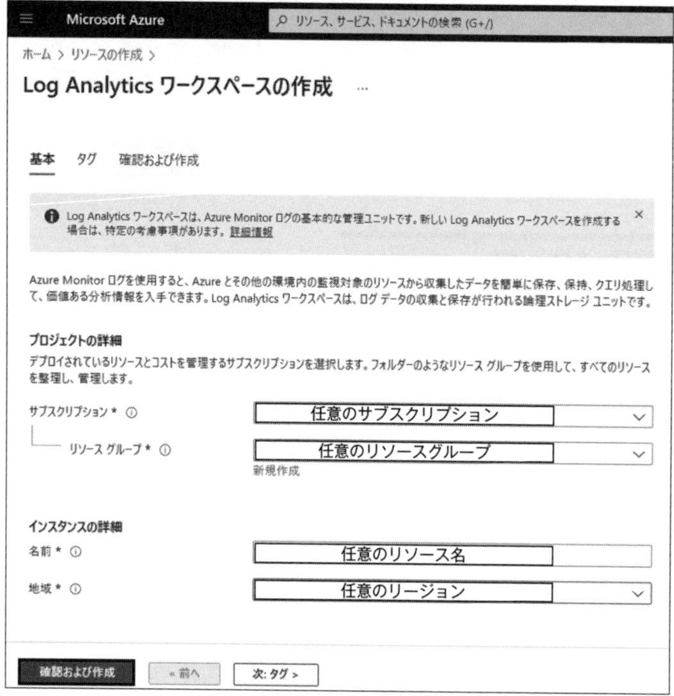

これでLog Analyticsワークスペースのリソースが作成できました。続いてこのリソースを診断設定に登録します。

Azure Portalで作成済みのWeb App for Containersを開き、サイドメニューの「診断設定」で「診断設定を追加する」ボタンをクリックします(**図8.9**)。

図8.9 診断設定

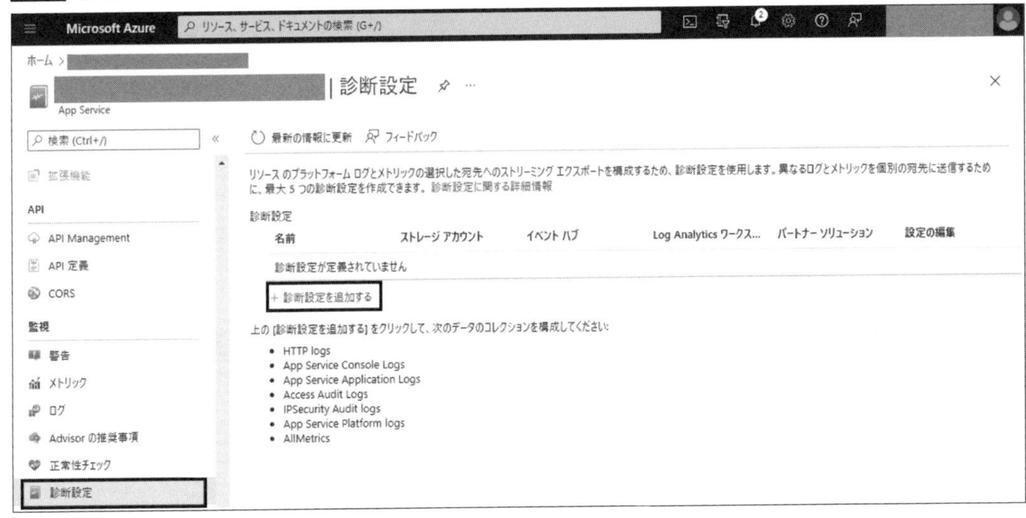

「診断設定」の画面で「診断設定の名前」に任意の名前を入力し、有効にしたいログにチェックを入れます。「宛先の詳細」の項目では「Log Analytics ワークスペースへの送信」のチェックを入れて、先に作成したLog Analytics ワークスペースのリソースを指定したら「保存」をボタンをクリックします(図8.10)。

図8.10 診断設定の追加

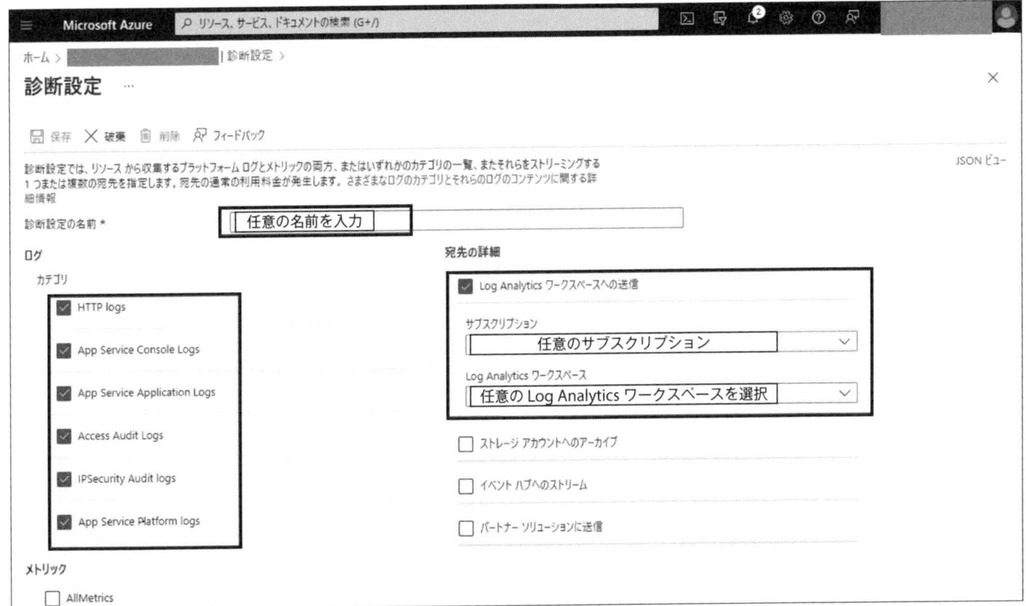

8.5.3 ≫ ログの確認方法

Azure Portalから対象のWeb App for Containersを開き、サイドメニューの「ログ」をクリックします(図8.11)。エディタが開いたら、クエリを入力して「実行」ボタンをクリックします。最低限ログのテーブル名を記載すれば検索可能です。また、「新しいアラートルール」のボタンをクリックすると、先に説明したメトリックと同様の手順でアラートを設定することもできます。アラートの条件としてクエリを指定できます。

図8.11 ログの確認

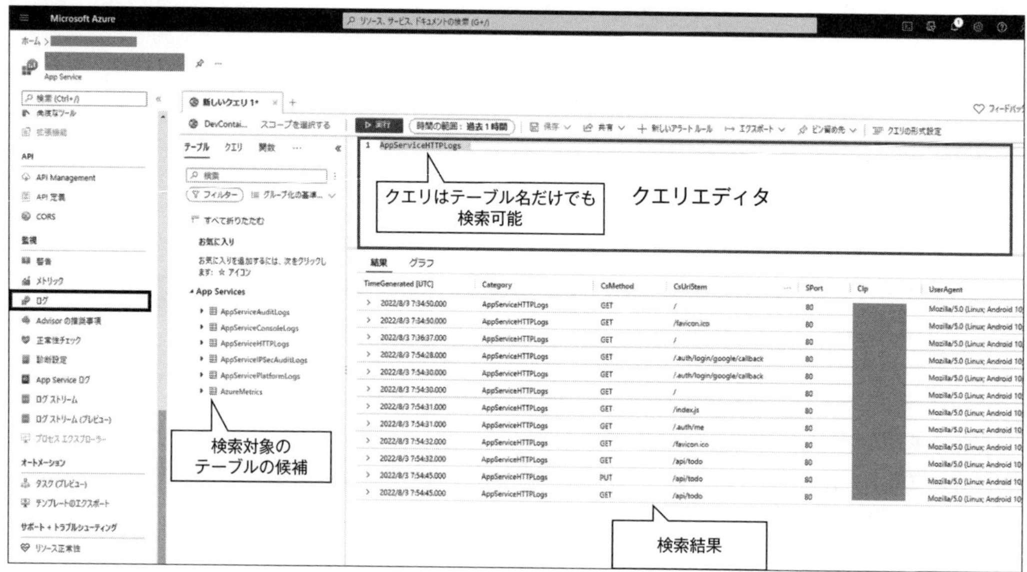

Kustoクエリの書き方やSQLとの比較については以下のドキュメントが参考になります。

- **チュートリアル: Kustoクエリを使用する**
  https://learn.microsoft.com/ja-jp/azure/data-explorer/kusto/query/tutorial?pivots=azuremonitor
- **SQLからKustoのチートシート**
  https://learn.microsoft.com/ja-jp/azure/data-explorer/kusto/query/sqlcheatsheet

Kustoクエリとトラブルシューティングでよく使用する、コンテナの操作ログ、標準出力・標準エラー、アクセスログの3種類のログのサンプルを以下に示します。

◆コンテナの操作ログ

whereはSQLと同様に条件で絞り込みを行うことができます。例として、以下のクエリではWeb App

for Containersのリソース名を条件としています。projectはSQLにおけるSELECT、sort byはSQLにおけるORDER BY、takeはSQLにおけるLIMITと同じです。ログはDockerイメージをプルして、docker runが実行されたことを示しています(**図8.12**)。

図8.11のクエリエディタに入力するKustoクエリ

```
AppServicePlatformLogs
| where _ResourceId contains "<Web App for Containersのリソース名>"
| project TimeGenerated, Message
| sort by TimeGenerated desc
| take 30
```

図8.12 コンテナの操作ログの表示結果

	TimeGenerated [UTC]	Message
>	2022/8/3 11:25:58.448	docker run -d -p 6511:8080 --name ■■■_1_76dec961 -e WEBSITE_AUTH_ENABLED=True -e WEBSITES_ENABLE_APP_SERVICE
>	2022/8/3 11:25:58.445	Starting container for site
>	2022/8/3 11:25:58.380	EventName:coldstart-pullimage - Reason: - Message:Docker image pull for image: ■■■/todolist:latest succeeded, Time taken(ms): 2
>	2022/8/3 11:25:58.377	Pull Image successful, Time taken: 0 Minutes and 2 Seconds
>	2022/8/3 11:25:58.374	Status: Image is up to date for ■■■/todolist:latest
>	2022/8/3 11:25:58.373	latest Pulling from ■■■/todolist
>	2022/8/3 11:25:58.373	Digest: sha256:0a486f9b3659fa689b511b2b863f986ed4fda39f8f6f7e15ddb6f925edaf9993
>	2022/8/3 11:25:56.177	Pulling image: ■■■/todolist:latest

◆標準出力・標準エラー

標準出力・標準エラーのサンプルでは標準出力としてTomcatやアプリケーションの起動、アプリケーション内で行っているSQL文の発行などのログが記録されています(**図8.13**)。

図8.11のクエリエディタに入力するKustoクエリ

```
AppServiceConsoleLogs
| where _ResourceId contains "<Web App for Containersのリソース名>"
| project TimeGenerated, ResultDescription
```

図8.13 標準出力・標準エラーの表示結果

TimeGenerated [UTC]	ResultDescription
> 2022/8/3 7:38:19.322	2022-08-03 07:38:19.322 INFO 1 --- [main] o.s.b.a.e.web.EndpointLinksResolver : Exposing 1 endpoint(s) beneath base path '/actuator'
> 2022/8/3 7:38:20.151	2022-08-03 07:38:20.151 INFO 1 --- [main] o.s.b.w.embedded.tomcat.TomcatWebServer : Tomcat started on port(s): 8080 (http) with context path ''
> 2022/8/3 7:38:20.293	2022-08-03 07:38:20.292 INFO 1 --- [main] n.b.todolist.TodolistApplication : Started TodolistApplication in 49.031 seconds (JVM running for 83.822)
> 2022/8/3 7:38:22.315	2022-08-03 07:38:22.314 INFO 1 --- [nio-8080-exec-1] o.a.c.c.C.[Tomcat].[localhost].[/] : Initializing Spring DispatcherServlet 'dispatcherServlet'
> 2022/8/3 7:38:22.324	2022-08-03 07:38:22.321 INFO 1 --- [nio-8080-exec-1] o.s.web.servlet.DispatcherServlet : Initializing Servlet 'dispatcherServlet'
> 2022/8/3 7:38:22.331	2022-08-03 07:38:22.331 INFO 1 --- [nio-8080-exec-1] o.s.web.servlet.DispatcherServlet : Completed initialization in 8 ms
> 2022/8/3 7:38:27.506	2022-08-03 07:38:27.505 INFO 1 --- [ionShutdownHook] com.zaxxer.hikari.HikariDataSource : HikariPool-1 - Shutdown initiated...
> 2022/8/3 7:38:27.679	2022-08-03 07:38:27.678 INFO 1 --- [ionShutdownHook] com.zaxxer.hikari.HikariDataSource : HikariPool-1 - Shutdown completed.
> 2022/8/3 7:54:31.957	2022-08-03 07:54:31.956 DEBUG 1 --- [nio-8080-exec-8] o.s.jdbc.core.JdbcTemplate : Executing prepared SQL query
> 2022/8/3 7:54:31.977	2022-08-03 07:54:31.976 DEBUG 1 --- [nio-8080-exec-8] o.s.jdbc.core.JdbcTemplate : Executing prepared SQL statement [SELECT id, `status`, title, dueDat
> 2022/8/3 7:54:45.376	2022-08-03 07:54:45.375 INFO 1 --- [nio-8080-exec-1] n.b.todolist.api.TodoListController : name: @ .org, ID:
> 2022/8/3 7:54:45.417	2022-08-03 07:54:45.417 DEBUG 1 --- [nio-8080-exec-1] o.s.jdbc.core.JdbcTemplate : Executing prepared SQL update
> 2022/8/3 7:54:45.419	2022-08-03 07:54:45.418 DEBUG 1 --- [nio-8080-exec-1] o.s.jdbc.core.JdbcTemplate : Executing prepared SQL statement [INSERT INTO task (`user`, `status
> 2022/8/3 7:54:45.461	2022-08-03 07:54:45.461 TRACE 1 --- [nio-8080-exec-1] o.s.jdbc.core.JdbcTemplate : SQL update affected 1 rows
> 2022/8/3 7:54:45.695	2022-08-03 07:54:45.694 DEBUG 1 --- [nio-8080-exec-2] o.s.jdbc.core.JdbcTemplate : Executing prepared SQL query
> 2022/8/3 7:54:45.702	2022-08-03 07:54:45.702 DEBUG 1 --- [nio-8080-exec-2] o.s.jdbc.core.JdbcTemplate : Executing prepared SQL statement [SELECT id, `status`, title, dueDat

◆アクセスログ

アクセスログのサンプルではアプリケーションのルート(/)へのGETリクエストで320秒ほどかかって503エラーを返したログ、/.auth/login/google/callbackに対して302リダイレクトを返したログが記録されています(**図8.14**)。クライアントで正常なレスポンスを得られないときには、このアクセスログからHTTPステータスコードを確認したり、その時刻の標準出力やコンテナの操作ログと突き合わせて状況を確認することが原因調査に有効です。

図8.11のクエリエディタに入力

```
AppServiceHTTPLogs
| where _ResourceId contains "<Web App for Containersのリソース名>"
// 左から順に日時、HTTPメソッド、URIステム(パス)、クエリ文字列、HTTPステータスコード、
// リクエストからレスポンスまでのサーバの処理時間
| project TimeGenerated, CsMethod, CsUriStem, CsUriQuery, ScStatus, TimeTaken
```

図8.14 アクセスログの表示結果

TimeGenerated [UTC]	CsMethod	CsUriStem	CsUriQuery	ScStatus	TimeTaken
> 2022/8/3 11:24:02.000	GET	/		503	325,223
> 2022/8/3 7:34:50.000	GET	/		503	327,764
> 2022/8/3 7:34:50.000	GET	/favicon.ico		503	87,340
> 2022/8/3 7:36:37.000	GET	/		302	89,097
> 2022/8/3 7:54:28.000	GET	/.auth/login/google/callback	state=redir%3D%252F%26nonc...	302	1,983
> 2022/8/3 7:54:30.000	GET	/		200	360
> 2022/8/3 7:54:30.000	GET	/.auth/login/google/callback	state=redir%3D%252F%26nonc...	302	913
> 2022/8/3 7:54:31.000	GET	/.auth/me		200	35
> 2022/8/3 7:54:31.000	GET	/index.js		200	105
> 2022/8/3 7:54:32.000	GET	/favicon.ico		404	462
> 2022/8/3 7:54:32.000	GET	/api/todo		200	1,088
> 2022/8/3 7:54:45.000	GET	/api/todo		200	54
> 2022/8/3 7:54:45.000	PUT	/api/todo		200	516

8.5.4 » 料金

Log AnalyticsはAzure Monitorのサービスの一部であり、Azure Monitorの利用料金がかかります。先に説明したデータの閲覧の操作に料金はかかりませんが、ログデータのインジェスト(取り込み)および保持に料金がかかります。データの取り込みは従量課金制の価格レベルで3.34ドル/GB(1ヵ月あたり課金アカウントごとに5GBが無料)となります。データの保持はデフォルトの保存期間である90日間は無料、それを超えると1GBあたり0.15ドル/月(本書執筆時点)となります。詳細は公式ドキュメント[注15]をご確認ください。

8.6 Application Insights —— アプリケーションの監視

Application InsightsはAzure Monitorの一部の機能で、Web App for Containers上で動作するアプリケーションのトラブルシューティングに活用できます。Application InsightsはWeb App for Containersと統合されているため、このサービスを有効にするだけでアプリケーションのコードを変更することなく、アプリケーションの例外や処理遅延を確認できます。ここではWeb App for Containersのアプリケーションの運用で簡単に使える機能の説明をしますが、それ以外のプラットフォームでも利用できるサービスとなりますので、詳細を知りたい方は公式ドキュメント[注16]をご覧ください。

8.6.1 » 設定方法

Azure Portalで対象のWeb App for Containersを開き、サイドメニューの「Application Insights」をクリックし、「Application Insightsを有効にする」ボタンをクリックします(図8.15)。

図8.15 Application Insightsの有効化

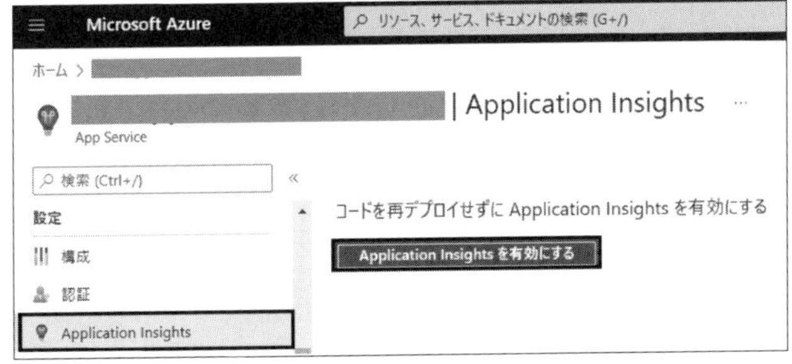

注15 「Azure Monitorの価格」https://azure.microsoft.com/ja-jp/pricing/details/monitor/
注16 「Application Insightsの概要」https://learn.microsoft.com/ja-jp/azure/azure-monitor/app/app-insights-overview

新しいリソースの作成または既存のリソースの選択をする画面が表示されますので、**表8.3**のように必須項目を入力し、「適用」ボタンをクリックします(**図8.16**)。

表8.3 Application Insightsの設定内容

設定項目	設定内容
新しいリソースの名前	任意のリソース名
場所	Japan East (またはこのリソースを作成したい任意の地域)
Log Analyticsワークスペース	任意のLog Analyticsワークスペース (前の章で作成したリソースでもよい)

図8.16 リソースの作成

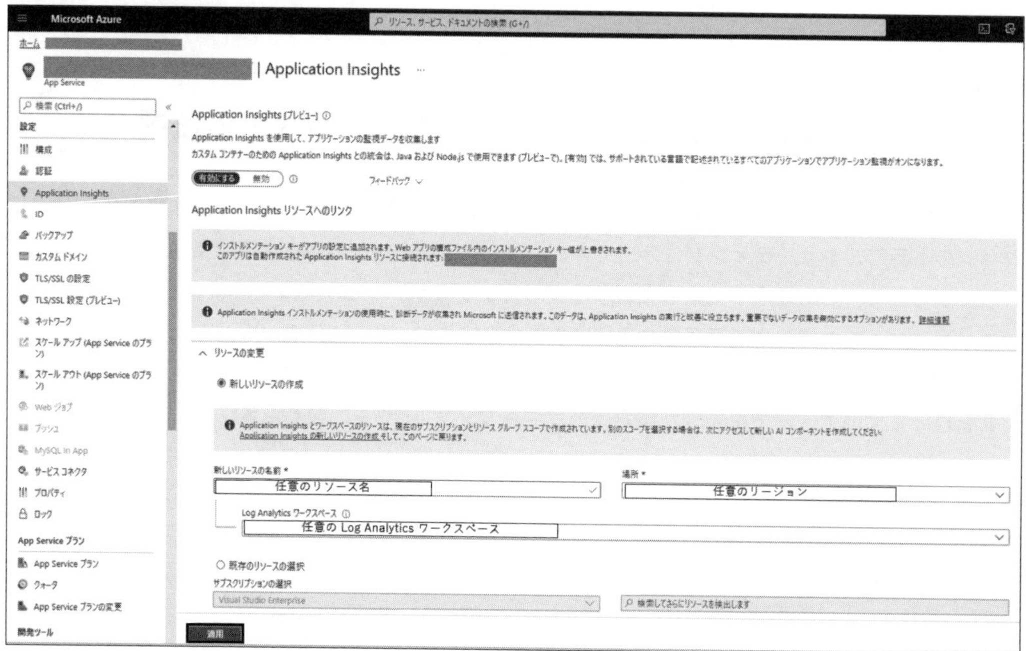

8.6.2 » ログの確認方法

アプリケーションのトラブルとしてよくある、例外および処理遅延の調査で使えるログの確認方法を説明します。

◆例外の調査で使える「失敗」項目の見方

あらかじめ作成しておいたApplication Insightsを開き、サイドメニューの「失敗」をクリックします(**図8.17**)。画面の中央には、画面上部にある現地時刻で指定した期間内のHTTPステータスコード4xx、5xxのエラーとなったリクエストが表示されています。画面の右側には、上位3位のHTTPステータスコードや例外が記録されています。このいずれかをクリックすると詳細を確認できます。

図8.17 失敗

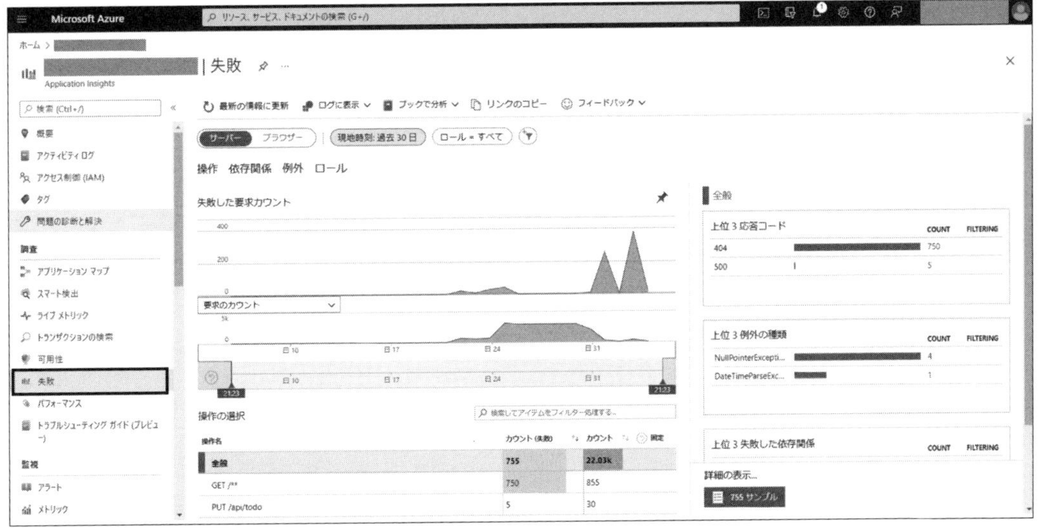

次に、NullPointerExceptionの詳細を確認します(**図8.18**)。この例外は画面中央より/api/todoというパスに対するPUTリクエストで発生していることが読み取れます。画面右側の「Exceptionプロパティ」より、例外が発生した日時、メソッドおよびソースコード「net.bookdevcontainer.todolist.api.TodoListController.put(TodoListController.java:89)」、コールスタック(関数の呼び出し履歴)など、アプリケーションのどのような処理で発生したかを確認することもできます。

◆処理遅延の調査で使える「パフォーマンス」項目の見方

あらかじめ作成しておいたApplication Insightsを開き、サイドメニューの「パフォーマンス」をクリックします。画面の中央には、画面上部の現地時刻で指定した期間内の操作時間(レスポンス時間)が表示されます(**図8.19**)。

図8.18 例外

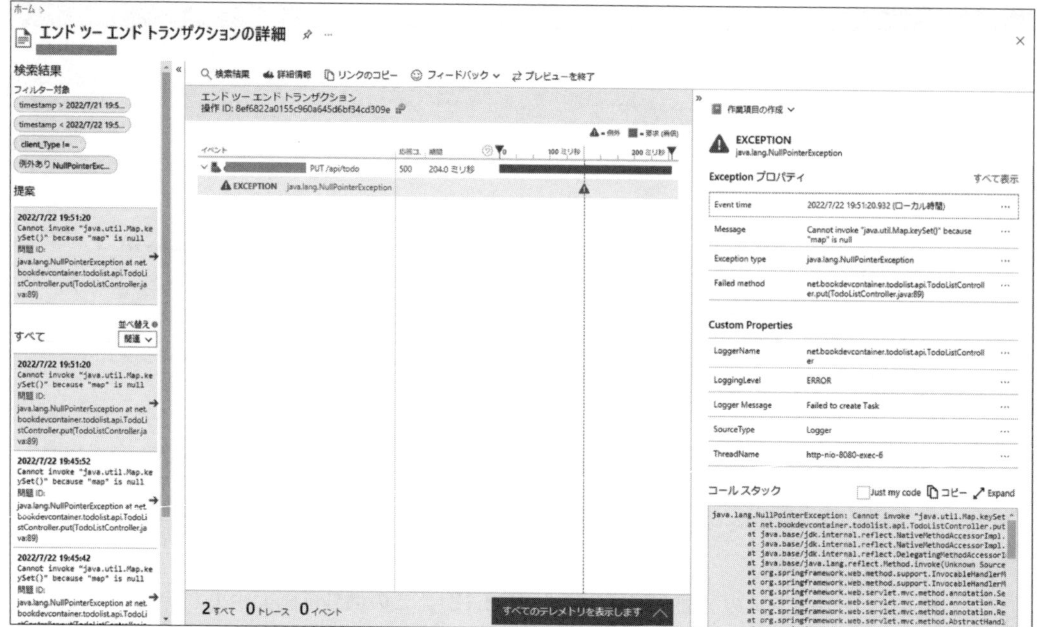

図8.19 パフォーマンス

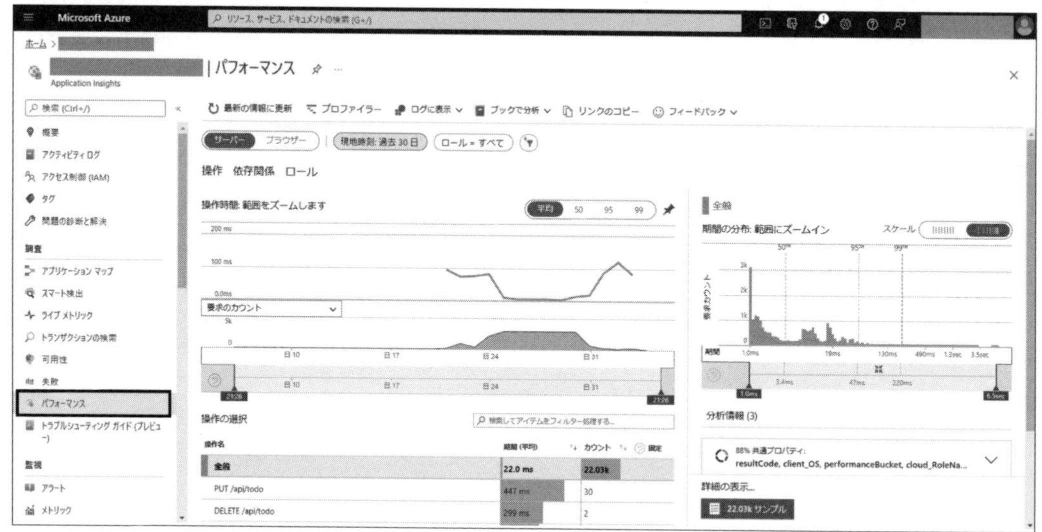

サンプルの中から1つのリクエストを表示します。**図8.20**の画面中央には、サーバのアイコンの下にデータベースのアイコンがぶら下がっています。これは/api/todoへのPUTリクエストの処理が全体で811.6ミリ秒、リクエストの処理中にデータベースへの呼び出しがあり、そこで31.8ミリ秒かかったことが読み取れます。処理遅延の問題では、このようにApplication Insightsのパフォーマンスの機

能を用いて問題の切り分けを行うことができます。

図8.20　外部呼び出し開始から終了までの処理時間

8.6.3 » 料金

Application InsightsはLog Analyticsと同様にAzure Monitorの利用料金がかかります。

8.7 まとめ

本章では、Web App for Containersのプラットフォームからアプリケーションまでの監視に役立つ機能を説明しました。プラットフォームの障害やアプリケーションのエラーなど、運用においてトラブルは発生しないに越したことはありません。ただ、有事の際にはすばやく復旧することも重要となるため、監視機能を活用して正常時の状態を知り、正常時とは異なる状態(異常)を早く検知できるよう準備をしましょう。

8.8 第2部のまとめ

第2部では、ToDoリストのサンプルアプリケーションを含むコンテナイメージの作成から、Web App for Containersというマネージドサービスでコンテナを動かすまでの開発からデプロイまでの作業を行いました。マネージドサービスならではのアプリケーションの開発・運用の助けとなる、外部接続や認証の設定、ログやアラートの設定方法についても学びました。また、クラウドの利用において把握しておくべきメンテナンス、それを踏まえた設計についても押さえてもらえたかと思います。

第3部では、第2部で触れなかった複数コンテナについて学んでいきます。コンテナの実行環境としてマネージドサービスを選択する際の検討材料の一つになれば幸いです。

第 3 部

マルチコンテナアプリケーションを作って動かす

—Kubernetes生まれの開発者向けマネージドサービスAzure Container Appsを使う

第9章 コンテナ化の強みを活かせる分散システムにおけるアプリケーション開発

クラウドを活用したアプリケーション開発を行ううえで知っておきたいこと

第1部でコンテナ技術の概要と最新動向を知り、コンテナを活用したアプリケーション開発のメリットを解説しました。第2部でアプリケーションの実行環境であるWeb App for Containersを使ったJavaアプリケーション開発の流れとポイントを解説しました。第3部では、マイクロサービス型のコンテナアプリケーションを動かす実行基盤としてAzure Container Apps(以降、Container Apps)を使って、第2部で開発したToDoアプリケーションをマルチコンテナに拡張した簡単なサンプルを用いて、実装や運用のポイントを具体的に解説します。

9.1 クラウドネイティブアプリケーションとは

ここであらためてクラウドネイティブアプリケーションについておさらいしておきましょう。

9.1.1 » なぜ今クラウドネイティブアプリケーション開発が注目されているのか

クラウドネイティブアプリケーションとは、クラウドのような分散システムで動くのに適したアプリケーションです[注1]。コンテナアプリケーションは実行に必要なモジュールを「コンテナ」という単位でパッケージングしてデプロイできるので、クラウドネイティブアプリケーションでよく利用されています。

◆ Web3層アプリケーションのおさらい

Web3層アプリケーションとは、Webシステムの構成要素をプレゼンテーション層／アプリケーション層／データ層に分割し、独立したモジュールとして設計するアプリケーションです。フロントエンドのWebサーバ、バックエンドのアプリケーションサーバ、データ層を担当するデータベース(DB)サーバによって構築されます。

注1 「CNCF Cloud Native Definition v1.0」https://github.com/cncf/toc/blob/main/DEFINITION.md#日本語版

オンプレミス環境やクラウドの仮想マシンを使ったシステムでも広く採用されている実績のあるアーキテクチャです(**図9.1**)。大規模なシステムの場合、業務ロジックに精通しアプリケーションコードを実装する開発部門とインフラを運用管理する部門に分かれて、設計から保守までを行うウォーターフォール型で開発されるケースが多いでしょう。

図9.1 Web3層システムの例

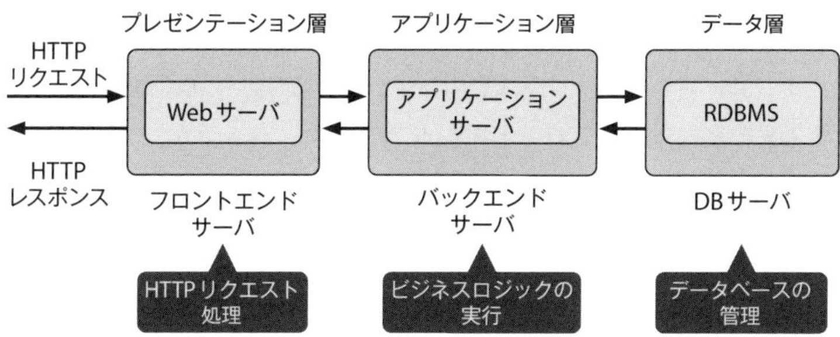

◆アプリケーション開発者が抱える悩み

Web3層アプリケーションはモノリスになりやすく、規模が大きくなればなるほどシステムに変更を加えるのが難しくなり、新機能をリリースしにくい、新技術の取り込みが難しい、などといった課題が生まれてきました。

さらに、OS／ミドルウェアのバージョンアップやパッチ適用、構成管理、スケーリングや障害対応など運用保守に工数がかかり、ソフトウェアを頻繁に更新してビジネス価値を上げていきたいというエンドユーザーのニーズを満たすのも難しくなります。

また、Lift & Shift[注2]で開発運用体制を維持したままクラウドに移行しても、従来の課題をそのまま持ち込んでしまうケースもあり、クラウドの持ち味を十分に活かしきれないことがあります。

Twelve-Factor App ── アプリケーション開発のベストプラクティス

クラウドネイティブなアプリケーションを開発するときに参考になるのが有名なThe Twelve-Factor App[注3]です。これはWebアプリケーションを作るための指針を12のベストプラクティスにまとめた方法論です。さらに、API Firstなど3つの項目を加えたBeyond the Twelve-Factor App[注4]がVMwareから提供されています。この方法論はどのようなプログラミング言語で書かれたアプリケーションでも、どのようなバックエンドサービスの組み合わせでも適用できるため、一通り目を通しておくのをお勧めします。

注2 既存システムをそのまま持ち上げ(Lift)クラウドに移行(Shift)するクラウドへの移行手法の一つです。

注3 https://12factor.net/ja/

注4 https://tanzu.vmware.com/content/blog/beyond-the-twelve-factor-app

◆Kubernetesを使ったコンテナアプリケーションの実行

それでは複数のコンテナアプリケーションを開発者が管理するにはどうすればよいでしょう？ 近年ではコンテナを統合管理するためのしくみに注目が集まっています。

Kubernetesは、コンテナを統合管理するためのOSS(*Open Source Software*)です。分散システムでアプリケーションを効率よく動かすためのしくみを備えています。

Kubernetesは複数のNodeを束ねたクラスタ上でアプリケーションを動かします。各Nodeに役割分担はなく、フロントエンド／バックエンドなど異なるアプリケーションが同じNodeで実行されます。Kubernetesではアプリケーションがデプロイされると、クラスタ内の空いているNodeに自動配置します。

Webアプリケーションはリクエストを受け付けたフロントエンドアプリケーションが、ユーザーのトランザクションを処理するためにバックエンドサービスを呼び出します。デプロイされたアプリケーションがどこにあるかを見つけ出すしくみを「サービスディスカバリ」と呼びます。Kubernetesでは、クラスタ内に構成レジストリを持ち動的にサービスディスカバリを行っています。

障害を検知した場合、従来の方法であればログを確認し、障害復旧手順に従って復旧を試みていました。一方Kubernetesでは、動いているアプリケーションの状態を監視し、正常に応答していないと判断されると自動復旧します。クラスタのあるべき姿を定義し、クラスタの状態とあるべき姿を比較し、両者で差分があれば自動で修復する宣言的設定という考え方を取り入れています(**図9.2**)。

図9.2 サービスディスカバリと障害対応におけるWeb3層システムとクラウドネイティブの違い

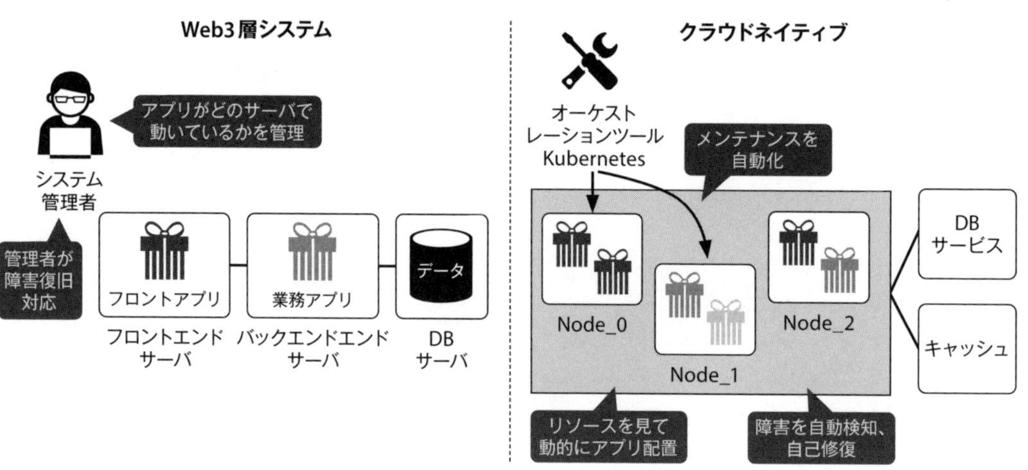

バージョンアップの方法も変わってきます。既存のサーバに更新をかけるのではなく、すでにステージング環境でテスト済みのアプリケーションをデプロイして新しいものに切り替えるという方法を行います。Kubernetesではこれらの一連の作業をソフトウェアで自動化し、ダウンタイムなしでリリースを行います。そもそも、複数サービスが相互接続しているクラウドネイティブな環境で、関連サービスのメンテナンスタイミングをそろえて一斉に行うのは現実的ではありません(**図9.3**)。

Kubernetesは、アプリケーションをリリースしやすく、インフラ保守工数を減らしながら拡張性の高いシステムを作るために必要な機能が提供されています。

図9.3 リリースサイクルにおけるウォーターフォールとクラウドネイティブの違い

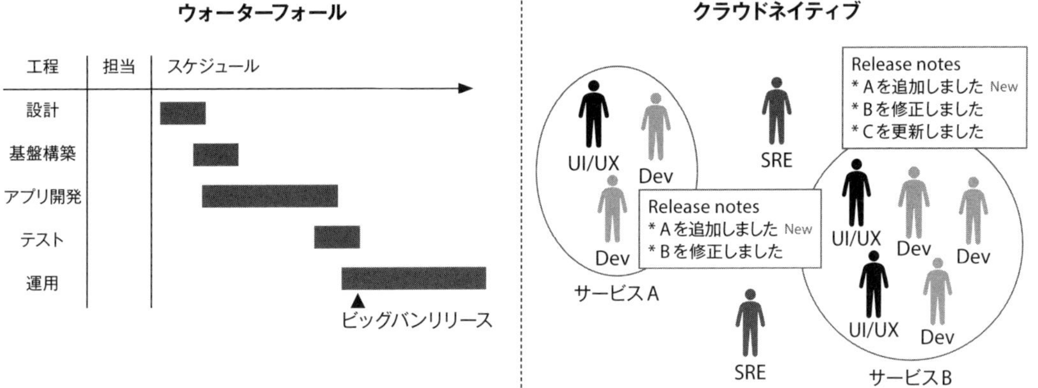

◆ Design for Failure/Design for Resilience

ここであらためて考えておきたいことがあります。Web3層システムの多くで採用されるウォーターフォール型開発では、ソフトウェアの開発と運用は別の仕事であり、異なる担当者で遂行されています。開発者がソフトウェアを書いて運用者に渡し、運用者は受け取ったソフトウェアを本番環境で実行、保守していました。

一方のクラウドネイティブなシステムの場合、開発者自らが実装したソフトウェアだけでなく、ネットワーク、ロードバランサ、監視、CDN(*Contents Delivery Network*)、キャッシュ、ファイアウォール、DNS(*Domain Name System*)などクラウドのマネージドサービスを組み合わせて使うケースが多く、システム全体の相互連携を考える必要があります。

そのため、システム障害復旧、タイムアウト処理、バージョンアップ方式などについて「開発者の責務」と「運用者の責務」を明確に線引きすることが現実的ではなく、システムアーキテクチャとアプリケーションの実装を切り離して考えるのは容易ではありません。

特に大事なのがシステム障害に対する考え方を再認識することです。クラウドに限らず分散システムでは障害をゼロにすることは不可能なため、「サーバやネットワークを絶対に停止してはいけない」ではなく、「障害が発生するという事実を受け入れ、すばやくシステムを回復させるためにはどうすればよいか」を考え、アプリケーション実装やシステム運用、組織体系に反映して落とし込んでいくことが重要です。

9.1.2 » クラウドネイティブなアプリケーションの特徴

それでは、あらためてクラウドネイティブなシステムが得意とすることは何でしょうか？クラウド

ネイティブなアプリケーションの特徴として、

- **ステートレス**
- **複数のサービスを呼び出して1つのシステムを作る**
- **ネットワークでつながったサービスを呼び出す**

が挙げられます。小さなアプリケーションやAPIを組み合わせてネットワーク越しに各サービスが通信することで、アプリケーション間の依存関係を少なくして小刻みにバージョンアップするしくみを導入したり、急激なトラフィック増でシステムを部分的にスケールアップ／スケールアウトできる柔軟性をもたせたりできます。また、システムの一部で障害が発生しても、影響範囲を局所化して系全体に伝播(でんぱ)させないということもできます。

したがって、

- **バーゲンやセールなどの繁忙期でリクエスト数が変動するECサイトや物流システム**
- **ビジネスニーズに応じて新機能を次々にリリースしたいシステム**
- **車載システム／各種センサのバックエンドなど大量のトラフィックを処理するシステム**

など、新しいアイデアをいち早く具現化してサービスとしてリリースし、新たなビジネス価値を世の中に提供したい場合には適していると言えるでしょう。

クラウドネイティブなシステムとは「クラウドインフラ環境を使って構築したシステム」ではなく、「クラウドが提供するサービスを活用しアプリケーションを絶えず開発し続けられるシステム」であると言えます。

ここで注意しておきたいのは、Web3層システムとクラウドネイティブのどちらが優れているという話ではありません。どちらもメリットとデメリットがあります。ビジネスの目指すべき方向性、システムに求められる機能要件／非機能要件、プロジェクトの予算、期間、開発運用体制などを考慮したうえで、適材適所で技術選定をするのが良いと筆者は考えます。

9.1.3 » オープンソーステクノロジの活用

CNCF(*Cloud Native Computing Foundation*)は、Linux Foundationのプロジェクトの一つで、次のように定義されています。

> Cloud Native Computing Foundationは、オープンソースでベンダー中立プロジェクトのエコシステムを育成・維持して、このパラダイムの採用を促進したいと考えてます。私たちは最先端のパターンを民主化し、これらのイノベーションを誰もが利用できるようにします。
>
> ――「CNCF Cloud Native Definition v1.0 - CNCF Technical Oversight Committee(TOC)」https://github.com/cncf/toc/blob/main/DEFINITION.md

創設メンバーはGoogle、CoreOS、Docker、Red Hat、VMwareなどで、現在の約800社のメンバー企業[注5]はクラウドプロバイダ、ソフトウェア企業、ハードウェア製造企業はもちろん、トヨタ自動車や富士通、NTTデータといった国内企業も加盟しています。

コンテナオーケストレータのデファクトスタンダードであるKubernetesは、もともとGoogleの社内で利用されていたBorgをもとにして生まれたオープンソースプロジェクトで、2016年にCNCFに寄贈されました。

その後、Kubernetesだけでなくさまざまなオープンソースプロジェクトが CNCF に寄贈されました。CNCFのオープンソースプロジェクト[注6]は成熟度合いで「Graduated」「Incubating」「Sandbox」に分かれています（**図9.4**）。各基準はCNCF Graduation Criteria v1.3[注7]に定められています。

図9.4 CNCFプロジェクトの成熟度
（出典：「Project maturity levels - CNCF」https://www.cncf.io/projects/）

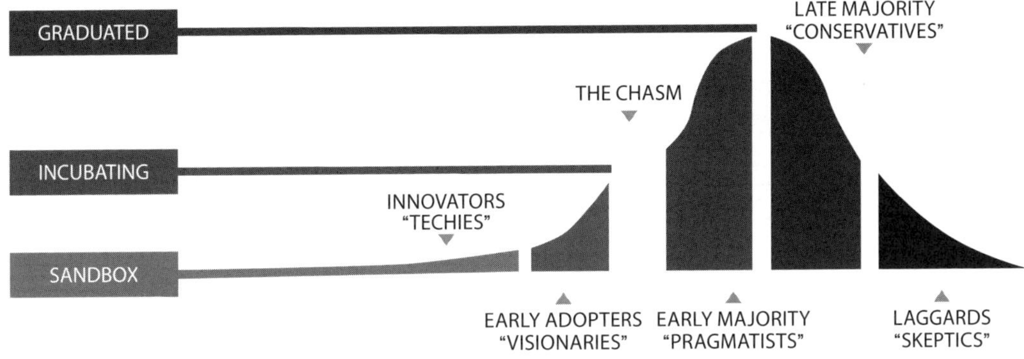

◆Graduated

「卒業」という日本語訳をしてしまうと、CNCFから離れたプロジェクトなのかな？と思いがちですが、CNCF Technical Oversight Committee[注8]によって、プロジェクトのガバナンス、コミュニティの広がり、コードコントリビューションの活性度、プロジェクトとしての組織力などの成熟度が一定の段階に達したと認定されたプロジェクトです。代表的なプロジェクトは**表9.1**のとおりです。

表9.1 Graduatedのプロジェクト（一部）

プロジェクト名	説明	認定日	URL
Helm	コンテナ定義／ビルド	2016/01/18	https://www.cncf.io/projects/helm/
Kubernetes	コンテナオーケストレータ	2016/03/16	https://www.cncf.io/projects/kubernetes/
Prometheus	モニタリング	2016/05/09	https://www.cncf.io/projects/prometheus/

注5 https://www.cncf.io/about/members/
注6 https://www.cncf.io/projects/
注7 https://github.com/cncf/toc/blob/main/process/graduation_criteria.md
注8 https://www.cncf.io/people/technical-oversight-committee/

fluentd	ロギング	2016/11/08	https://www.cncf.io/projects/fluentd/
Linkerd	サービスメッシュ	2017/01/23	https://www.cncf.io/projects/linkerd/
CoreDNS	サービスディスカバリー	2017/02/27	https://www.cncf.io/projects/coredns/
containerd	コンテナランタイム	2017/03/29	https://www.cncf.io/projects/containerd/
Envoy	サービスプロキシ	2017/09/13	https://www.cncf.io/projects/envoy/
Open Policy Agent (OPA)	セキュリティ／コンプライアンス	2018/03/29	https://www.cncf.io/projects/open-policy-agent-opa/
etcd	サービスディスカバリー	2018/12/11	https://www.cncf.io/projects/etcd/

◆Incubating

Sandboxの要件に加えて、複数人のコミッターが存在し、開発が活発で品質も安定し、少なくとも1つ以上のリファレンス実装がなされているプロジェクトです。約80プロジェクトがあります。代表的なプロジェクトは**表9.2**のとおりです。

表9.2 Incubatingのプロジェクト（一部）

プロジェクト名	説明	認定日	URL
Container Network Interface (CNI)	ネットワーキング	2017/05/23	https://www.cncf.io/projects/container-network-interface-cni/
Falco	ランタイムセキュリティ	2018/10/10	https://www.cncf.io/projects/falco/
CRI-O	コンテナランタイム	2019/04/08	https://www.cncf.io/projects/cri-o/
OpenTelemetry	テレメトリ	2019/05/17	https://www.cncf.io/projects/opentelemetry/
KEDA	オートスケーラ	2020/03/09	https://www.cncf.io/projects/keda/
Argo	CI/CD	2020/04/07	https://www.cncf.io/projects/argo/
Chaos Mesh	カオスエンジニアリング	2020/07/14	https://www.cncf.io/projects/chaosmesh/
Cilium	ネットワーキング	2021/10/13	https://www.cncf.io/projects/cilium/
Dapr	アプリケーションランタイム	2021/11/03	https://www.cncf.io/projects/dapr/
Knative	サーバレス	2022/03/02	https://www.cncf.io/projects/knative/

◆Sandbox

「early stage」として位置付けられいるプロジェクトで、約75プロジェクトがあります。代表的なものは**表9.3**のとおりです。

表9.3 Sandboxのプロジェクト（一部）

プロジェクト名	説明	認定日	URL
Athenz	キー管理	2021/01/26	https://www.cncf.io/projects/athenz/
Brigade	CI/CD	2019/03/18	https://www.cncf.io/projects/brigade/
Open Service Mesh	サービスメッシュ	-	https://www.cncf.io/projects/open-service-mesh/
Virtual Kubelet	プラットフォーム	2018/04/12	https://www.cncf.io/projects/virtual-kubelet/

クラウドネイティブな技術は今もなお進化しています。ベストプラクティスの共有や多くの利用者が使っているオープンソーステクノロジを活用することは、より良いアーキテクチャの選定や問題発

生時の解決までの道筋を示してくれます。一方オープンソースはコミュニティ主体で開発が進みます。もしオープンソースの仕様や実装が自社のビジネスニーズに合わない場合は、コミュニティで議論し、場合によっては自分たちでソースコードを作成してコミュニティに貢献する必要があります。

そのためクラウドネイティブなアプリケーション開発では「ベンダーにすべてお任せしておけば自社システムができあがる」という考え方から「コミュニティのナレッジ共有を通して得たプラクティスを**ソースコードで還元**する」という文化に変革することが重要です。

Column たくさんのオープンソース全部必要? どう使いこなせばよい?

CNCFではどのようにクラウドネイティブ化を進めればよいかのステップを表したトレイルマップ[注9]と、OSSやサービス一覧をランドスケープ[注10]として公開しています。たくさんあるので、迷ってしまう／気おくれしてしまうかもしれませんが、すべてを取り込む必要はありません。まずは自分たちがやりたいこと(ビジネスニーズ)に合いそうなプロジェクトを実際に触ってみることから始めることをお勧めします。

9.2 まとめ

本章では、クラウドネイティブなアプリケーション開発を進めるうえで知っておきたい全体像や注意点を説明しました。またクラウドネイティブアプリケーション開発とは切っても切り離せないオープンソースの活用やコミュニティへの貢献の重要性を紹介しました。

次の章ではサンプルアプリを使って簡単なマルチコンテナによるアプリケーションを動かしながら、クラウドネイティブな開発を体験していきます。

注9 https://github.com/cncf/landscape/blob/master/README.md#trail-map

注10 https://landscape.cncf.io/

第10章 Container Appsでのコンテナアプリケーション開発ハンズオン

サンプルを再設計して複数コンテナで動かしてみよう

第2部でアプリケーションの実行環境であるWeb App for Containersを使ったJavaアプリケーション開発の流れとポイントを解説しました。本章では、コンテナアプリケーションを動かす実行基盤としてAzure Container Apps(以降、Container Apps)を使って、第2部で開発したToDoアプリケーションを複数コンテナに拡張したサンプルを用いた実装のポイントとデプロイの方法を具体的に解説します。

10.1 サンプルアプリケーションの機能追加と再設計

まずToDoアプリケーションの機能追加を行うため全体構成について見なおします。

10.1.1 » ToDoアプリケーションへの要望

第2部では、JavaによるToDoアプリケーションをWeb App for ContainersとAzure Database for MySQLで動かしました。マネージドサービスを活用することで、開発者が開発に集中しつつすばやくアプリケーションを開発・運用できることを確認しました。

このアプリケーションをリリースするとたちまち利用者が増え、次のようなフィードバックがあがったと想像してみましょう(**図10.1**)。

- **本日のスケジュール表示機能があると良い**
- **ユーザーの声を取り込み、使いやすいUIにしてほしい**
- **利用者を拡大して社外ユーザーにも展開したい**
- **モバイルアプリケーションからも利用したい**

スケジュール情報は、別システムで管理されている既存のオフィス統合システムからデータを取得する必要があります。またUIを改善するには、ユーザーの声を聴きながらデザイナーが少しずつ改良していくのがよいでしょう。第2部のアプリケーションはUIとビジネスロジックが1つのコンテナで

実装されているため何か1つでも機能追加や変更を加える場合、アプリケーションすべてをコンパイルしなおしてデプロイする必要があります。

また利用者のモバイルアプリケーションからのリクエスト数が増えると、App Serviceをスケールアップ/スケールアウトをする必要がありますが、リクエストが一時的に増える始業時間だけ一時的にバックエンドのアプリケーションだけ待ち受けを増やしたいなどの非機能要件があがります。

図10.1 サンプルアプリケーションの課題

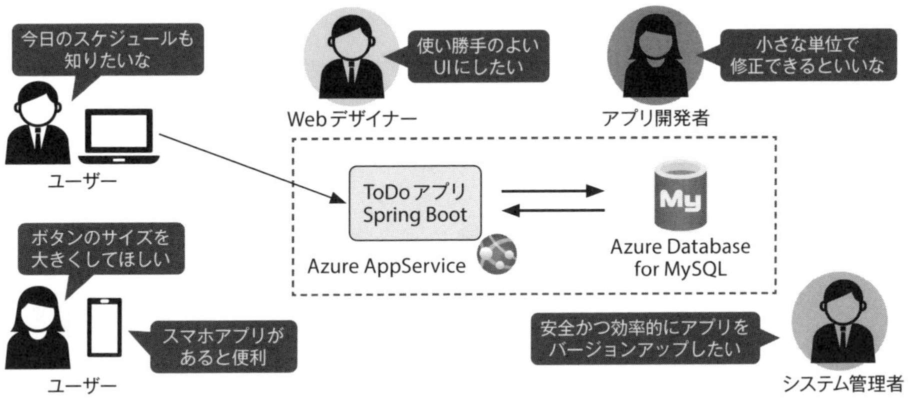

10.1.2 » アプリケーションアーキテクチャの検討

これらのニーズを満たすためにはどのようにすればよいでしょうか? まず、アプリケーションの機能分割を検討しましょう。

◆バックエンドとフロントエンドの分離

第2部では、ToDoアプリケーションでデータベースからデータを取得する処理と取得したデータを加工して表示する機能が1つのアプリケーションで動いていました。これをデータを表示するフロントエンド機能とデータを登録/取得/更新/削除する機能に分離します。これによって、UIはフロントエンド開発者、データ操作はアプリケーション開発者が実装を行うことで別々に開発ができます。

◆アプリケーションのAPI化

データ操作を行う機能について、ブラウザからだけでなくモバイルアプリケーションなどさまざまな環境から呼び出して利用できると便利です。データを登録/取得/更新/削除ができるREST APIを作り、外部から呼び出し可能な実装にします。スケジュール機能を表示する新機能を追加する場合も、外部のAPI(schedule API)を呼び出して必要な情報を返すことができればよいでしょう。

このようにアプリケーションアーキテクチャを変更することで、ざまざまなメリットが出ます。各サービスごとに独立かつ並行して開発ができるため、開発チームの自由度も上がります(**図10.2**)。たとえば、現状ではbackend APIとschedule APIはともにSpring Bootで実装していますが、将来的にほかの開発言語(PythonやNode.jsなど)に移行したとしても、各サービスから見るとREST APIを呼び出しているだけですので、インタフェースが変わらなければ動作します。つまり、個々の機能開発において影響範囲を限定できるため、新機能のリリースがやりやすくなるでしょう。また、一時的にリクエスト数が増えたときもフロントエンドアプリケーションだけをスケールアウトしてシステム増強ができます。

図10.2 アプリケーションアーキテクチャの検討

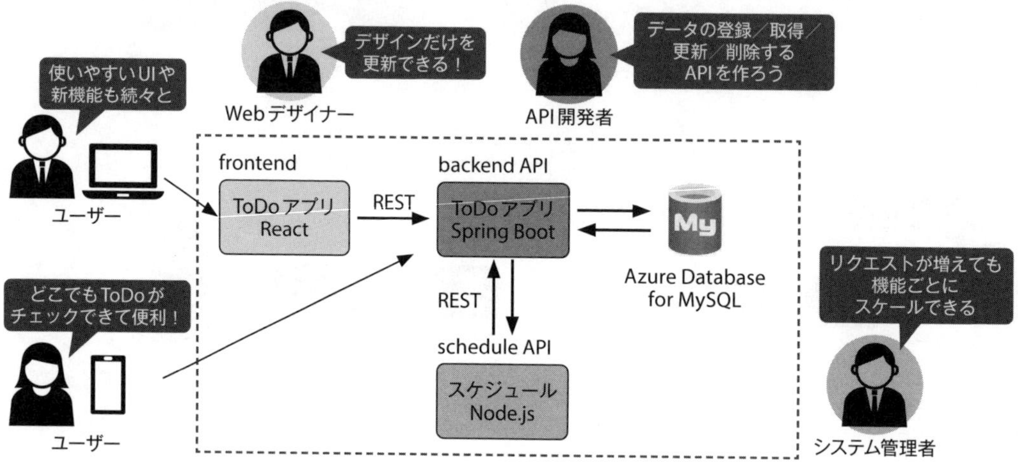

10.1.3 » コンテナ実行環境の選択肢

第2部で解説したApp Service(Web App for Containers)やContainer Instancesを使うこともできますが、せっかくなので第3部では第2部で紹介した以外のサービスを検討します。

◆Azure Functions

小さな関数を動かすのに適したサーバレスのサービスです。IoT(*Internet of Things*)のバックエンドやイベント駆動型アプリケーションを実行するのに向いています。Azure Functionsプログラミングモデルには、イベントに応じて関数の実行をトリガし、ほかのデータソースにバインドすることで、短いコードで機能を実装できるのが特徴です。ただし、選択するプランによっては実行時間の制約などがあります。

◆Azure Container Apps

Kubernetes環境上でコンテナアプリケーションを動かすマネージドサービスです。Kubernetesのクラスタを管理することなく、マイクロサービスを実行でき、負荷分散やオートスケールなどの機能も

備えています。オープンソーステクノロジとの親和性が高く、分散アプリケーションランタイムDapr（*Distributed Application Runtime*）、L7プロキシEnvoy、イベントドリブンオートスケーラーKEDAをサポートし、GitHubなどを活用したクラウドネイティブな構成が容易にできるという特徴があります。また、Webアプリケーション、APIのホスティング、実行時間の長いバッチ処理などワークロードを問わず幅広く利用できます。

◆ Azure Kubernetes Service

Azure Kubernetes Service（以降、AKS）は、Kubernetesのマネージドサービスです。Kubernetes APIへのアクセスがサポートされるため、Kubernetesクラスタの操作やチューニングなども可能です。ただし、Kubernetesクラスタがサブスクリプション内にデプロイされ、クラスタの構成と運用管理はユーザーの責任範囲内となります。オンプレやほかのクラウドなどですでにKubernetesを使ってアプリケーションを運用している場合はAKSが適しています。

◆ Azure Spring Apps

Springアプリケーションを動かすことに特化したサービスです。監視と診断、構成管理、サービス検出、CI/CD統合、ブルーグリーンデプロイなどを使用して、ライフサイクル管理をできるのが特徴です。

◆ Azure Red Hat OpenShift

Red Hat社が提供するコンテナオーケストレータであるOpenShiftの環境を提供するマネージドサービスです。すでにOpenShiftでの開発と運用実績がある場合に適しています。

Container Appsとほかの Azureコンテナ実行サービスとの比較については公式サイト注1にまとまっています。

10.1.4 » システムアーキテクチャの検討

アプリケーションを機能単位で小さく分割した場合はどのようなプラットフォームが適しているでしょうか？ あらためて今回のToDoアプリケーションでは、次のシステム要件があります。

- **複数の言語／テクノロジで書かれたマイクロサービスを運用したい**
- **Webサービスを提供するための負荷分散やオートスケールの機能が欲しい**
- **継続的な開発やリリースを行って新機能を提供したい**
- **インフラの運用管理を最小化して、アプリケーション開発に集中したい**
- **システム運用コストは需要に応じて柔軟に変更したい**

注1　https://learn.microsoft.com/ja-jp/azure/container-apps/compare-options

今回はシステム要件を最も満たす「Azure Container Apps」（以降、Container Apps）を採用することとします（図10.3）。

図10.3 サンプルのアーキテクチャ全体像

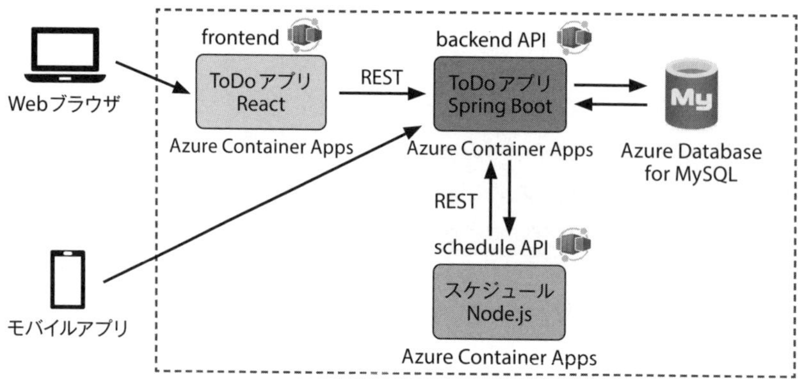

10.2 Container Appsとは

Container Appsはマイクロサービス型のマルチコンテナをホストするのに適したサービスです。環境を作成する前に、Container Appsをもう少し掘り下げて理解しておきましょう。

コンテナアプリケーションの実行環境として候補に挙がるのがコンテナオーケストレータのデファクトスタンダードであるKubernetesです。Kubernetesはオープンソースとして開発されていて、クラウドネイティブな技術のエコシステムを形成していることもあり利用者も増えています。しかしながら、Kubernetesをうまく使いこなして安定稼働させるにはインフラ技術を深く理解しておく必要があり、専任の運用チームが必要です。また、開発者がKubernetesのしくみを理解して正しく使いこなせるようになるまでの学習コストがかかるというのも実情です。

これらKubernetesで難しい部分をマネージドとして提供し、開発者にとって使いやすい機能のみを提供しているのがContainer Appsです。

Container Appsは2022年5月に開催されたMicrosoftの開発者向けイベントである「Microsoft Build 2022」注2で一般提供されました。

クラウドネイティブアプリケーションは、多くの場合、Cloud Native Computing Foundation（CNCF）によって定義されている、疎結合／復元力／管理可能／可観測性を備えた分散マイクロサービスで構成

注2　https://techcommunity.microsoft.com/t5/apps-on-azure-blog/azure-container-apps-general-availability/ba-p/3416885

されます。Container Appsは、開発者がクラウドインフラの管理ではなく、ビジネスの差別化要因となるアプリケーション開発に集中できることを目指して作られたサービスです。Container Appsは、Linuxベースのコンテナにパッケージ化されたアプリケーションを開発者自らで動かすことができる機能を備えています。

Container Appsが提供する機能は次のとおりです。

- **コンテナレジストリからコンテナを実行(第10章で解説)**
- **アプリケーション内で使用するシークレット管理(第10章で解説)**
- **Azure Log Analyticsを使用したアプリケーションログ管理(第10章で解説)**
- **コンテナアプリケーションのバージョン/リビジョンを管理(第11章で解説)**
- **スケールトリガによってアプリケーションを自動スケーリング(第11章で解説)**
- **Ingress(イングレス)/負荷分散機能(第11章で解説)**
- **ブルーグリーンデプロイ/トラフィック分割(第11章で解説)**
- **仮想ネットワーク(VNet)との統合(第11章で解説)**
- **Daprを使用したマイクロサービスの開発(付録で解説)**

Container Appsは、1秒あたりのリソース割り当てとリクエスト数に基づいて課金されます。毎月最初の180,000vCPU秒、360,000GiB秒、200万件のリクエストは無料で利用できます。それ以上の場合は、使用した分だけ秒単位で課金されます。詳しくはドキュメント[注3]で確認してください。

Container Appsの設計思想とオープンソース

Container Appsは、これまでAzureの多くのお客様からいただいた声や技術動向などを踏まえて、「より開発者にうれしいサービスを!」にこだわって作られた新しいサービスです。Container Appsのコンセプトに「Non-opinionated」があります。日本語に訳すと「自らの意見を強調しない=制約を課さない」のようなニュアンスになります。一般的にアプリケーションPaaS(*Application Platform as a Service*)は、開発言語やランタイムに制約があり、開発者は制約や仕様を意識しつつアプリケーションを開発する必要があります。それに対して、Container Appsはなるべく制約を排除しオープンな技術を活用して、開発者が必要なテクノロジを利用しやすくしたいというコンセプトのもと、さまざまな工夫がなされています。Container AppsはオートスケールにKubernetes Event Driven Autoscaling(KEDA)、分散アプリケーションランタイムであるDistributed Application Runtime(Dapr)、Kubernetesで実行されるL7ロードバランサEnvoyなどのCNCFプロジェクトのオープンソーステクノロジを基盤として構築されています。このオープンソース中心のアプローチのおかげで、アプリケーションの移植性を維持しながら、Kubernetesクラスタ運用の負担なく、クラウドネイティブアプリケーションをAzure上で動かすことができます。

注3 「Azure Container Appsの価格」https://azure.microsoft.com/ja-jp/pricing/details/container-apps/

10.3 アプリケーション実行環境を作成する

それでは、サンプルアプリケーションを動かすための環境を作成しましょう。

10.3.1 » Azure環境の全体アーキテクチャ

今回のサンプルは、フロントUIを提供する「frontend」、データベースや外部APIから情報を取得するAPI「backend」、スケジュール情報を公開するAPI「schedule」の3つのサービスで構成されます(**図10.4**)。

図10.4 サンプルのアーキテクチャ

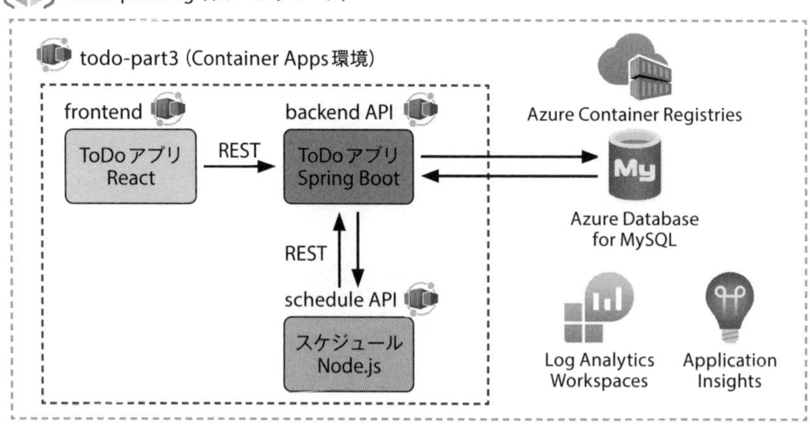

これらのコンテナアプリケーションをContainer Appsで動かすためには「Container Apps環境」を作成します。このContainer Apps環境は複数のコンテナアプリケーションを管理するものです。コンテナアプリケーションのグループに対するセキュリティで保護された境界です。同じContainer Apps環境内のコンテナアプリケーションは、同じ仮想ネットワーク(VNet)にデプロイされ、同じLog Analyticsワークスペースにログを書き込みます。

次の要件があるときは、1つのContainer Apps環境にアプリケーションをデプロイします。

- **複数のコンテナアプリケーションをまとめて管理したい**
- **コンテナアプリケーションを同じ仮想ネットワークにデプロイしたい**
- **Daprを使ってコンテナアプリケーションを相互に通信させたい**
- **複数のコンテナアプリケーションでLog Analyticsワークスペースを共有したい**

今回は3つのコンテナアプリケーションを1つのContainer Apps環境にまとめて管理します。

10.3.2 ≫ リソースグループを作成する

それでは実際に作ってみましょう。Visual Studio Code（以降、VS Code）を起動し、第2部と同様にDev Containerでサンプルリポジトリを開きます。なお、以降のハンズオンのコマンドはサンプルリポジトリのapps/part3/README.azcliにまとめているので、活用してください。これで必要な開発環境はすべてセットアップされています。VS Codeターミナルを開き、Container Apps環境を作成します。

リソースグループを作成します。リソースグループ名は「todo-part3-rg」としますが、後の手順でも使用するためシェル変数にセットします。

まず作成するAzure環境名を「todo-part3」としてシェル変数ENV_NAMEにセットします。

```
$ ENV_NAME=todo-part3
```

次にAzureにログインし、第3部のアプリケーションをデプロイするリソースグループを作ります。リソースグループ名は「todo-part3-rg」としてシェル変数RG_NAMEにセットします。

```
$ az login

$ RG_NAME=todo-part3-rg
$ az group create \
  -n $RG_NAME \
  -l japaneast
```

10.3.3 ≫ ログを保存するLog Analyticsを作成する

今回のコンテナアプリケーションのログを格納するLog Analyticsワークスペースと Application Insightsを作成しておきましょう。Log Analyticsワークスペース／Application Insightsとは？という方は第2部をおさらいしましょう。

```
$ az monitor log-analytics workspace create \
  -g $RG_NAME \
  -n $ENV_NAME-logs
```

Log Analyticsワークスペースのid/customerId/primarySharedKeyはあとで使用しますので、シェル変数LOG_ID、LOG_CUSTOMER_ID、LOG_KEYにセットします。

```
$ LOG_ID=$(
  az monitor log-analytics workspace show \
    -g $RG_NAME \
    --workspace-name $ENV_NAME-logs \
```

```
    --query id \
    -o tsv
)
$ LOG_CUSTOMER_ID=$(
  az monitor log-analytics workspace show \
    -g $RG_NAME \
    --workspace-name $ENV_NAME-logs \
    --query customerId \
    -o tsv
)
$ LOG_KEY=$(
  az monitor log-analytics workspace get-shared-keys \
    -g $RG_NAME \
    --workspace-name $ENV_NAME-logs \
    --query primarySharedKey \
    -o tsv
)
```

echoコマンド使ってそれぞれの変数が正しくセットされているかも確認します。

```
$ echo $LOG_ID
/subscriptions/xxxxxx/resourceGroups/todo-part3-rg/providers/Microsoft.OperationalInsights/
workspaces/todo-part3-logs

$ echo $LOG_CUSTOMER_ID
xxxxxxxx-xxxx-xxxx-xxxx-xxxxxxxxxxxx

$ echo $LOG_KEY
xxxxx........................xxxxxx
```

これでログを入れる入れ物ができたので、次はApplication Insightsを作成します。

```
$ az extension add --name application-insights

$ az monitor app-insights component create \
  --app $ENV_NAME-insights \
  -l japaneast \
  -g $RG_NAME \
  --workspace $LOG_ID
```

同様にApplication Insightsの接続文字列はあとで使用するので、シェル変数APPINSIGHTS_CONNECTION_STRINGにセットします。

```
$ APPINSIGHTS_CONNECTION_STRING=$(
  az monitor app-insights component show \
  --app $ENV_NAME-insights \
  -g $RG_NAME \
```

```
  --query connectionString \
  -o tsv
)

$ echo $APPINSIGHTS_CONNECTION_STRING
InstrumentationKey=xxxx;IngestionEndpoint=https://japaneast-1.in.applicationinsights.azure.
com/;LiveEndpoint=https://japaneast.livediagnostics.monitor.azure.com/
```

ここまでの手順を実行すると、図10.5の構成になっています。

図10.5 Log環境の構築

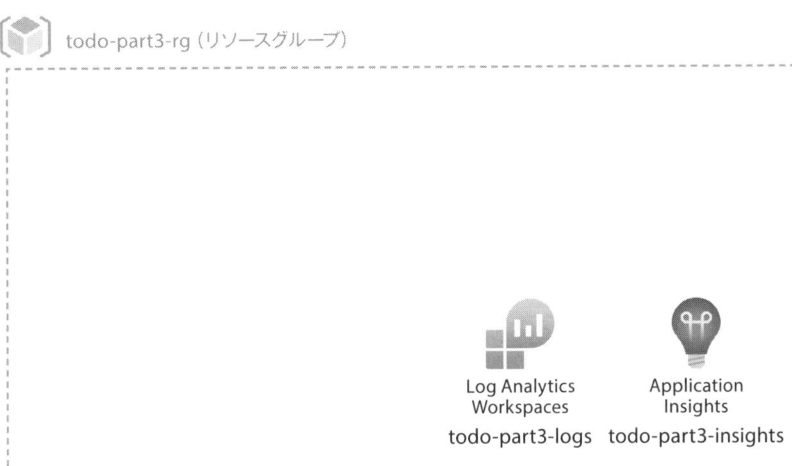

10.3.4 » Container Apps環境を作成する

次に、Azure CLIのAzure Container Apps拡張機能をインストールします。また、Container Appsを使うためAzureリソースプロバイダにMicrosoft.App名前空間とMicrosoft.OperationalInsights名前空間を登録します。

```
$ az extension add --name containerapp --upgrade
$ az provider register --namespace Microsoft.App
$ az provider register --namespace Microsoft.OperationalInsights
```

これで準備ができました。次のコマンドを実行してContainer Apps環境を作成します。

```
$ az containerapp env create \
  -n $ENV_NAME \
  -g $RG_NAME \
  -l japaneast \
  --logs-workspace-id $LOG_CUSTOMER_ID \
  --logs-workspace-key $LOG_KEY
```

ここまでの手順を実行すると、図10.6の構成になっています。

図10.6 Container Apps環境の作成

10.3.5 » データベースを作成する

データベースは「Azure Database for MySQL - フレキシブルサーバ」[注4]を使います。第3部で使用するデータベースを新たに作成しましょう。

なお、Azure Database for MySQLのサーバ名は一意の名前を付ける必要があります。名前が重複しないようにランダムな値SUFFIXをシェル変数に設定し、接尾辞として使用します。

```
$ SUFFIX=$RANDOM
$ SQL_SERVER=todos-database-$SUFFIX
$ echo $SQL_SERVER
```

次にAzure Database for MySQLの管理者ユーザー名とパスワードを設定します。SQL_PASSは任意の値を設定してください。

```
$ SQL_USER=azureadmin
$ SQL_PASS=<任意の値>
```

次のコマンドを実行し、Azure Database for MySQLを作成します。DBの作成は本筋ではないので割愛しますが、下記コマンドの詳細はドキュメント[注5]を参照してください。

注4 https://learn.microsoft.com/ja-jp/azure/mysql/flexible-server/

注5 https://learn.microsoft.com/ja-jp/cli/azure/mysql/flexible-server?view=azure-cli-latest#az-mysql-flexible-server-create

```
$ az mysql flexible-server create \
  -l japaneast \
  -g $RG_NAME \
  -n $SQL_SERVER \
  --admin-user $SQL_USER \
  --admin-password $SQL_PASS \
  --sku-name Standard_B1ms \
  --tier Burstable \
  --public-access 0.0.0.0 \
  --storage-size 32 \
  --version 5.7
```

これでデータベースサーバができたので、次はデータを格納するデータベース「backenddb」を作ります。

```
$ az mysql flexible-server db create \
  -g $RG_NAME \
  --server-name $SQL_SERVER \
  --database-name backenddb
```

ここまでの手順を実行すると、図10.7の構成になっています。

図10.7　データベースの作成

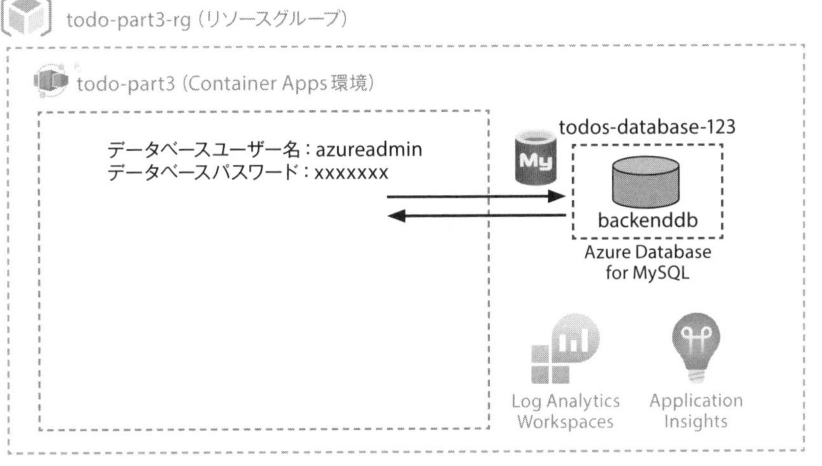

10.3.6 » コンテナレジストリを作成する

コンテナアプリケーションのイメージの管理は第2部に引き続いて「Azure Container Registry」を使います。第3部で使用するレジストリを新たに作成しましょう。

なお、Azure Container Registryは一意の名前を付ける必要があります。名前が重複しないようにランダムな値SUFFIXを接尾辞として使用します。名前は英数文字のみを設定できます。

```
$ ACR_NAME=todosacr$SUFFIX
$ echo $ACR_NAME
```

次のコマンドでコンテナレジストリを作成します。ここでContainer Appsからアクセスするときに必要になるため、--admin-enabledオプションをtrueに設定してください。

```
$ az acr create \
  -g $RG_NAME \
  -n $ACR_NAME \
  -l japaneast \
  --sku Basic \
  --admin-enabled true
```

ここまでの手順を実行すると、**図10.8**の構成になっています。

図10.8 コンテナレジストリの作成

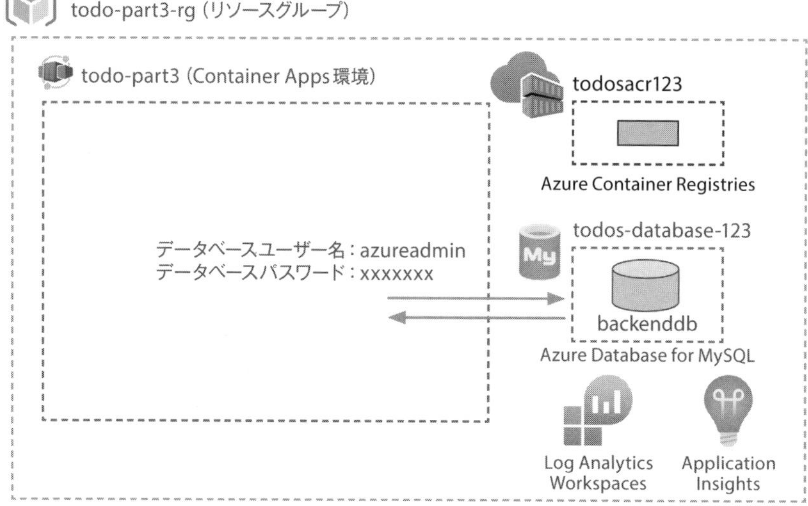

Azure Portalから、できあがったリソースを確認してみましょう。**図10.9**のように5つのリソースができているはずです。

図10.9 リソースの確認

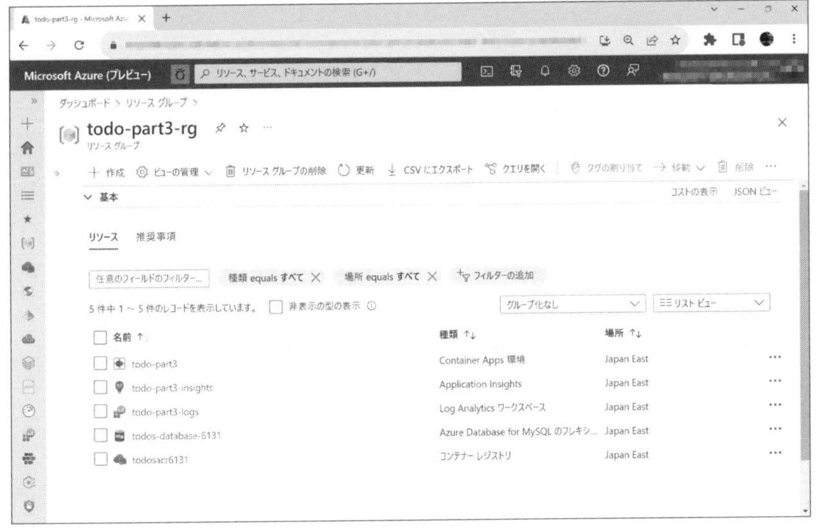

10.4 アプリケーションを開発する

いよいよ具体的にContainer Appsを使ってサンプルアプリケーションを動かしてみましょう。

10.4.1 » schedule APIを開発する

スケジュール情報を取得するAPIは、Spring Bootで実装されています。サンプルはフォルダごとに分かれています。コマンドを実行してスケジュールを取得するAPIのサンプルフォルダに移動します。

```
$ cd apps/part3/schedule/
```

◆schedule APIを実装する

まず、schedule APIをNode.jsを使って実装しましょう。エンドポイント/scheduleにアクセスすると次のようなJSONを返します。リクエストを受けて固定値を返すだけのシンプルなAPIのため、ここではコードの解説は行いません。

```
[
  {
    "id": 1,
    "time": "10:00-11:00",
```

```
    "title": "お客様と打ち合わせ"
  },
  {
    "id": 2,
    "time": "14:00-18:00",
    "title": "外出"
  }
]
```

ただし、コントローラで値を返す際、わざとランダムにエラーを発生させるように実装しています。これは、第11章でリトライの確認のために使います。

part3/schelule/server.js

```
app.get('/schedule', (req, res) => {

  let r = Math.floor(Math.random() * 10);

  if (r < 5) {
    let data = [
      { "id": 1, "time": "10:00-11:00", "title": "お客様と打ち合わせ" },
      { "id": 2, "time": "14:00-18:00", "title": "外出" }
    ];
    console.log("schedule API success")
    res.header('Content-Type', 'application/json; charset=utf-8')
    res.status(200)
    res.send(data)

  } else {
    console.log("schedule API error")
    res.header('Content-Type', 'application/json; charset=utf-8')
    res.status(500)
    res.send({"message": "error"})
  }
})
```

◆コンテナをビルドする

それでは、アプリケーションを修正し終わったらコンテナのビルドを行います。次のコマンドを実行してレジストリにログインします。

```
$ az acr login --name $ACR_NAME
```

次のDockerコマンドを実行してコンテナイメージをビルドして、Azure Container Registryにプッシュします。

```
$ tag=v1.0.0

$ docker build -t $ACR_NAME.azurecr.io/schedule:$tag .
$ docker push $ACR_NAME.azurecr.io/schedule:$tag
```

Azure PortalからAzure Container Registryの「リポジトリ」を確認すると、作成したコンテナイメージができているのがわかります(**図10.10**)。

図10.10 コンテナイメージの確認

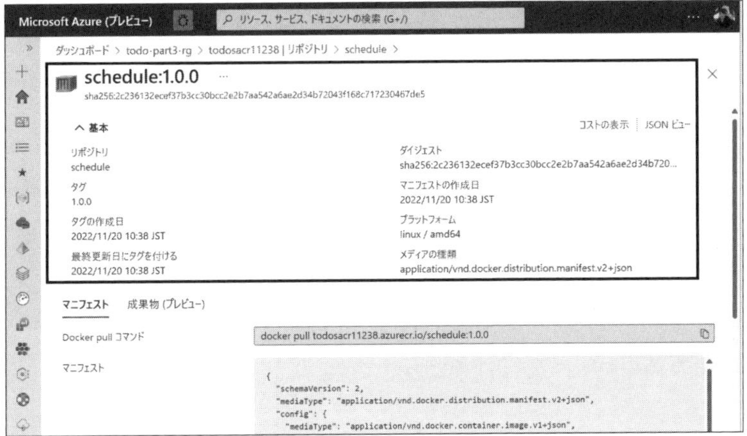

次にAzure Container Registryに割り当てるマネージドIDを作成します。マネージドIDについては第7章を参照してください。

```
$ IDENTITY=todo-identity-$SUFFIX

$ az identity create \
  -n $IDENTITY \
  -g $RG_NAME
```

マネージドIDはあとで使用するので、シェル変数IDENTITY_IDにセットします。

```
$ IDENTITY_ID=$(
  az identity show \
  -n $IDENTITY \
  -g $RG_NAME \
  --query id \
  -o tsv
)

$ echo $IDENTITY_ID
```

◆scheduleコンテナアプリケーションをデプロイする

それではいよいよAzure Container Appsにアプリケーションをデプロイします。次のコマンドを実行すると、作成したContainer Apps環境の中に「schedule」という名前でContainer Appsがデプロイされます。

```
$ az containerapp create \
  -n schedule \
  -g $RG_NAME \
  --environment $ENV_NAME \
  --user-assigned $IDENTITY_ID \
  --registry-server $ACR_NAME.azurecr.io \
  --image $ACR_NAME.azurecr.io/schedule:$tag \
  --target-port 8083 \
  --ingress 'external' \
  --min-replicas 1 \
  --max-replicas 1 \
  --memory 4.0Gi \
  --cpu 2.0 \
  --secrets ai-connection-string=$APPINSIGHTS_CONNECTION_STRING \
  --env-vars APPLICATIONINSIGHTS_CONNECTION_STRING=secretref:ai-connection-string
```

そのほかコマンド引数に指定した値の説明は**表10.1**のとおりです。

表10.1 Container Appsの作成

コマンドオプション	説明	今回の設定値
environment	Container Apps環境の名前	$ENV_NAMEで設定した値
name (-n)	Container Appsの名前	schedule
image	動かしたいアプリケーションのイメージ	ACRにPushしたschedule APIのイメージ
target-port	公開ポート	8083
ingress	Ingressのタイプ。internalまたはextarnal	external
min-replicas	レプリカの最小値	1
max-replicas	レプリカの最大値	1
memory	アプリケーションに割り当てるCPU。設定できる値は0.5Gi〜4.0Gi	4.0Gi
cpu	アプリケーションに割り当てるCPU。設定できる値は0.25〜2.0	2.0
user-assigned	マネージドID	$IDENTITY_ID
registry-server	コンテナレジストリのホスト名	$ACR_NAME.azurecr.io
secrets	コンテナのシークレット	ai-connection-stringにApplication Insightsの接続文字列を設定
env-vars	コンテナの環境変数のリスト。'key=value'形式のスペース区切りの値	Application Insightsの接続文字列を格納したSecretsを参照するため、secretref:ai-connection-stringを設定

アプリケーションのデプロイをAzure Portalから確認しましょう。作成したリソースグループ内の「schedule」コンテナアプリケーションをクリックします。エンドポイントは「概要」➡「アプリケーションURL」を確認します（**図10.11**）。

図10.11　アプリケーションURL

アプリケーションのプロビジョニングの状態を確認するには、「リビジョン管理」をクリックします。ここでプロビジョニングの状態が「Provisioned」になっていれば問題なくデプロイできています（**図10.12**）。

図10.12　デプロイの確認

デプロイされたコンテナの詳細を確認するには、「コンテナー」をクリックします。「プロパティ」タブではコンテナイメージのあるレジストリやデプロイしたアプリケーションへのCPU／メモリの割り

当てなどを確認できます(図10.13)。

図10.13 プロパティの確認

「環境変数」タブをクリックすると、コンテナに設定した環境変数を確認できます。Application Insightsの接続文字列が設定できているのがわかります(図10.14)。

図10.14 環境変数の確認

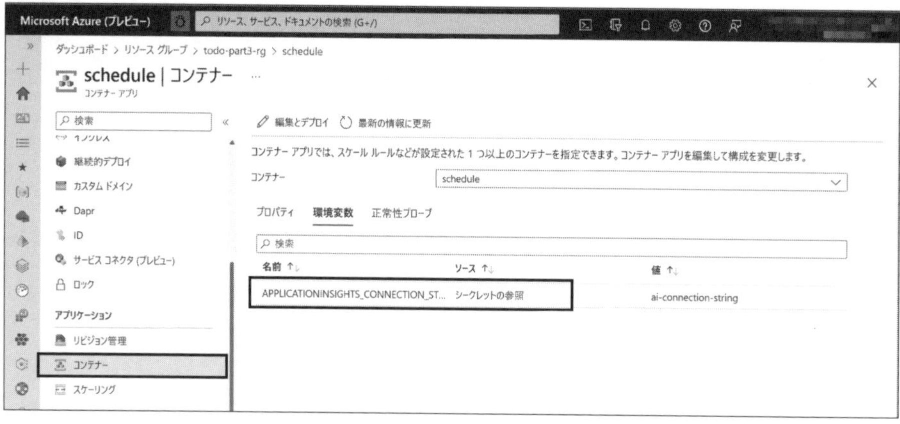

「ログ」をクリックすると、Kustoクエリを使って必要な情報を確認できます(図10.15)。

図10.15 ログの確認

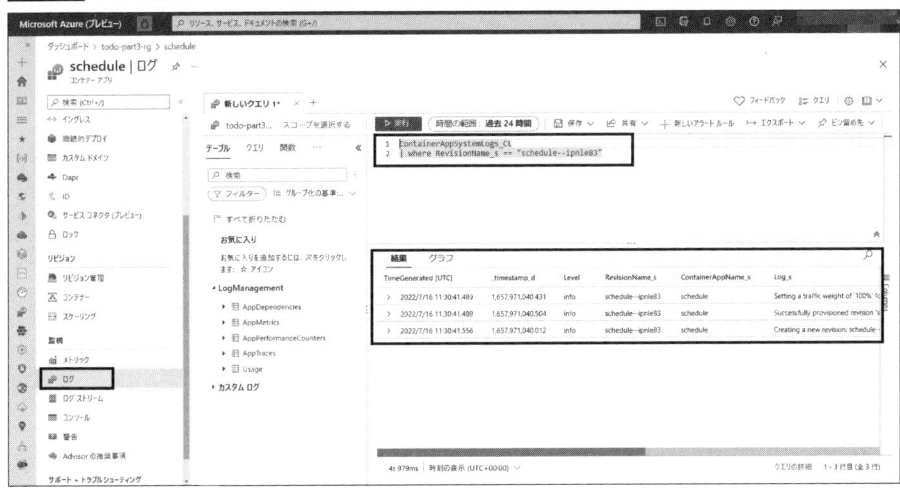

ログストリームを確認するときは、「ログストリーム」をクリックします。サンプルのSpring Bootアプリケーションのログが確認できます(**図10.16**)。

図10.16 ログストリームの確認

◆APIの動作確認

APIの確認は、VS Codeの拡張機能である「REST Client」[注6]を使用します。サンプルコードのpart3/schedule/REST.httpファイルをVS Codeで開きます。

注6 https://github.com/Huachao/vscode-restclient

Container AppsにデプロイしたAPIのエンドポイントの/scheduleにGETリクエストを送信するには、「Send Request」リンクをクリックします。

part3/schedule/REST.http

```
Send Request ←ここをクリック
###
GET https://schedule.xxx.japaneast.azurecontainerapps.io/schedule
```

APIからステータスコード200でスケジュール情報のJSONが返ってくるのがわかります(**図10.17**)。

図10.17 APIの確認

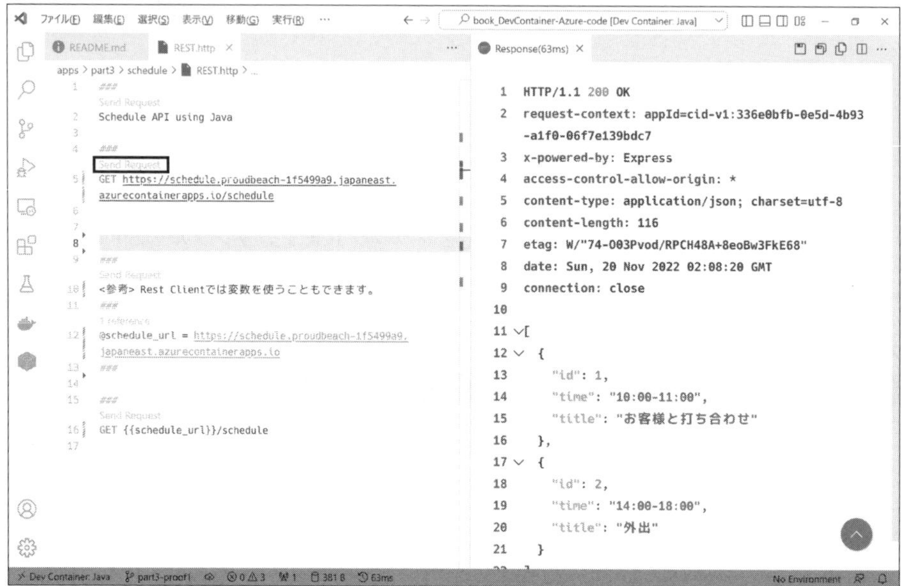

このAPIは意図的に、ランダムに500エラーを返すように実装しています。そのため何度かリクエストを送信すると**図10.18**のようなエラーになる場合がありますが、問題ありません。

図10.18 APIのエラー

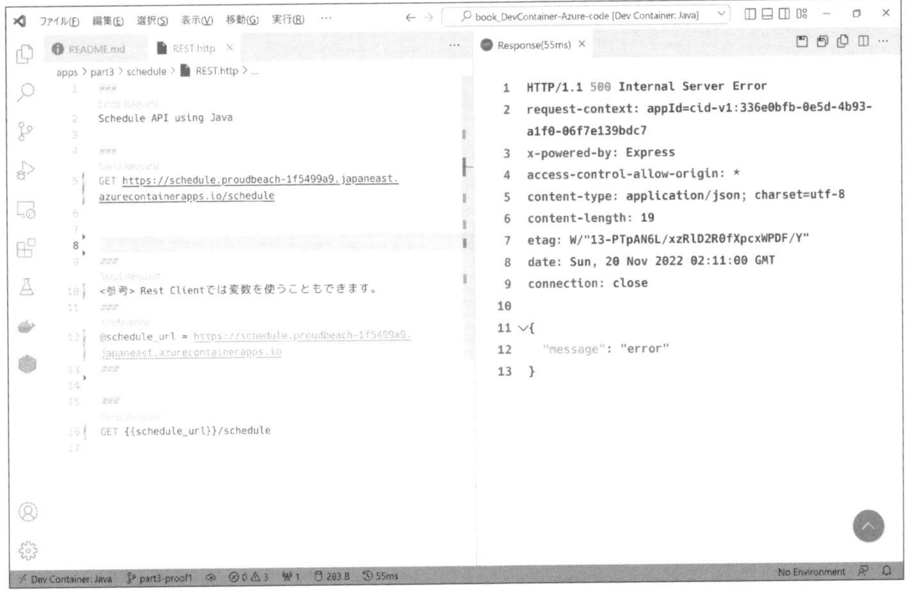

なおContainer AppsのエンドポイントのFQDN「schedule.xxx.japaneast.azurecontainerapps.io」はコマンドを使って確認することもできます。

```
$ az containerapp show \
  -n schedule \
  -g $RG_NAME \
  --query properties.configuration.ingress.fqdn \
  -o tsv
```

今回のサンプルではNode.jsでAPIを実装しましたが、Python/Go言語などほかの言語でも手順は同じです。コンテナ化したアプリケーションであれば、どの言語／フレームワークでも動かすことができます。

余力のある人は、schedule APIをほかの言語で実装して同じように動くか試してみましょう。

REST APIのモックサーバを作るには

APIの呼び出しを行うマイクロサービス型のアプリケーションでフロントエンドとバックエンドの開発が同時並行に行われている場合など、呼び出し先のAPIが開発中でも動作確認やテストをしたいケースが多々あります。そんなときダミーデータを返すモックサーバがあると便利です。json-server注7を使うとモックサーバが起動できます。POST/GET/PUT/DELETEなどを試したり、フィルタ処理やページネーションの確認をしたりもできます。また、ランダムなテストデータを生成したり、Node.jsのExpressと組み合わせて使用したりもできます。

json-serverの詳しい使い方は公式サイト注8を参照してください。

10.4.2 » Javaでbackend APIを開発する

次にデータベースに接続するbackend APIをSpring Bootで開発しましょう。ダウンロードしたサンプルアプリケーションの「backend」フォルダに移動します。

```
$ cd ../../../apps/part3/backend
```

Spring Bootでのアプリケーション開発は第2部で詳細に解説しているので、ここではポイントのみを説明します。

◆backend APIを実装する

backend APIは2つのControllerを持っています。1つ目の`TaskController`はAzure Database for MySQLに格納されたToDoデータのCRUD(Create:生成、Read:読み取り、Update:更新、Delete:削除)処理を行うものです。

データ一覧を取得するときは、`/api/v1/todos`にGETリクエストを送信します。また`/api/v1/todos/{ToDoデータのid}`で1件のみを取り出すこともできます。

データを登録するときは`/api/v1/todos`にPOSTリクエスト、データを更新するときは`/api/v1/todos/{ToDoデータのid}`にPUTリクエスト、データを削除するときは`/api/v1/todos/{ToDoデータのid}`にDELETEリクエストを送ります。

part3/backend/src/main/java/net/bookdevcontainer/todolist/controller/TaskController.java

```
package net.bookdevcontainer.todolist.controller;
(省略)
@CrossOrigin
@RestController
```

注7 https://github.com/typicode/json-server
注8 https://github.com/typicode/json-server

```
@RequestMapping(path = "/api/v1", produces = MediaType.APPLICATION_JSON_VALUE)
public class TaskController {

  @GetMapping("/todos")
  public ResponseEntity<List<Task>> getAllTasks(@RequestParam(required = false) String title) {
  (省略)
  }

  @GetMapping("/todos/{id}")
  public ResponseEntity<Task> getTaskById(@PathVariable("id") long id) {
  (省略)
  }

  @PostMapping("/todos")
  public ResponseEntity<Task> createTask(@RequestBody Task task) {
  (省略)
  }

  @PutMapping("/todos/{id}")
  public ResponseEntity<Task> updateTask(@PathVariable("id") long id, @RequestBody Task task) {
  (省略)
  }

  @DeleteMapping("/todos/{id}")
  public ResponseEntity<Void> deleteTask(@PathVariable("id") long id) {
  (省略)
  }

  @DeleteMapping("/todos")
  public ResponseEntity<Void> deleteAllTasks() {
  (省略)
  }
}
```

2つ目のScheduleControllerは、先ほど作成したschedule APIを呼び出すためのコントローラです。

part3/backend/src/main/java/net/bookdevcontainer/todolist/controller/ScheduleController.java

```
package net.bookdevcontainer.todolist.controller;
(省略)

@CrossOrigin
@RestController
@RequestMapping(path = "/api/v1", produces = MediaType.APPLICATION_JSON_VALUE)
public class ScheduleController {

  @Autowired
  @Qualifier(value = "retryService")
```

```
    private ScheduleService retryService;

    @GetMapping(value = "/schedule")
    public ResponseEntity<String> scheduleForRetry() {
        return retryService.schedule();
    }
}
```

ここではSpring Data JPA注9を使い、MySQLにデータを格納しています。JPA(*Java Persistence API*)は、リレーショナルデータベースで管理されているレコードを、Javaオブジェクトにマッピングする方法と、マッピングされたJavaオブジェクトに対して行われた操作を、リレーショナルデータベースのレコードに反映するためのしくみをJavaのAPI仕様として定義したものです。Spring Data JPAは、JPAを使ってRepositoryを作成するためのライブラリを提供し、Queryメソッドと呼ばれるメソッドを、Repositoryインタフェースに定義するだけで、指定した条件に一致するEntityを取得できます。

◆コンテナをビルドする

コンテナのビルドを行います。次のコマンドを実行してレジストリにログインします。

```
$ az acr login --name $ACR_NAME
```

次のコマンドを実行してコンテナイメージをビルドしてAzure Container Registryにプッシュします。第2部ではコンテナイメージの作成にJibを使いましたが、執筆時点ではContainer AppsのGitHub Actions連携でDockerfileが必要なため、Dockerfileを使ってイメージを作成します。

```
$ tag=v1.0.0
$ docker build -t $ACR_NAME.azurecr.io/backend:$tag .
$ docker push $ACR_NAME.azurecr.io/backend:$tag
```

同様にAzure PortalからAzure Container Registryの「リポジトリ」を確認すると、作成したコンテナイメージができているのがわかります。

◆backendコンテナアプリケーションをデプロイする

backend APIは内部でschedule APIを呼び出します。schedule APIのエンドポイントは次のコマンドで確認できます。

```
$ SCHEDULE_API=$(
  az containerapp show \
    -n schedule \
    -g $RG_NAME \
    --query properties.configuration.ingress.fqdn \
```

注9 https://spring.io/projects/spring-data-jpa#overview

```
    -o tsv
)

$ echo $SCHEDULE_API
```

Container Appsにアプリケーションをデプロイします。次のコマンドを実行すると、作成したContainer Apps環境の中に「backend」という名前でContainer Appsがデプロイされます。コマンド引数に指定した値の説明はschedule APIで説明したものと同じです。ただし、backend APIは環境変数にApplication Insightsの接続文字列とschedule APIのエンドポイントを指定しています。

```
$ az containerapp create \
  -n backend \
  -g $RG_NAME \
  --environment $ENV_NAME \
  --user-assigned $IDENTITY_ID \
  --registry-server $ACR_NAME.azurecr.io \
  --image $ACR_NAME.azurecr.io/backend:$tag \
  --target-port 8080 \
  --ingress 'external' \
  --min-replicas 1 \
  --max-replicas 1 \
  --memory 4.0Gi \
  --cpu 2.0 \
  --secrets ai-connection-string=$APPINSIGHTS_CONNECTION_STRING \
  --env-vars APPLICATIONINSIGHTS_CONNECTION_STRING=secretref:ai-connection-string schedule.api.url=
https://$SCHEDULE_API/schedule
```

Azure Portalを開き、Container Appsにデプロイされているかを確認しましょう(図10.19)。

図10.19 backend APIの確認

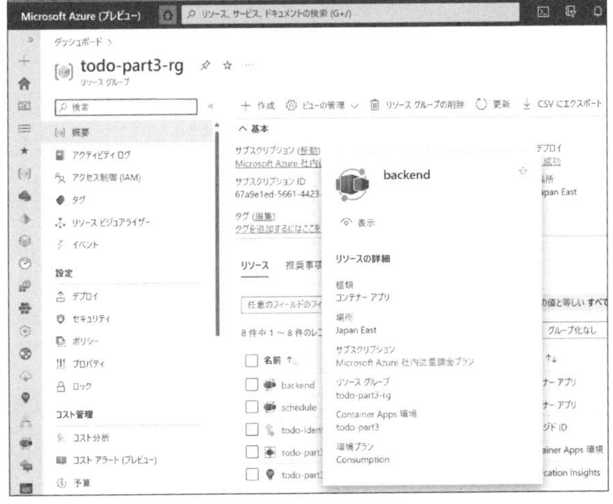

backend APIはAzure Database for MySQLにアクセスします。そのためサービスコネクタ(Service Connector)を作成します。「サービスコネクタ(プレビュー)」をクリックし、「接続の作成」ボタンをクリックします。サービスコネクタについては、第7章を参照してください。

図10.20で、作成したAzure Database for MySQLを選び、**表10.2**の値を設定します。

表10.2 サービスコネクタの作成

項目	設定値
コンテナー	backend
サービスの種類	MySQLフレキシブルサーバ用のデータベース
サブスクリプション	<利用しているサブスクリプション>
接続名	backenddb
MySQLフレキシブルサーバー	todos-database-xxx
MySQLデータベース	backenddb
クライアントの種類	SpringBoot

図10.20 サービスコネクタの作成

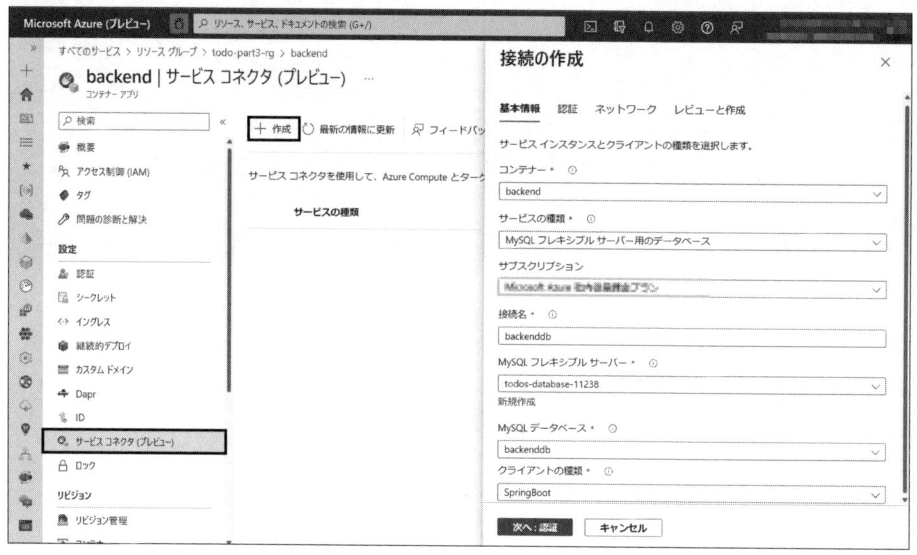

設定ができたら、「次へ: 認証」をクリックし、「データベース資格情報」を選択し、ユーザー名とパスワードを入力します(**図10.21**)。

図10.21 データベース資格情報

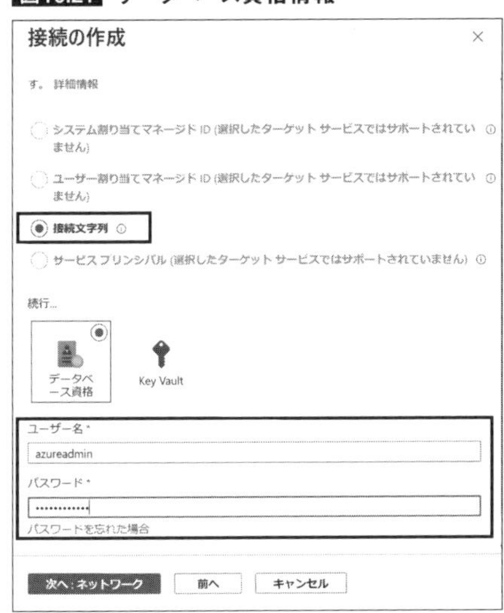

データベースへの接続情報を忘れてしまった場合は、VS Codeのターミナルからechoコマンドで確認するか、Azure Portalで確認してください。

```
$ echo $SQL_USER
$ echo $SQL_PASS
```

設定ができたら、「次へ: ネットワーク」をクリックします。「ファイアウォールルールを作成し、ターゲットサービスへのアクセスを有効にします」を選択します(図10.22)。

図10.22 データベースのファイアウォールルール

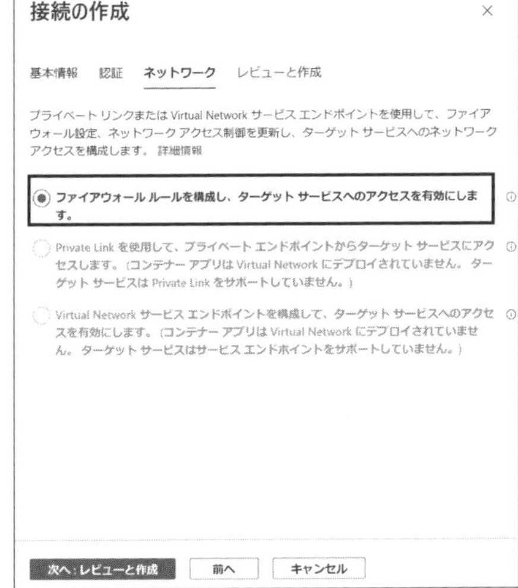

すべての設定が終わったら、「作成」ボタンをクリックします(図10.23)。「接続の状態」の「検証」ボタンをクリックして、データベースにつながることを確認します(図10.24)。

図10.23 データベースの作成

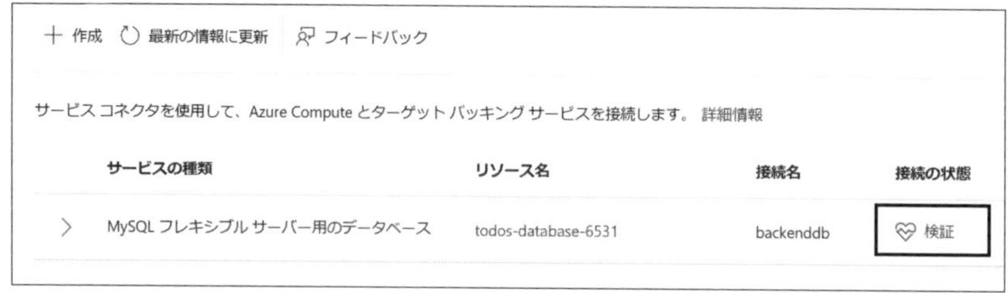

図10.24 データベースの確認

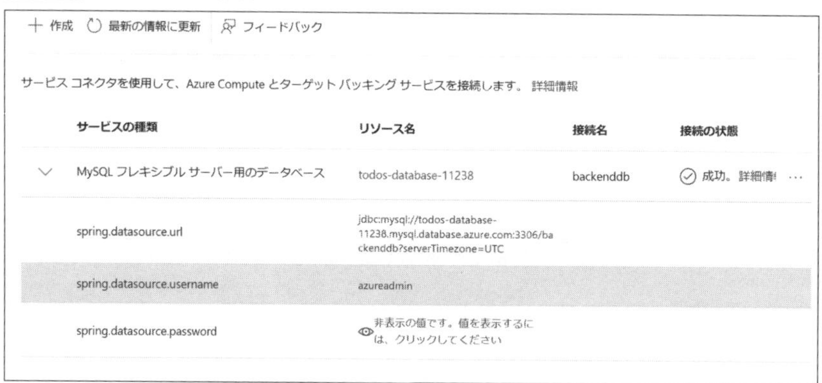

なお、Container Appsでのサービスコネクタは執筆時点でプレビュー機能です。最新の情報については公式ドキュメント注10を確認してください。

◆APIの動作確認

それではAPIの動作確認をします。backend APIのエンドポイントは次のコマンドで確認できます。

```
$ BACKEND_API=$(
  az containerapp show \
    -n backend \
    -g $RG_NAME \
    --query properties.configuration.ingress.fqdn \
    -o tsv
)

$ echo $BACKEND_API
```

注10 https://learn.microsoft.com/ja-jp/azure/container-apps/

Container Appsにデプロイした APIのエンドポイントのapi/v1/todosにPOSTリクエストを送信します。リクエストボディにデータベースに登録する値を設定します。サンプルコードのpart3/backend/REST.httpファイルをVS Codeで開きます。REST Clientを使ってリクエストボディに値をセットするときは、ヘッダ行の後ろに空行を入れてください。

```
part3/backend/REST.http
Send Request
###
POST https://backend.<各自の値に変更>.japaneast.azurecontainerapps.io/api/v1/todos
content-type: application/json
    ←ここに空行を開ける
{
    "title": "荷物の発送",
    "task": "梱包した荷物を宅急便で送る",
    "duedate": "2022-11-11" ,
    "status": "Pending"
}
```

APIからステータスコード201でデータが登録されたことがわかります(**図10.25**)。値を変えて2件目のデータも登録してみましょう。

図10.25　サンプルデータの登録

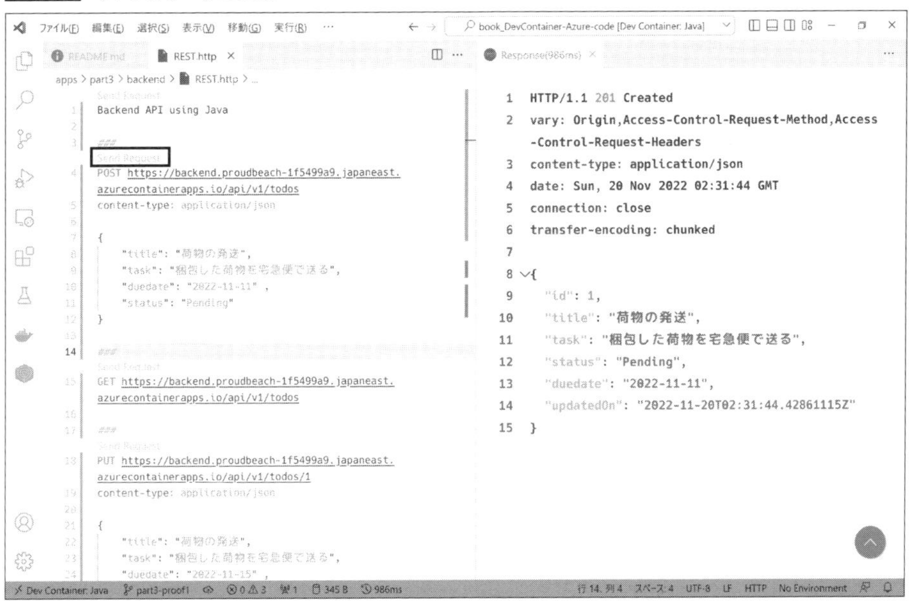

次に、登録したデータを全件確認するため/api/v1/todosにGETリクエストを送信します(**図10.26**)。

part3/backend/REST.http

```
Send Request
###
GET https://backend.<各自の値に変更>.japaneast.azurecontainerapps.io/api/v1/todos
```

図10.26 リクエストの送信

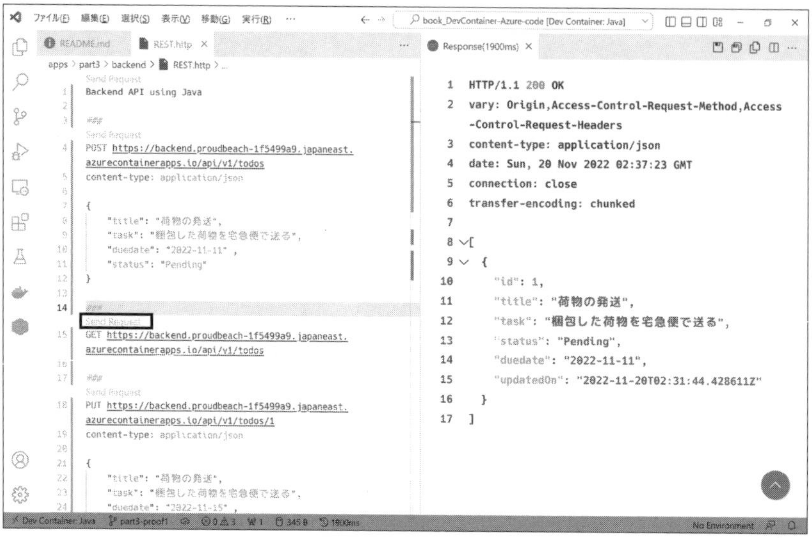

同様にPUTリクエスト、DELETEリクエストも確認し、データのCRUD操作ができていることを確認します。

part3/backend/REST.http

```
Send Request
###
PUT https://backend.<各自の値に変更>.japaneast.azurecontainerapps.io/api/v1/todos/1
content-type: application/json

{
    "title": "荷物の発送",
    "task": "梱包した荷物を宅急便で送る",
    "duedate": "2022-11-15" ,
    "status": "Completed"
}

###
Send Request
###
DELETE https://backend.<各自の値に変更>.japaneast.azurecontainerapps.io/api/v1/todos/2
```

次にschedule APIが呼び出せているかも確認します。

```
part3/backend/REST.http
Send Request
###
GET https://backend.<各自の値に変更>.japaneast.azurecontainerapps.io/api/v1/schedule
```

これでAPIの準備が終わりました。APIをコールすることで必要なデータを作成／取得／更新／削除できるため、Webアプリケーションからだけでなくモバイルアプリケーションやほかのシステムとの連携も容易になりました。

10.4.3 » Reactでフロントエンドを開発する

最後にfrontendのアプリケーションもデプロイしましょう。次のコマンドでサンプルディレクトリに移動します。

```
$ cd ../../../apps/part3/frontend/
```

◆frontendを実装する

frontendはReactで実装しています。.envファイルを開き環境に合わせて変更します。REACT_APP_BACKEND_API_URLはContainer Appsにデプロイしたbackend APIのエンドポイント（シェル変数BACKEND_APIの値）を設定します。そしてREACT_APP_APPINSIGHTS_CONNECTION_STRINGにはApplication Insightsの接続文字列（シェル変数APPINSIGHTS_CONNECTION_STRINGの値）を指定します。

```
part3/frontend/.env
REACT_APP_BACKEND_API_URL="https://backend.<各自の値に変更>.japaneast.azurecontainerapps.io/api/v1"
REACT_APP_APPINSIGHTS_CONNECTION_STRING="InstrumentationKey=xxx;IngestionEndpoint=xxx;LiveEndpoint=xxx"
```

◆コンテナをビルドする

それでは、アプリケーションを修正し終わったらコンテナのビルドを行います。次のコマンドを実行してレジストリにログインします。

```
$ az acr login --name $ACR_NAME
```

次のコマンドを実行してコンテナイメージをビルドしてAzure Container Registryにプッシュします。

```
$ tag=v1.0.0

$ docker build -t $ACR_NAME.azurecr.io/frontend:$tag .
$ docker push $ACR_NAME.azurecr.io/frontend:$tag
```

同様にAzure PortalからAzure Container Registryの「リポジトリ」を確認すると、作成したコンテナイメージができているのがわかります。

◆frontendコンテナアプリケーションをデプロイする

Container Appsにアプリケーションをデプロイします。次のコマンドを実行すると、作成したContainer Apps環境の中に「frontend」という名前でContainer Appsがデプロイされます。

```
$ az containerapp create \
  -n frontend \
  -g $RG_NAME \
  --environment $ENV_NAME \
  --user-assigned $IDENTITY_ID \
  --registry-server $ACR_NAME.azurecr.io \
  --image $ACR_NAME.azurecr.io/frontend:$tag \
  --target-port 3000 \
  --ingress 'external' \
  --min-replicas 1 \
  --max-replicas 1 \
  --memory 4.0Gi \
  --cpu 2.0
```

◆frontendの動作確認

Azure Portalを開くか、次のコマンドを実行してfrontendのエンドポイントURLを確認してブラウザで開きます。

```
$ az containerapp show \
    -n frontend \
    -g $RG_NAME \
    --query properties.configuration.ingress.fqdn \
    -o tsv
```

新しいタスクの登録や変更／削除ができることを確認しましょう(図10.27)。

図10.27 サンプルの動作確認

ただし、スケジュール情報を表示する部分はときどきエラーが発生しているのがわかります(図10.28)。これは、backend APIから呼び出したschedule APIがエラーを返しているためです。次の章ではこの問題を解決していきます。

図10.28 エラーの発生

今回frontendは動作確認のためReactを使用しましたが、余力のある人はAndroid/iOSアプリでbackend APIを呼び出すToDoアプリを作ってみましょう。

10.5 GitHub Actionsを使った継続的デプロイの設定をする

ここまでの手順では、ステップバイステップでContainer Appsの機能を確認するため手動でコンテナアプリケーションをContainer Appsにデプロイする手順を紹介しました。ただし実際の運用環境では、第1部、第2部で紹介したようにCI/CD環境を整備してソースコードの変更をトリガに自動でデプロイするのが一般的です。

Container Appsには、組み込みでGitHub Actionsを使用してアプリケーションをデプロイする機能があります。ソースコードがGitHubリポジトリにプッシュされると、コンテナレジストリ内のコンテナイメージを更新するGitHub Actionsが実行されます。そしてコンテナレジストリでコンテナが更新されると、Container Appsに新しいリビジョンが作成されます(図10.29)。

図10.29 GitHubとの連携

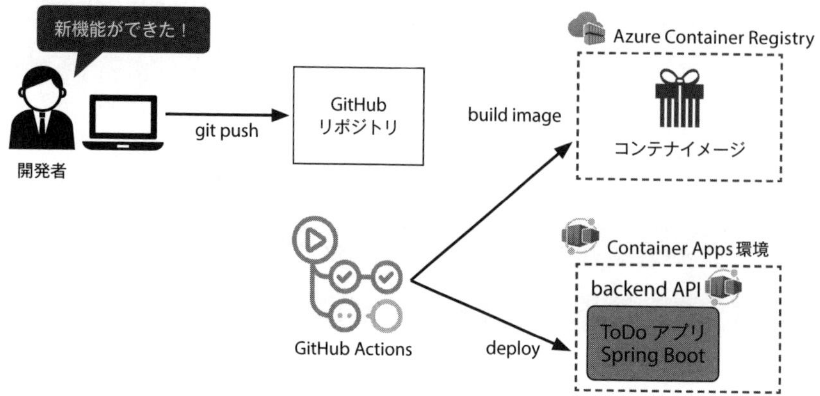

それでは実際にやってみましょう。Azure PortalからContainer Appsを開き、「backend」の「継続的デプロイ」をクリックします(**図10.30**)。

図10.30 継続的デプロイ

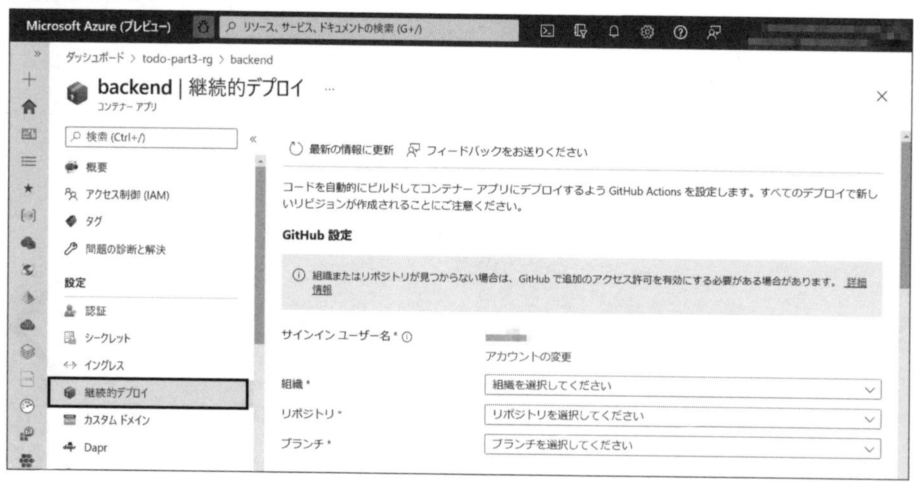

次に、サインインユーザー名に連携する、自身のGitHubアカウントを設定します。そしてforkしたサンプルリポジトリ「azure-container-dev-book」を指定します(**図10.31**)。

図10.31 GitHubリポジトリの設定

GitHub 設定

ⓘ 組織またはリポジトリが見つからない場合は、GitHub で追加のアクセス許可を有効にする必要がある場合があります。 詳細情報

サインイン ユーザー名 * ⓘ	アカウントの変更
組織 *	
リポジトリ *	azure-container-dev-book
ブランチ *	main

次に、コンテナレジストリを設定します。今回のサンプルで作成したレジストリとイメージを確認し、Dockerfileの場所を指定します。ここでは「./apps/part3/backend/Dockerfile」とします。Azureにデプロイするためのサービスプリンシパルの設定は今回は「新規作成」を選びます。設定が完了したら「継続的デプロイの開始」ボタンをクリックします(図10.32)。

図10.32 コンテナレジストリの設定

リポジトリ ソース	◉ Azure Container Registry ○ Docker Hub またはその他のレジストリ
レジストリ *	todosacr28188
イメージ	backend
イメージ タグ	GitHub コミット ID (SHA) を使用してタグ付け
OS の種類	Linux
Dockerfile の場所 ⓘ	./apps/part3/backened/Dockerfile

サービス プリンシパルの設定

継続的デプロイを構成するには、ロールベースのアクセス制御で使用できる Azure Active Directory (Azure AD) アプリケーションとサービス プリンシパルが必要です。 詳細情報

継続的デプロイの開始

GitHubリポジトリを確認すると、新たに.github/workflowsフォルダができているのがわかります。この中にGitHub Actionsのワークフローファイルが自動生成されています(図10.33)。

図10.33 GitHub Actionsのワークフローファイル

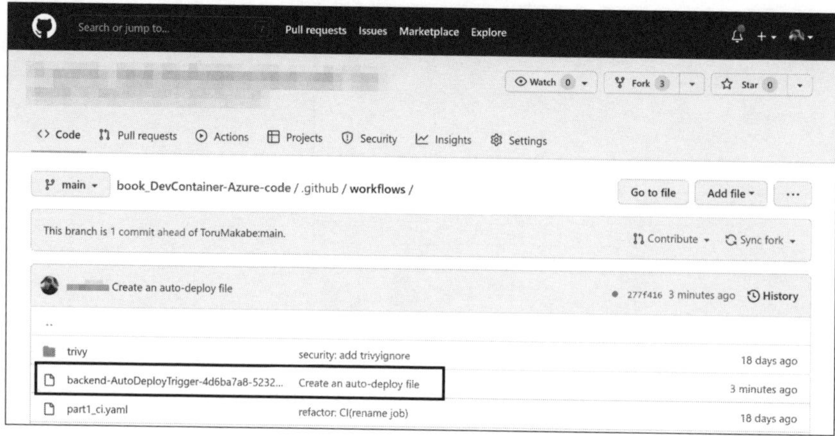

GitHub Actionsの履歴を見るときは「Actions」タブを開きます(**図10.34**)。コンテナイメージのbuild/pushとContainer Appsへのデプロイが自動で行われているのがわかります。

図10.34 GitHub Actionsによるデプロイ

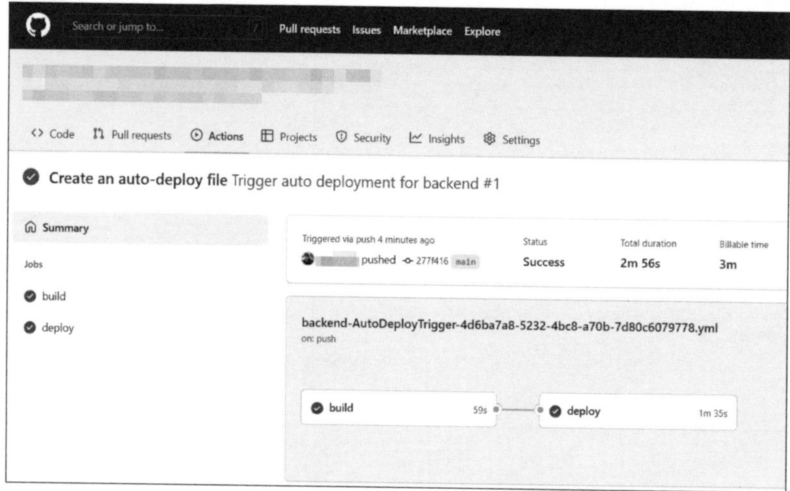

これで継続的デプロイの環境が整いました。次の章ではこの環境を使って実際にアプリケーションのバージョンアップを行います。

生成されたGitHub Actionsのワークフローファイルを修正することもできます。たとえば、トリガやブランチを変更したいときや、コンテナイメージのbuild時にセキュリティスキャンを実施したいなど第1部を参考に書き換えてください。

Container Appsが自動生成するワークフローを見てみよう

Container AppsのGitHub Action連携機能を使うと、内部でワークフローを自動作成します。どのようなワークフローが生成されたかを確認したいときは、.github/workflows/schedule-AutoDeployTrigger-xxx.ymlを確認してみましょう。中を見ると指定されたPath配下にコードがpushされた場合、またはワークフローファイルが更新されたときにビルドとデプロイのJobが実行されることがわかります。ここで注意しておきたいのは、認証情報の取り扱いです。執筆時点では、Azure Container Registryにイメージをプッシュするときの認証情報やContainer Appsにデプロイする際のクレデンシャルが自動で登録されていますが、今後は、GitHub ActionsのOpenID ConnectとAzure ADを利用してシークレット管理をなくすなど、よりセキュアな方法が採用されるかもしれません。Container Appsは新しいサービスです。必要な機能や改善要望などはGitHubのIssue[注11]でも受け付けています。気になるところがあれば、積極的にフィードバックするのもよいでしょう。

.github/workflows/backend-AutoDeployTrigger-xxx.yml

```
name: Trigger auto deployment for backend

on:
  push:
    branches:
      [ main ]
    paths:
    - 'apps/part3/backend/**'
    - '.github/workflows/backend-AutoDeployTrigger-xxx.yml'

  workflow_dispatch:

jobs:
  build:
    runs-on: ubuntu-latest

    steps:
    (省略)
      - name: Log in to container registry
        uses: docker/login-action@v1
        with:
          registry: todosacrxxxx.azurecr.io
          username: ${{ secrets.BACKEND_REGISTRY_USERNAME }}
          password: ${{ secrets.BACKEND_REGISTRY_PASSWORD }}
    (省略)

  deploy:
    runs-on: ubuntu-latest
```

注11 https://github.com/microsoft/azure-container-apps/issues

```
needs: build

steps:
  - name: Azure Login
    uses: azure/login@v1
    with:
      creds: ${{ secrets.BACKEND_AZURE_CREDENTIALS }}
(省略)
```

10.6 まとめ

本章では、第2部で開発したToDoアプリケーションを機能分割・マルチコンテナ化して各機能を開発しやすくしました。また、マルチコンテナアプリケーションの実行基盤として「Azure Container Apps」を使ったサンプルの動作確認を行いました。

各サービスをAPI化して、API呼び出しでシステムを作るアーキテクチャを採用することで機能追加や変更のしやすさ、そしてContainer Appsを活用することで開発者がインフラにとらわれることなくアプリケーション開発に専念できることなどを体験しました。

ただし、クラウドネイティブなシステムの運用には注意すべき点もあります。次の章では、サンプルアプリケーションの運用に焦点を当てて解説を行います。

第11章 Container Appsによるマルチコンテナの運用

クラウドネイティブなアプリケーションを運用するポイントを知ろう

第10章では、ToDoアプリケーションを機能分割・マルチコンテナ化して各機能を開発しやすくしました。また、マルチコンテナアプリケーションの実行基盤として「Azure Container Apps」(以降、Container Apps)を使ったサンプルアプリケーションの動作確認を行いました。本章では、クラウドネイティブなアプリケーションの運用と注意すべき点に焦点を当てて解説を行います。

11.1 コンテナアプリケーションのバージョン管理

アプリケーション開発の世界では、一度リリースが完了したらそれで終わりではなく、新機能追加やバグ修正などによりバージョンアップが行われます。特にビジネス要件の変更が頻繁なケースでは、小さな単位でアプリケーションの機能追加／修正をし、短いタイミングでリリースする手法が使われています。

しかしながら、アプリケーションのバージョンアップには危険を伴います。ちょっとした設定ミスによりシステムエラーを起こし、場合によってはサービス停止に至ることもあるでしょう。したがって、テスト済みの安全なものを、なるべく迅速に本番環境にデプロイできるしくみを整えることが大事です。

11.1.1 » アプリケーションのアップデート戦略

アプリケーションを本番環境にデプロイする手法はいくつかありますが、代表的なものは次の3つです。

◆ローリングアップデート

アプリケーションをバージョンアップする際に、まとめて一気に変更するのではなく、稼働状態のまま少しずつ順番に更新する手法です。同じアプリケーションが複数並列に動いている場合に徐々に入れ替えていくので、バージョンアップ中は新旧のアプリケーションが混在することになります。そのためアプリケーションがローリングアップデートに対応している必要があります。

◆ブルーグリーンデプロイ

バージョンの異なる新旧2つのアプリケーションを同時に起動させておき、ロードバランサなどネットワーク側の設定で変更する方法です。ブルー(旧)とグリーン(新)を切り替えることから、ブルーグリーンデプロイと呼ばれます。新機能は、あるグリーン側に追加して、こちらで事前テストを実施します。そしてテストをクリアしたことを確認したうえでグリーンを本番に切り替えます。この方式はもし切り替えたグリーンのアプリケーションで障害があったときに、即座にブルーに切り戻せるというメリットがあります。

◆カナリアリリース

カナリアリリース(パイロットリリース、ステルスリリースとも呼ばれる)は一部の利用者にのみ新機能を提供し、問題がないことを確認してから全ユーザーに大規模展開する方法です。カナリアリリースでは複数のバージョンのアプリケーションに対してトラフィックを分割して様子見をします。また、カナリアリリースとは目的が違いますが、アプリケーションを改善するときにどっちのほうが良いかをテストするためのA/Bテストは、トラフィック分割技術を使っています。

11.1.2 » Container Appsのリビジョン構成

Container Appsは「リビジョン(Revision)」を作成することで、コンテナアプリケーションのバージョンを管理します。開発者がコンテナアプリケーションをデプロイすると、最初のリビジョンが作成されます。そして、コンテナアプリケーションに変更を加えると新しいリビジョンが自動的に作成されます。

たとえば今回のToDoアプリケーションの場合、frontend/backend API/schedule APIの3つのサービスが1つのContainer Apps環境にデプロイされています。

この状態でbackend APIを改修してデプロイすると、backend APIに新しいリビジョンが作成されます。つまり、backend APIはv1とv2の2つのアプリケーションが動作する状態となります。Container Appsはこの複数のバージョンに対してトラフィックを分割する機能が提供されています。

もし新しいv2をリリースしたものの、何らかの不具合があり正常に動作しなかった場合、即座にv1に切り戻すことができます(**図11.1**)。

図11.1 ブルーグリーンデプロイ

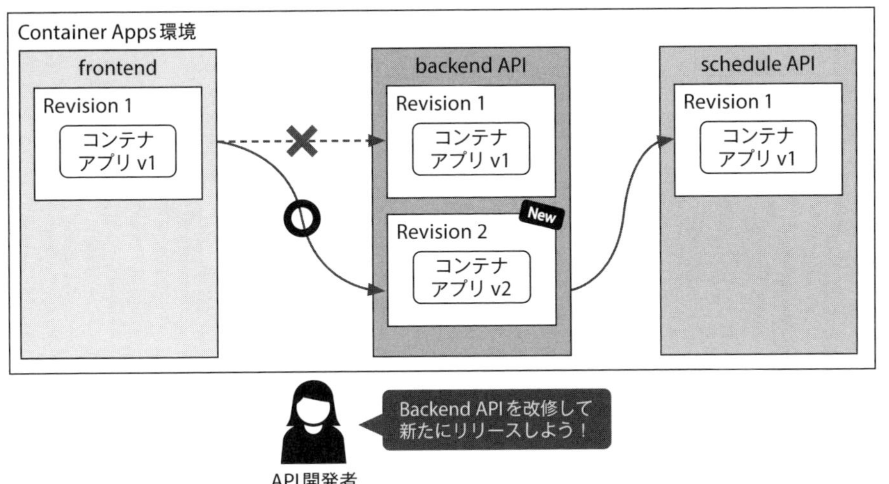

また、複数バージョン間でトラフィックを分割する機能があるため、どちらのバージョンも同時に動かすこともできます(**図11.2**)。

図11.2 カナリアリリース

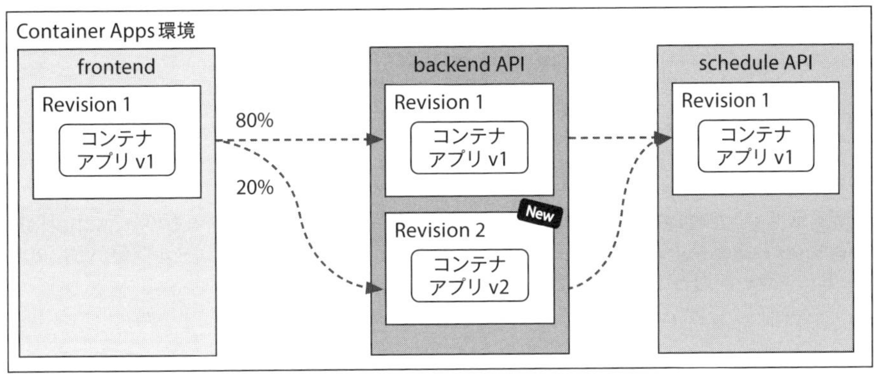

Container Appsは最大100個のリビジョンを保持できます。変更された内容によって「リビジョンスコープ」と「アプリケーションスコープ」があり、内部で`<container app name>--<revision suffix>`の識別子を持っていて、リビジョンスコープの変更があったときのみ新しいリビジョンが作成されます。

また、アクティブなリビジョンを1つだけ持つことができる「単一リビジョンモード」と複数持つことができる「複数リビジョンモード」があります。Container Appsはアクティブなリビジョンに対して

課金が発生するので、切り戻す必要のないリビジョンは非アクティブ化[注1]しておきましょう(図11.3)。

図11.3 非アクティブ化

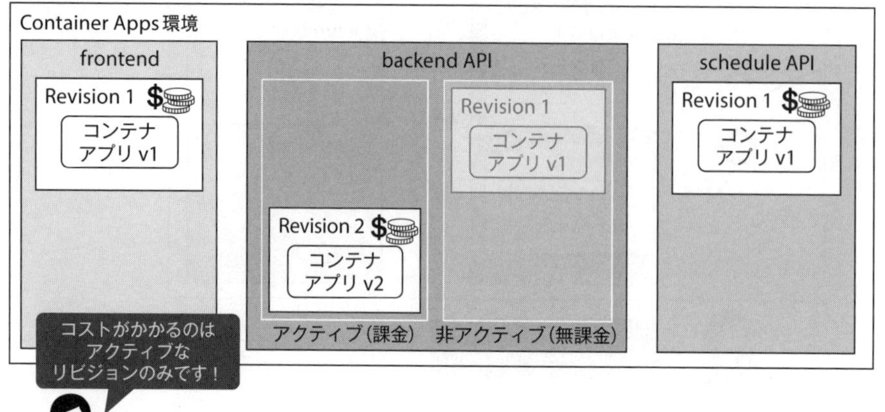

Container Appsのリビジョンの詳細な情報は公式マニュアル[注2]にあります。

11.1.3 » 業務に影響が出ないようにbackend APIのバージョンアップをしてみよう

第10章ではマルチコンテナによるToDoアプリケーションを動かしました。ここで、backend APIの開発チームのメンバーから次の声があがりました。

- **スケジュール情報を取得するためbackend APIからschedule APIを呼び出しているものの、schedule APIのSLA(*Service Level Agreement*、サービス品質保証)が低いためスケジュール情報が取得できず、クライアントにエラーが返ってしまい業務影響がでることがある**

そもそもクラウドかオンプレミスかにかかわらず、分散システムでは一過性の障害をゼロにすることはできません。呼び出した先のAPIやシステムが100%動作しているという保証が難しいことやネットワーク遅延や瞬断が発生する可能性があるため、それを見込んだうえでアプリケーションを実装するのがよいでしょう。第2部ではデータベースへのリトライ処理についての詳細を解説しましたが、第3部では外部呼び出しするAPIに対してのリトライ処理を実装することで、一過性の障害の影響を減らし、なるべく業務に影響が出ないような工夫をしていきます(図11.4)。

注1 https://learn.microsoft.com/ja-jp/azure/container-apps/application-lifecycle-management
注2 https://learn.microsoft.com/ja-jp/azure/container-apps/revisions

リトライパターンはクラウドネイティブなアプリケーションではよく用いられるアプリケーションデザインパターンの一つです。

図11.4 backend APIのリトライ

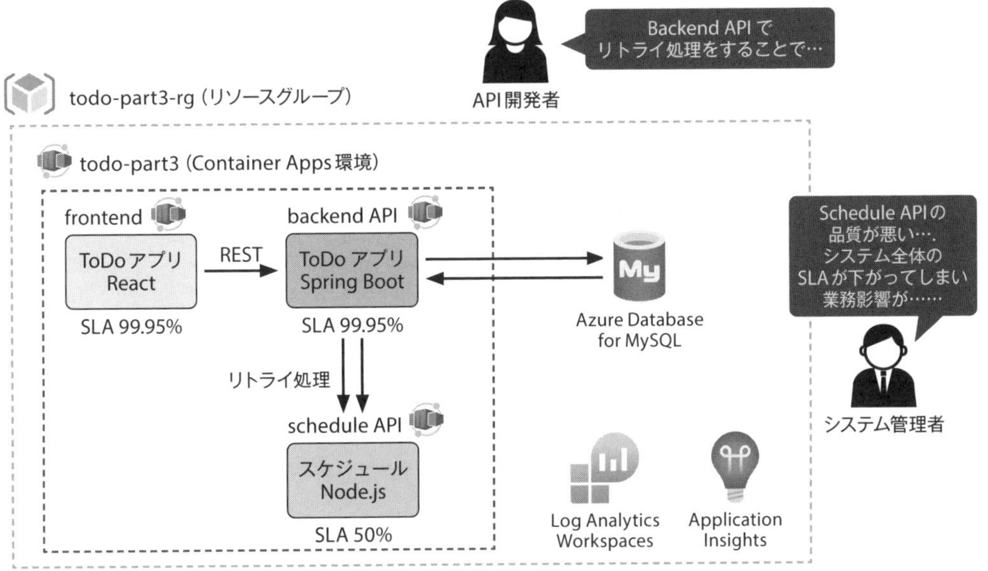

backend APIのバージョンアップを行うためサンプルアプリケーションのbackendフォルダに移動します。

```
$ cd apps/part3/backend/
```

◆APIを改修する

backend APIはschedule APIをRestTemplateで呼び出しています。RestTemplateは、REST APIを呼び出すためのメソッドを提供するクラスで、DTO(*Data Transfer Object*)[注3]からJSON形式のリクエストに変換する処理や、JSON形式のレスポンスをDTOにバインドする処理を行います。

この呼び出しの際、呼び出し先のサービスが一時的に応答できない場合にリトライ処理を行うため、第2部と同じく「Resilience4j」を使用します。Resilience4jはJavaによるフォールトトレランスライブラリで、サーキットブレーカー(コラム参照)やリトライ処理やバルクヘッド[注4]などをサポートしています。

注3　DTOとはデータの受け渡し用のクラスのことです。

注4　バルクヘッドは、アプリケーションの要素を複数のプールに分離し、1つの要素で障害が発生しても、ほかの要素は引き続き機能できるようにするアプリケーションアーキテクチャです。バルクヘッドを採用することで、一部の障害が発生しても全体が機能不全となることを防ぐことができます。

リトライ処理を有効にするには@Retryアノテーションを使用します。リトライ処理の名前は「scheduleRetry」とし、障害が発生したときのフォールバック処理としてretryFallbackを呼び出します。

part3/backend/src/main/java/net/bookdevcontainer/todolist/service/ScheduleServiceImpl.java

```
package net.bookdevcontainer.todolist.service;
(省略)

@Slf4j
@Service
@Qualifier("retryService")
public class ScheduleServiceImpl implements ScheduleService {

    (省略)
    @Override
    @Retry(name = "scheduleRetry", fallbackMethod = "retryFallback")
    public ResponseEntity<String> schedule() {
        log.info("Invoke Schedule API:  count= " + i++);
        return new ResponseEntity<>(
            restTemplate.getForObject( API_URL, String.class),
            HttpStatus.OK
            );
    }

    public ResponseEntity<String> retryFallback(Throwable t) {
        log.error("Fallback Execution for Retry, cause - {}", t.toString());
        return new ResponseEntity<>("Fallback Execution for Retry", HttpStatus.SERVICE_UNAVAILABLE);
    }
    (省略)

}
```

リトライ処理の設定はapplication.ymlで設定します。たとえば、「scheduleRetry」という名前(@Retryアノテーションに指定したname)の設定で、最大呼び出し回数max-attemptsを10とし、再試行間の待機時間waitDurationを1sに設定すると、最大10回まで1秒間隔でリトライを繰り返します。

part3/backend/src/main/resources/application.yml

```
resilience4j:
  retry:
    instances:
      scheduleRetry:
        max-attempts: 10
        waitDuration: 1s
```

なお本サンプルではapplication.ymlに直接パラメータを設定しましたが、本番環境では環境変数として設定しておき運用時にチューニングできるようにしておくべきです。

なお、Resilience4jで指定できるパラメータの詳細は公式マニュアル注5を参照してください。

修正したコードはサンプルリポジトリのapps/part3/backend-afterにあります。うまく動作しないときは参考にしてください。

大規模な障害に備えるサーキットブレーカー

あるサービスに大規模な障害が発生し、短時間で復旧の見込みがないにもかかわらず、リトライをしてしまうとその間ブロックが発生してリクエストが詰まったり、リトライストームが発生したりすることがあります。サーキットブレーカーは、対向のサービスが応答しない場合はリクエストをやめ、成功する可能性があればリクエストを送るという動きをします(図11.5)。サーキットブレーカーは、失敗する可能性のある処理のプロキシとして動作します。

図11.5 サーキットブレーカー

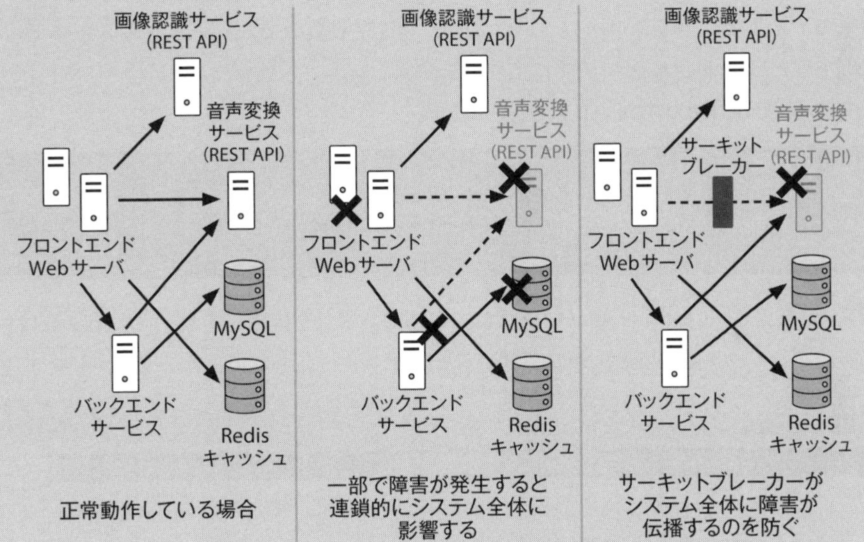

サーキットブレーカーはCLOSED/OPEN/HALF-OPENという3つの状態があります(図11.6)。

システムが正常なときはCLOSEDで、一定数以上処理が失敗した場合には、OPENになりアクセスを遮断します。OPENから一定時間経過するとHALF-OPENとなり、さらにHALF-OPENで一定数以上処理が失敗しなければ、正常状態であるCLOSEDに戻ります。今回のサンプルで利用したResilience4jにもサーキットブレーカーの機能があります注6。

注5 https://resilience4j.readme.io/docs/retry

注6 https://resilience4j.readme.io/docs/circuitbreaker

図11.6 サーキットブレーカーの状態

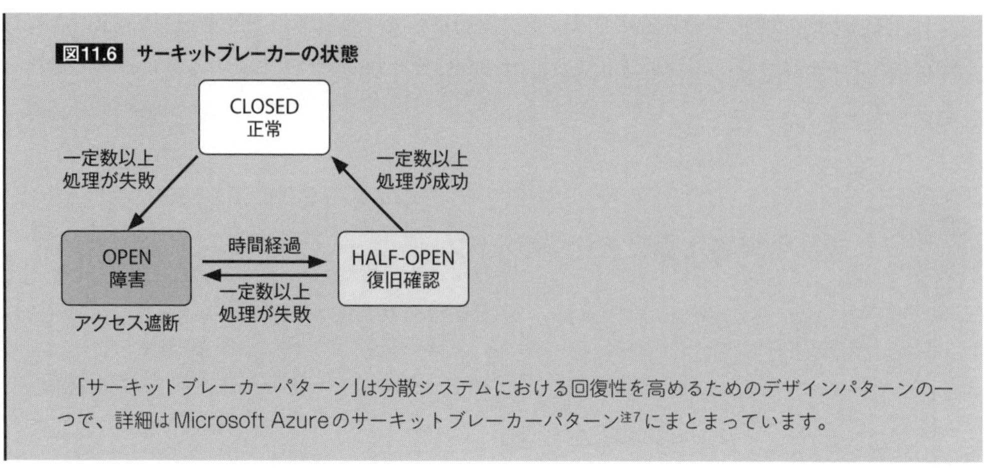

「サーキットブレーカーパターン」は分散システムにおける回復性を高めるためのデザインパターンの一つで、詳細はMicrosoft Azureのサーキットブレーカーパターン注7にまとまっています。

◆改修したbackend APIをデプロイする

第10章の手順で継続的デプロイのワークフローを設定したので、ソースコードを修正しリポジトリにPushするとContainer Appsにデプロイされます。

次のコマンドでGitHubリポジトリにpushします。

```
$ git pull origin main
$ git add apps/part3/backend/*
$ git commit -m "Update: リトライの修正"
$ git push origin main
```

Azure Portalを開き、Container Appsにデプロイされているかを確認しましょう。backend APIの「リビジョン管理」をクリック数すると、新しいリビジョンがリリースされているのがわかります(**図11.7**)。

図11.7 リビジョン管理

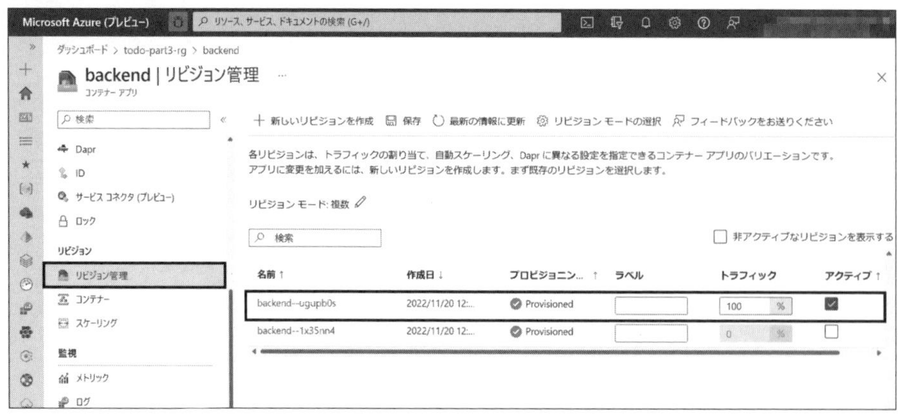

注7 https://learn.microsoft.com/ja-jp/azure/architecture/patterns/circuit-breaker

ここでは、最新のバージョンである「backend--ugupb0s」に対してトラフィックが100%で振り分けられています。

これで準備が整いました。

一過性の障害に備えるアプリケーションの実装

一過性の障害は、プラットフォームやOS(オペレーティングシステム)、アプリケーションの種類に関係なく、どのような環境でも起こる可能性があります。本章では一過性の障害に対処するためリトライ処理をサンプルで実装しましたが、実際に業務システムにおいて適切なリトライ戦略をたてるのは非常に難しい問題です。まず、アプリケーションが障害を検知したときに、それが一過性のものなのか長期にわたるものなのかを判断できる必要があります。そして、そもそもリトライ可能な処理かどうか、何回リトライを繰り返すのか、どういう間隔でリトライをするのか、どのレイヤでリトライするのかを決める必要があります。これらの課題に対する一般的なガイドラインがMicrosoftの公式ドキュメントである「一時的な障害の処理」注8にまとまっていますので参考にしてください。

11.1.4 » ブルーグリーンデプロイを実施してみよう

最新バージョンのbackend APIがデプロイされたので、frontendから動作確認をします。ブラウザを開きfrontendのURLに複数回アクセスをします。

第10章とは異なり、スケジュール情報が取得できないというエラーが表示されることがほぼなくなっているのがわかります(**図11.8**)。これは、backend APIがschedule APIを呼び出す際にリトライ処理を行っているためです。

図11.8 サンプルの動作確認

注8 https://learn.microsoft.com/ja-jp/azure/architecture/best-practices/transient-faults

Azure Portalで「backend」➡「ログストリーム」を確認してみましょう。内部でリトライしているのがわかります。エラーが表示される割合が減ったため、一時的な障害による業務影響を最小限におさえ、回復力の高いシステムになっています。

ここで、リリースしたばかりの新バージョンでアプリケーションの不具合があったとします。Azure Portalで「backend」➡「リビジョン管理」を選び、「リビジョンモードの変更」をクリックします。ここで「複数: 同時に複数のリビジョンをアクティブにする」を選んで「適用」をクリックします(**図11.9**)。

図11.9 リビジョンモードの選択

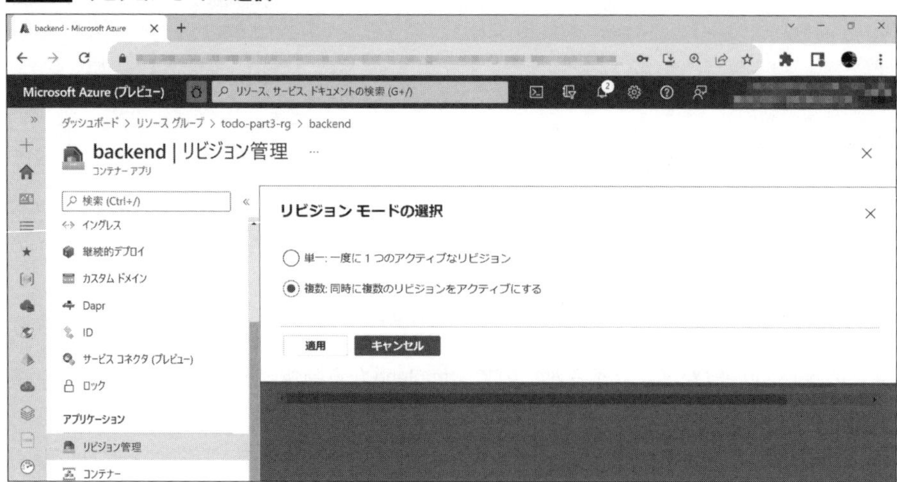

「非アクティブなリビジョンを表示する」にチェックを入れると、過去のリビジョンが表示されます。1つ前のバージョンである「backend–1x35nn4」に切り戻すには、Azure Portalで「backend」を開き「リビジョン管理」で「backend–1x35nn4」へのトラフィックを「100%」に設定して「保存」をクリックします(**図11.10**)。

図11.10 バージョン切り替え

もう一度、frontendからアクセスしてみましょう。以前のバージョンに戻っているのが確認できます。

11.1.5 » カナリアリリースを実施してみよう

カナリアリリースも簡単です。新旧のバージョンへのリクエストの比率を合計100%になるように設定して保存します(**図11.11**)。

図11.11 カナリアリリース

Kubernetesには標準でカナリアリリースを行う機能はありません。もしKubernetes上のアプリケーションでカナリアリリースを行いたいときは、サービスメッシュなどを導入してトラフィックをコントロールする必要がありますが、Container Appsでは標準でトラフィック分割機能があり、設定変更だけで簡単に利用できます。Container Appsは内部でEnvoyを使ってトラフィック分割を実現しています。Envoyはオープンソースの L4/L7 プロキシで、オープンソースのサービスメッシュであるIstioの内部でも利用されています。

Column Container Appsを使うのにKubernetesの知識は不要?

Container AppsはKubernetesで動くサービスです。そのため、すでにKubernetesを知っている人が見ると「このContainer Appsの機能はKubernetesでいうところの……」が随所に見られます。Kubernetesは高機能なコンテナオーケストレータです。それゆえに学習コストが高いのも特徴です。特に開発者にとってはインフラレベルの知識が必要になるため、敷居が高く感じるでしょう。Container Appsをただ使うだけれあれば、Kubernetesの深い知識は必要ありません。ただし、より良く使いたい、内容を理解して腹落ちしたうえで本番運用したいのであれば、Kubernetesの入門を学んで知識を蓄えておくことをお勧めします。手ごろな入門書としては、『しくみがわかるKubernetes —— Azureで動かしながら学ぶ』[注9]がお勧めです。

注9 阿佐志保、真壁徹著/真壁徹監修『しくみがわかるKubernetes —— Azureで動かしながら学ぶ』翔泳社、2019年、https://www.shoeisha.co.jp/book/detail/9784798157849

11.2 オートスケール

「業務繁忙期にシステムの利用者が増えた」「短時間で急激な注文処理が増えた」などで、一時的にシステムの性能を上げたいときはオートスケールを検討しましょう。オートスケールとは、負荷に応じて、自動的にサーバの台数を増減させる機能のことです。

11.2.1 » Container Appsのレプリカ

Container Appsは、コンテナアプリケーションがスケールアウトされるとき新しいインスタンスが自動作成されます(自動水平スケーリング)。このインスタンスは「レプリカ(Replica)」と呼ばれます(**図11.12**)。アプリケーションがゼロにスケーリングされているときは利用料金は発生しません。

図11.12 レプリカ

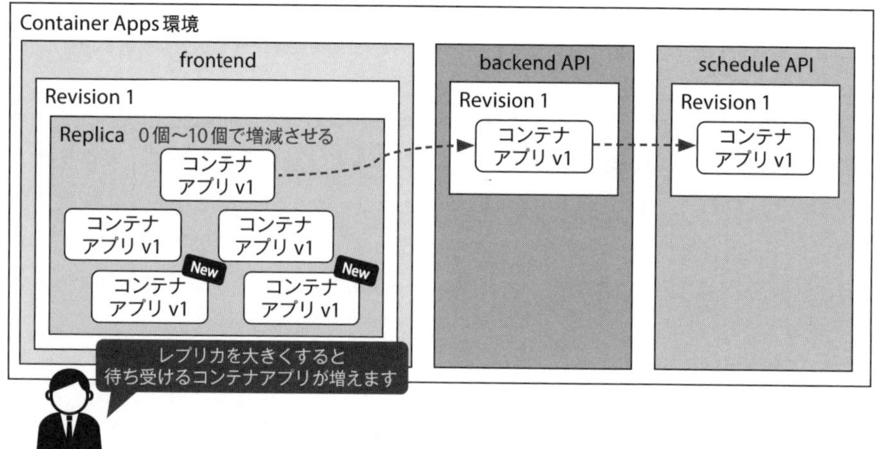

スケーリングの数の設定はコマンド引数のmin-replicasとmax-replicasで行います。第10章でfrontendをデプロイするときに、min-replicasとmax-replicasをそれぞれ「1」に設定しましたが、これはレプリカを常に1つ立ち上げるという設定になります。

```
$ az containerapp create \
  -n frontend \
  (省略)
  --min-replicas 1 \
  --max-replicas 1 \
```

`min-replicas`と`max-replicas`は**表11.1**の値を設定可能です。

表11.1 スケーリングプロパティ

スケーリングプロパティ	説明	デフォルト値	最小値	最大値
minReplicas	レプリカの最小数	0	0	30
maxReplicas	レプリカの最大数	10	1	30

そして、Container Appsがインスタンスを増やす／減らすタイミングは次のいずれかです。

- **HTTPトラフィック**
  HTTPリクエストの数に応じたスケーリング
- **イベントドリブン**
  キューにデータがたまった、ストレージにデータが書き込まれた、などのイベントによるスケーリング
- **CPU／メモリ使用量**
  アプリケーションが消費するCPUまたはメモリの量によるスケーリング

それぞれの設定について具体的に見ていきましょう。

11.2.2 » HTTPトラフィックによるスケーリングを設定する

Azure Portalで「frontend」を開きます。「スケーリング」をクリックして、現在のスケーリングルールの設定を確認します（**図11.13**）。

図11.13 スケールルールの設定

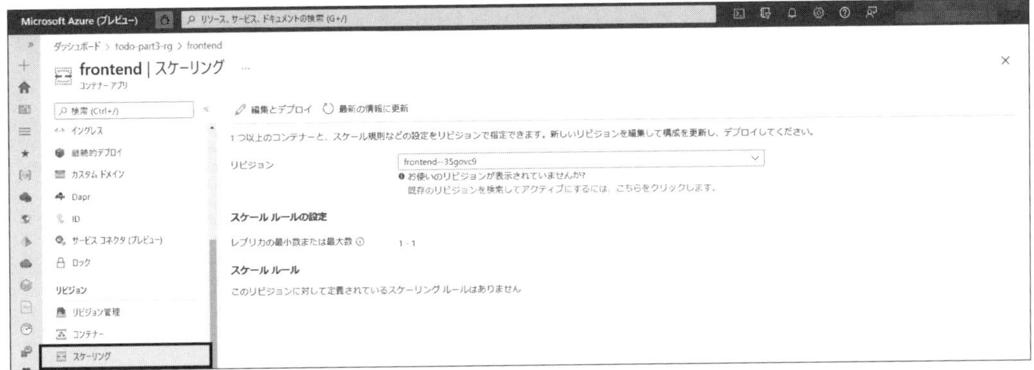

「編集とデプロイ」ボタンをクリックします。レプリカの最大値または最小値を変更するには、スライドバーを設定します（**図11.14**）。

図11.14 レプリカの最大値と最小値

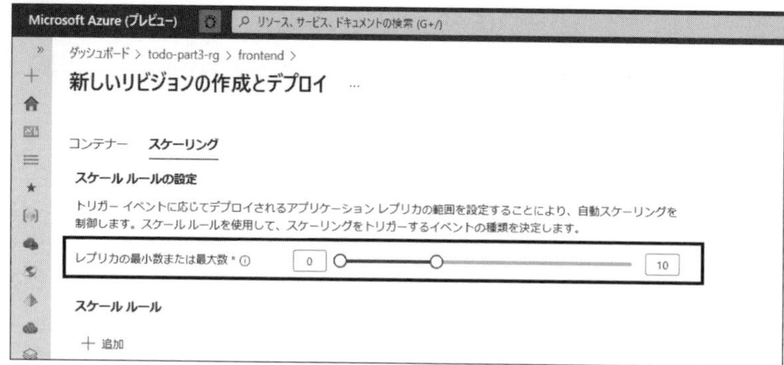

次に「スケールルール」を「＋追加」します。ここでルール名を「http」、種類を「HTTPスケーリング」、同時要求を「5」に設定します(**図11.15**)。

図11.15 スケールルールの追加

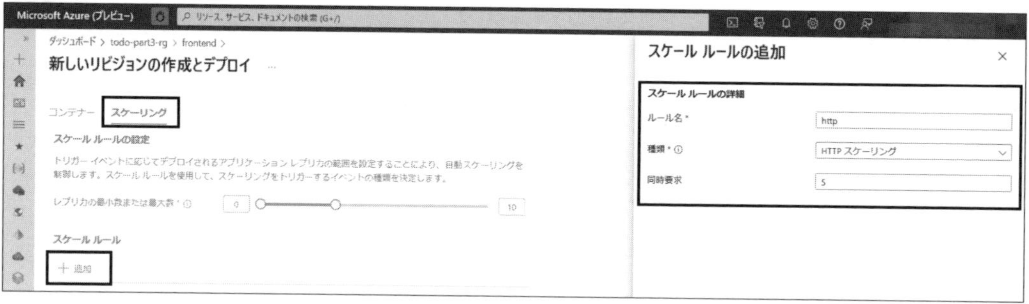

これで、同時要求が1秒当たり5を超えたらレプリカを増やすスケーリングルールを設定できました。「作成」ボタンをクリックして、反映します(**図11.16**)。

図11.16 スケールルールの作成

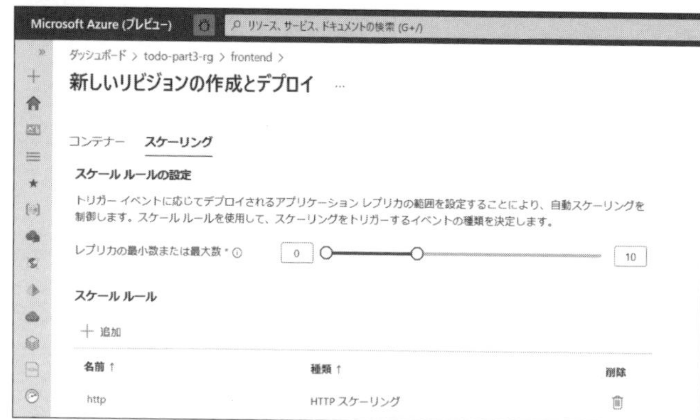

スケーリングルールを追加または編集すると、新しいリビジョンが自動的に作成されます。

ためしにfrontendのエンドポイントに同時要求が1秒当たり5を超えるアクセスをしてみましょう。「メトリック」の中で「Replica Count」を確認します。コンテナアプリケーションがオートスケールして増えているのが確認できます。

11.2.3 » CPU／メモリによるスケーリングを設定する

CPU／メモリの使用量に応じてオートスケールさせることができます。Azure Portalで「frontend」を開き「スケーリング」をクリックして、「編集とデプロイ」ボタンをクリックしてカスタムルールを作成します(**図11.17**)。

図11.17 スケールルールの作成

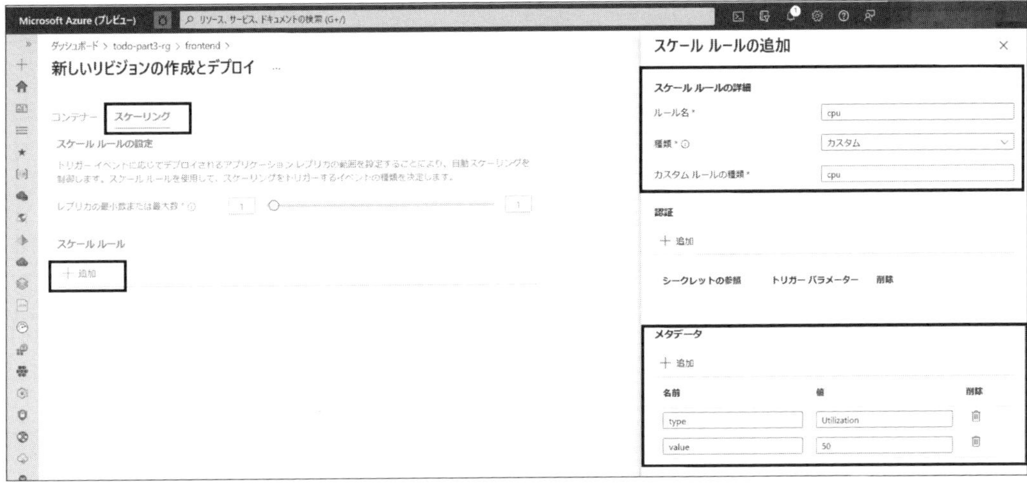

表11.2の設定例は、CPU使用率が50%を超えるとスケーリングされます。

表11.2 CPU使用率が50%を超えるとスケーリングする設定例

設定値	値
ルール名	cpu
種類	カスタム
カスタムルールの種類	cpu
メタデータ	type=Utilization/value=50を設定

メモリを設定するときも同様です。**表11.3**の設定例は、メモリ使用率が50%を超えるとスケーリングされます(**図11.18**)。

表11.3 メモリ使用率が50%を超えるとスケーリングする設定例

設定値	値
ルール名	memory
種類	カスタム
カスタムルールの種類	memory
メタデータ	type=Utilization/value=50を設定

図11.18 スケールルールの追加

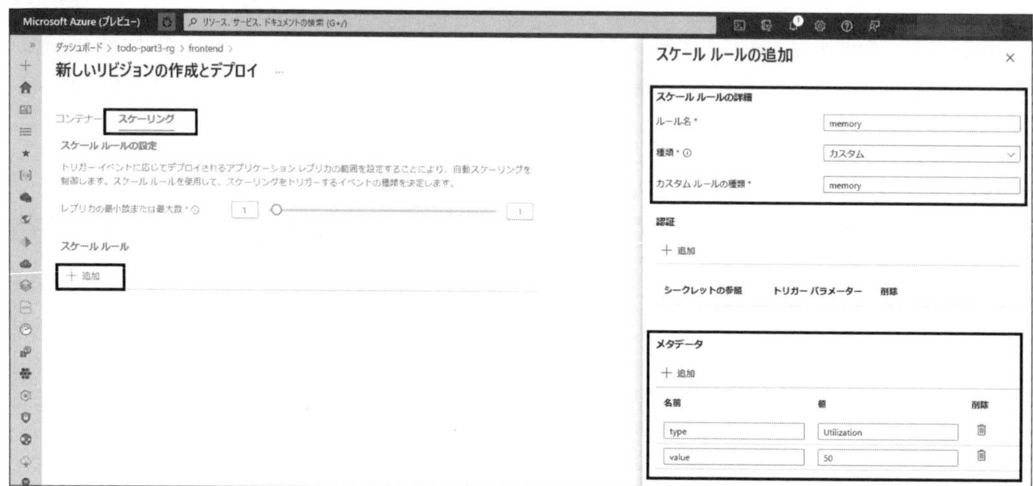

ただしCPU／メモリのスケーリングでは、0にスケーリングすることはできません。少なくとも1つのレプリカが動いた状態になります。コスト削減で利用していないときに停止しておきたいときは、CPU／メモリ以外のスケーリングルールを使用してください。

Container Appsでは、次の場合にアプリケーションがシャットダウンされます。

- **スケールインするとき**
- **削除されるとき**
- **リビジョンが非アクティブ化されるとき**

シャットダウンが開始されると、SIGTERMをコンテナに送信します。アプリケーションがSIGTERMに30秒以内に応答しない場合、SIGKILLでコンテナを終了します。

Graceful Shutdown

Graceful Shutdownとは、アプリケーションをシャットダウンする前に、まだ進行中の要求を完了するためのタイムアウト期間を設け、その間に安全にアプリケーションを終了させることです。タイムアウト期間中に、すでに動いているアプリケーションの処理の終了やDBなど外部サービスへの接続を停止する処理を行い、それが完了したらシャットダウンを行うことでデータのロストやコネクションのクローズ処理、アプリケーション不整合やエラーを防ぐことができます。

Spring Boot 2.3.0.RELEASE以降では、フレームワーク自体にGraceful Shutdownの機能が追加されました[注10]。この機能は現在Tomcat、Undertow、Netty、JettyのWebサーバで提供されており、SmartLifecycleBeanを停止する最初のフェーズで実行されます。

なおアプリケーションが新しい要求を停止する方法は、Webサーバによって異なりますが公式ドキュメントによると、Tomcat、Jetty、Nettyはネットワーク層でのリクエストの受け入れを停止し、UndertowはリクエストTを受け入れるもののHTTP503で応答します。

11.2.4 » イベントドリブンによるスケーリングを設定する

HTTPリクエストやCPU／メモリ以外にも、Container Appsは、さまざまな種類のイベントをトリガにスケーリングできます。Container Appsでは、オープンソースのオートスケーラであるKEDA[注11]で使えるイベントがサポートされます。

執筆時点でKEDAがサポートしている代表的なイベントは次のとおりです。

- Apache Kafka
- AWS CloudWatch
- AWS DynamoDB
- AWS Kinesis Stream
- Azure Blob Storage
- Azure Application Insights
- Azure Log Analytics
- Azure Event Hubs
- Azure Service Bus
- Azure Storage Queue
- Cassandra
- Datadog

注10 https://docs.spring.io/spring-boot/docs/2.3.1.RELEASE/reference/htmlsingle/#boot-features-graceful-shutdown
注11 https://keda.sh/

- Google Cloud Platform Pub/Sub
- Google Cloud Platform Storage
- MongoDB
- Prometheus

KEDAのmetadataセクションにあるプロパティは、イベントの種類ごとに異なります。これらのプロパティを使って、Container Appsのスケーリングルールを定義します。

図11.19の例では、Azure Service Busのトリガによるスケーリングルールを作成していて、キューに20個のメッセージが配置されるたびに、新しいレプリカが作成されます。キューへの接続文字列はsecretRefプロパティに設定します。

図11.19 スケールルールの追加

KEDAのしくみと内部実装

KEDAはMicrosoftとRed Hatが開発したイベントドリブンオートスケーラで、2020年4月にCNCFのプロジェクト注12になりました。KEDAはイベントをトリガにしてKubernetesのPodをスケールでき、Kubernetesの標準コンポーネントである水平Podオートスケーラ(*Horizontal Pod Autoscaler*、HPA)とともに動作します(**図11.20**)。

図11.20 KEDAのアーキテクチャ

(出典:「KEDA Concepts - KEDA」https://keda.sh/docs/2.7/concepts/)

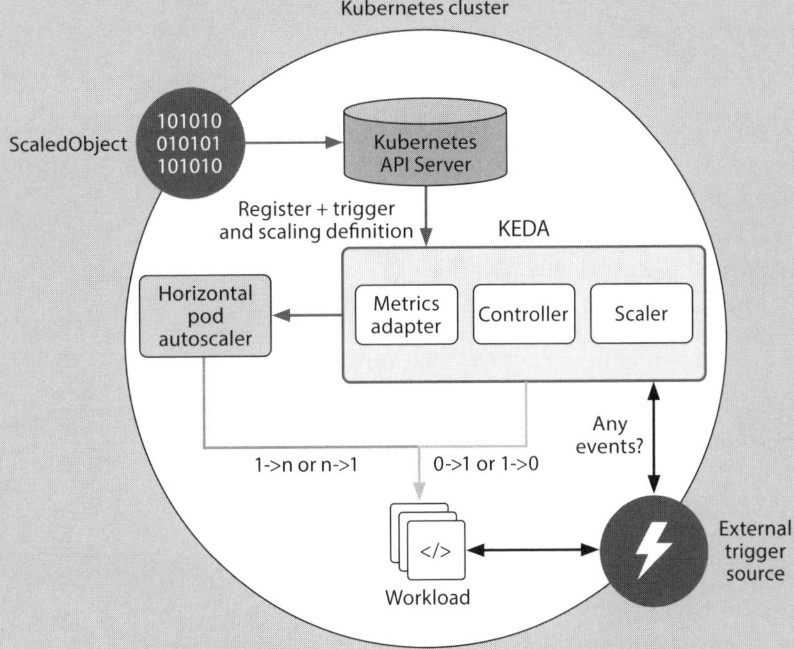

ここで、ポイントとなるのは、0→1個または1個→0のスケールはKEDAが行い、1→n個またはn→1個のスケールはHPAが行うということです。Container AppsのCPU/メモリのスケーリングでは、0にスケールができないということを説明しました。これは、スケーリングにKEDAではなくHPAを使っているためです。

さらに詳しい実装を知りたい方はKEDA公式ドキュメント注13やソースコード注14を参照してください。

注12 https://cloudblogs.microsoft.com/opensource/2020/04/06/kubernetes-event-driven-autoscaling-keda-cncf-sandbox-project/

注13 https://keda.sh/docs/2.7/concepts/

注14 https://github.com/kedacore/keda

11.3 コンテナアプリケーションのネットワークアクセス

アプリケーションを利用者に公開するためのネットワークを検討していきましょう。

11.3.1 » アプリケーションへのアクセス経路

一般的な業務アプリケーションを動かすときのネットワーク構成パターンはいくつかあります。

◆すべてのアクセスをインターネット経由にするパターン

クラウドのマネージドサービスを利用して、アプリケーションサーバやデータベース(DB)サーバを作成し、パブリックIPアドレスを使ってアクセスする方法です(**図11.21**)。この構成の場合、機密情報があるDBサーバに対してインターネットから悪意ある攻撃を受ける脅威があり、社内のセキュリティ規約などで禁止されているケースも多いでしょう。

図11.21 すべてのアクセスをインターネット経由にするパターン

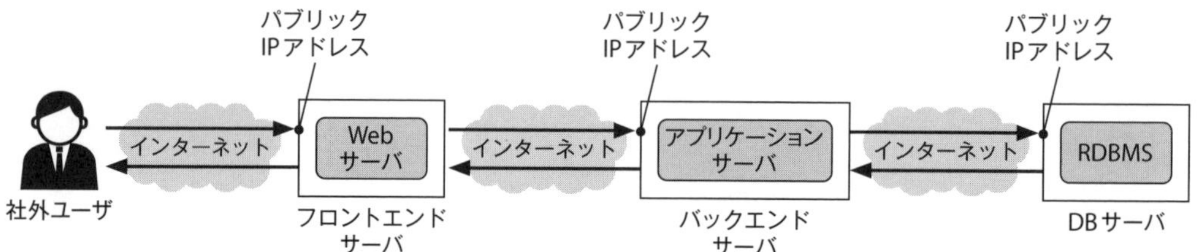

◆フロントのみインターネットに公開するパターン

社外ユーザーからアクセスが必要なフロントサーバのみをDMZ(非武装地帯)、バックエンドサーバとDBサーバを社内ネットワークに配置して間にファイアウォールを設置してインターネット経由で直接アクセスできないようにするパターンです。Web3層システムでよく採用されてきた構成です(**図11.22**)。

図11.22 フロントのみインターネットに公開するパターン

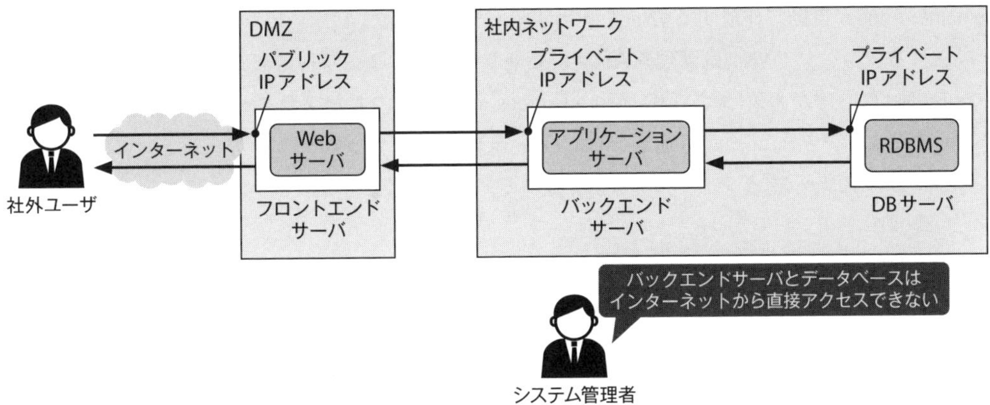

◆インターネットアクセスを禁止するパターン

社外からの利用者がいない場合は、システム全体を社内ネットワークに配置するパターンもあります(**図11.23**)。閉域化することで、外部からの侵入をなくすことができます。

図11.23 インターネットアクセスを禁止するパターン

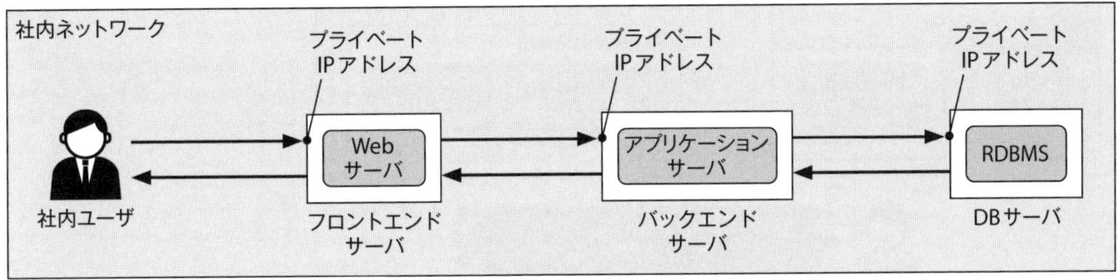

11.3.2 » Azure Container Appsの仮想ネットワーク構成

クラウドのマネージドサービスの多くはインターネットからのアクセスを想定したサービスになっています。そのため、システムのネットワーク要件に応じて、アクセスを制限するための構成を検討する必要があります。

第10章で作成したToDoアプリケーションは「すべてのアクセスをインターネット経由にするパターン」でデプロイされています。今回はサンプルアプリケーションのため問題はありませんが、本番環境で同じ構成をとると、インターネットからの攻撃を受ける可能性があります。

Container Appsにはネットワークアクセスを制限する機能があり、「マネージドVNet」と「カスタムVNet」の2種類の仮想ネットワーク(VNet)をサポートしています。ネットワーク要件に応じてどちらを使うべきかを検討しましょう。

◆マネージドVNet

Container Appsが自動で作成するVNetを利用するパターンです。

生成されるマネージドVNetは管理をAzureに委任しており、ユーザーは設定を変更できません。マネージドVNetは、ほかのVNetやVPN、Azure ExpressRouteを経由したプライベートネットワークとは接続できません。マネージドVNet構成のContainer Apps環境に作ったアプリケーションには、環境内部、もしくはパブリック(インターネット)からのみアクセスできます。

◆カスタムVNet

個別の要件に応じてネットワーク構成をカスタマイズしたいときは、Container Apps環境を新規作成するときに「カスタムVNet」を指定します(**図11.24**)。あらかじめ作成済みのVNetを紐付けます。サブネット範囲は/23です。カスタムVNetの場合、すでにユーザーが独自に作成済みのVNet内にContainer Apps環境を閉じ込めることができ、ネットワーク構成をユーザー側で変更できます。

図11.24 カスタムVNet(図中のEnvironmentの領域のネットワーク構成は設定変更ができない)

マネージドVNet

Environment

Managed VNet

infra-subnet

Schedule API

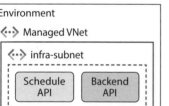

Backend API

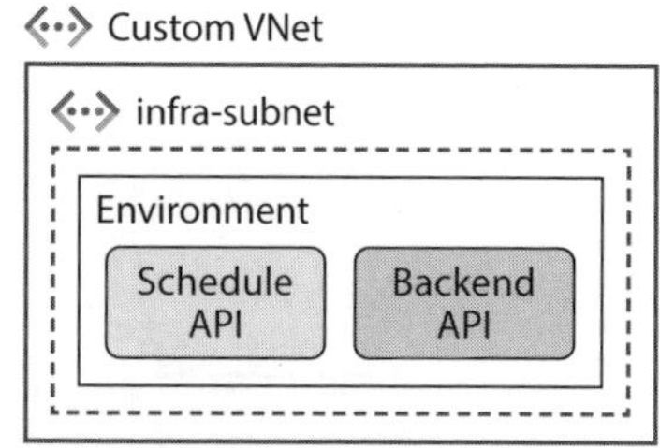

マネージドVNetは便利だけどユーザーが自由にネットワーク構成を変更できない

システム管理者

カスタムVNetを活用するメリットは、第2部で解説したPrivate EndpointやPrivate Link Serviceが利用できるようになることです(**図11.25**)。そのため、Azure Databaseなどをよりセキュアに利用できます。

図11.25 Private Endpoint/Private Link Service

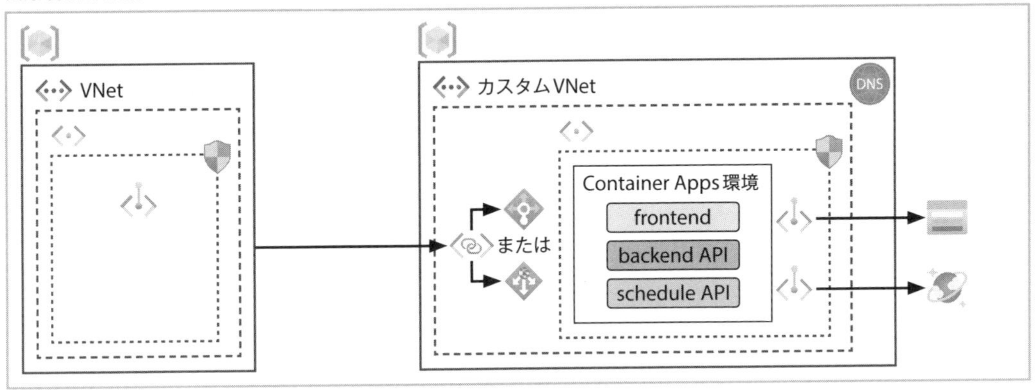

なお、VNetの構成はあとから変更できません。あらかじめネットワーク設計をしてからContainer Apps環境を作成しましょう。

Azureのネットワーク設計の詳細については書籍『Azure定番システム設計・実装・運用ガイド 改訂新版』注15で詳しく解説されています。

11.3.3 » Container Appsのトラフィックルーティング

Container Appsにデプロイしたコンテナアプリケーションにアクセスするにはどうすればよいでしょうか？ Container AppsにはL4/L7ロードバランサであるIngressが設定でき、次の機能がサポートされます。

- **TLS終端**
- **HTTP/1.1およびHTTP/2のサポート**
- **WebSocket/gRPCのサポート**
- **ポート80(HTTP)と443(HTTPS)を公開**

なお、TCPのサポートも追加される予定です(執筆時点ではプレビュー)。

アプリケーションのIngressを「有効(true)」にすると、アプリケーションに対してアクセス可能な

注15 日本マイクロソフト株式会社著『Azure定番システム設計・実装・運用ガイド 改訂新版』日経BP社、2021年、https://bookplus.nikkei.com/atcl/catalog/21/S80120/

FQDNが払い出されます。そしてIngressには、Container Apps環境外部からのアクセスを許可するかどうかのexternalフラグがあります。このexternalフラグをtrueにするとインターネットも含めたContainer Apps環境外部からアクセスできます。Ingressのexternalフラグがfalseの場合は、Container Apps環境内部からのアクセスに限定されます。

Ingressを構成するときには、**表11.4**の設定を使用できます。

表11.4 Ingressの設定

プロパティ	説明	値	必須
external	Container Apps環境外部からアクセスさせるかどうか	true:外部からのアクセスを許可、false(デフォルト):内部アクセスのみ	○
targetPort	コンテナが受信要求をリッスンするポート	任意の値	○
transport	トランスポートの種類	http:HTTP/1、http2:HTTP/2、auto(デフォルト):自動検出	−
allowInsecure	コンテナアプリケーションへの、セキュリティで保護されていないトラフィックを許可するかどうか	false(デフォルト):ポート80へのリクエストはHTTPSを使用してポート443に自動的にリダイレクト、true:ポート80へのリクエストはHTTPSを使用してポート443に自動的にリダイレクトされない	−

ここで一つ注意しておきたいのは、Ingressを有効にしたときのFQDNはexternalフラグがある場合とない場合で異なるということです(**表11.5**)。

表11.5 externalフラグによるFQDNの違い

externalフラグ	FQDN
true	`<Container Appsの名前>.<ユニークな値>.<リージョン名>.azurecontainerapps.io`
false	`<Container Appsの名前>.internal.<ユニークな値>.<リージョン名>.azurecontainerapps.io`

Container AppsでIngressの設定を変更するとすべてのリビジョンに同時に適用されます。新しいリビジョンは生成されません。

なお、Ingressを「無効」にしたアプリケーションはどうなるのでしょうか? この場合、FQDNでのアクセスはできず、コンソールインタフェースとDapr経由でのアクセスのみに限定されます。バッチジョブやDapr経由で呼び出すサービスの場合はIngress設定を無効にできます(**図11.26**)。

図11.26 Ingressの無効化

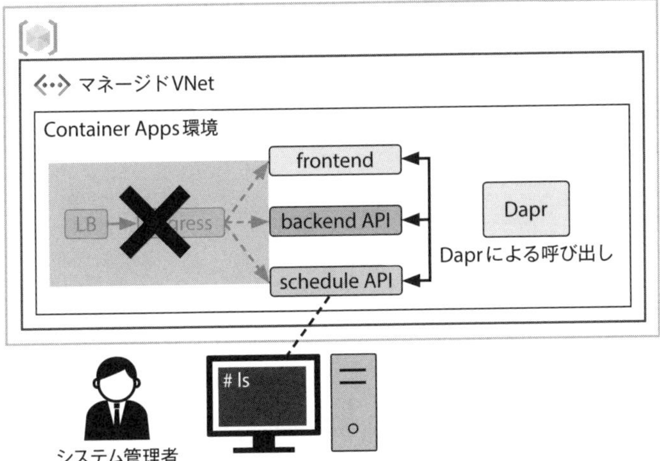

11.3.4 » Container Appsでのネットワーク構成例

それでは、Container Appsでどのようにネットワークを構成するかの例を解説します。

◆すべてのアクセスをインターネット経由にする

Container AppsをマネージドVNetで作成します。そして、アプリケーションにアクセスするFQDNを使うため、Ingressを有効化します。

加えてインターネットからのアクセスを許可したいため、Ingressのexternalフラグをtrueにします(図11.27)。

図11.27 すべてのアクセスをインターネット経由にするパターン

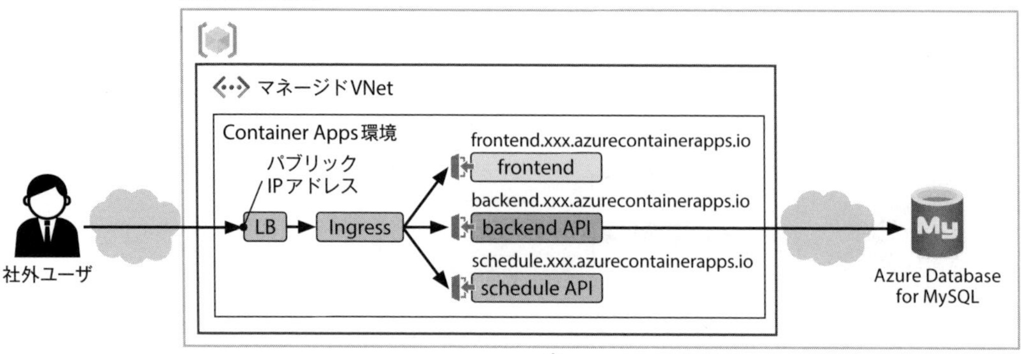

externalフラグを有効にすると、Container Apps環境で自動作成されるAzure Load Balancer経由で、インターネットからのアクセスができます。Azure Load BalancerにパブリックIPが付与され、AzureのパブリックDNSでFQDNを名前解決します[注16]。ただしマネージドVNetを使う構成の場合、これらの設定は一般ユーザーからは隠蔽されているので見えません。

Container Apps環境内に複数のアプリケーションとFQDNがあっても、Container Apps環境が外部向けに割り当てるIPアドレスは1つだけです。アプリケーションへのリクエスト振り分けはIngressが行います。

なお1点注意しておきたいのは、Container Apps環境の内部からFQDNを名前解決すると、外部向けFQDNであってもパブリックIPではなくプライベートIPが返ります。これはContainer Apps環境が持つDNSに問い合わせるためです。

◆一部のみインターネットに公開する

次に、ユーザーからのリクエストを受け付けるアプリケーションのみインターネットに公開し、それ以外はインターネットからの直接アクセスを禁止するパターンです。

この場合は、カスタムVNetで仮想IPを「外部」にします。カスタムVNetを使うことで、Azure Database for MySQLにプライベートネットワーク経由でのアクセスができます。アプリケーションへの振り分けはIngressが行います。仮想IPを外部に設定しているため、インターネットからアクセス可能なパブリックIPアドレスでContainer Apps環境内のコンテナアプリケーションにアクセスできます（**図11.28**）。

注16 KubernetesのLoadBalancerタイプのServiceと同じ位置付けです。

図11.28 仮想ネットワークの設定

次にアプリケーションの設定です。frontendとbackend APIはインターネットからのアクセスを許可したいため、Ingressの`external`フラグをtrueにします。そしてschedule APIは`external`フラグをfalseにします。こうすることで、schedule APIはインターネットから直接アクセスができない構成になります(図11.29)。

図11.29 一部のみインターネットに公開するパターン

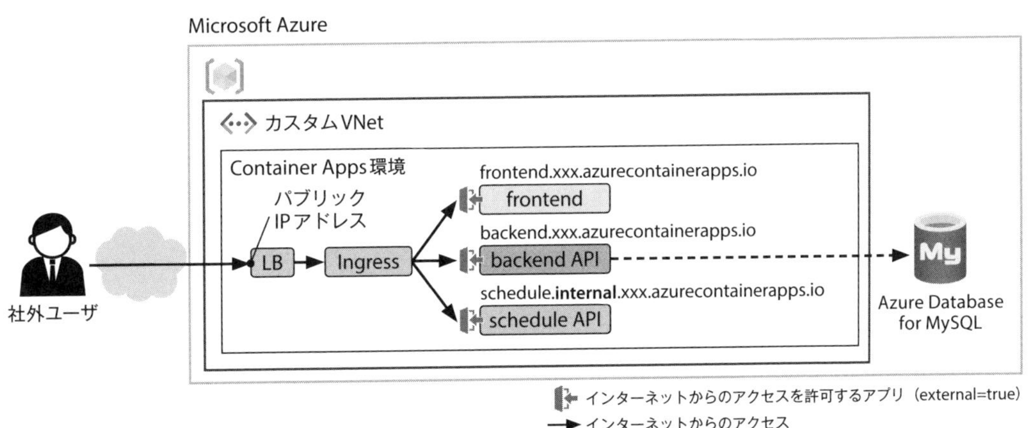

◆インターネットアクセスを禁止する

インターネットからのアクセスを禁止して社内利用のみにしたいときは、カスタムVNetで仮想IPを「内部」にします(**図11.30**)。

図11.30 仮想ネットワークの設定

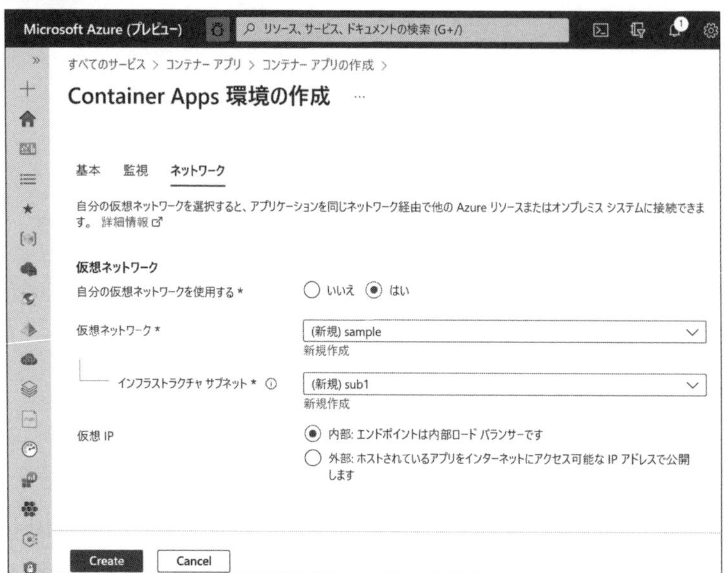

仮想IPを内部にするとContainer Apps環境の入口となるロードバランサに割り当てるIPアドレスが、VNetのプライベートIPになります。ロードバランサも、内部向けの専用ロードバランサが追加されます。

この構成ではContainer Apps環境への入口がプライベートネットワークですので、インターネットに出ることなくアプリケーションへアクセスできます。

なお、別のVNet/VPN/ExpressRouteを用いたリモートネットワークからもアクセスができ、オンプレミス環境と接続した閉域構成ができます(**図11.31**)。

図11.31 インターネットアクセスを禁止するパターン

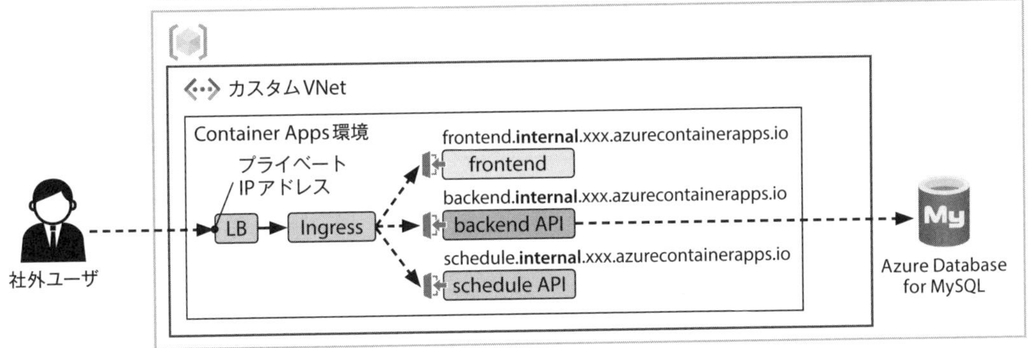

Container Appsのネットワークのしくみ

Container AppsはKubernetesをベースにしたマネージドサービスです。内部の構造を深く理解したいときは、少し遠回りにも感じますがKubernetesのしくみを学ぶとよいでしょう。たとえば、本節の内容はKubernetesのService/Ingressがベースになっています。より詳細にDeep Diveしたい方はブログ「Azure Container Appsのネットワークオプションとアクセス可能なパターン」注17を読んで理解を深めることをお勧めします。

11.4 セキュリティ

コンテナアプリケーションのセキュリティ対策は多岐にわたるため、すべてを網羅して解説することはできませんが、特に開発者にとって関心の高い、秘匿情報の管理方法とアプリケーションの認証・認可を取り上げて説明します。

11.4.1 » 秘匿情報の外部管理

DBの接続文字列や外部APIのエンドポイント、コネクションプールサイズ、タイムアウト時間、スレッド数などはアプリケーション内にハードコーディングするのではなく、外部定義してあとでチューニングできるようにするのがよいでしょう。第10章で動かしたサンプルではApplication Insightsの

注17 https://torumakabe.github.io/post/aca-nw-option-pattern/

接続文字列をシークレットに保存しています。

Container Appsではシークレットをkey-valueのペアで、「シークレット」から値を追加できます。登録したシークレットは、Container Apps内のすべてのリビジョンで有効になります(**図11.32**)。

図11.32 シークレット

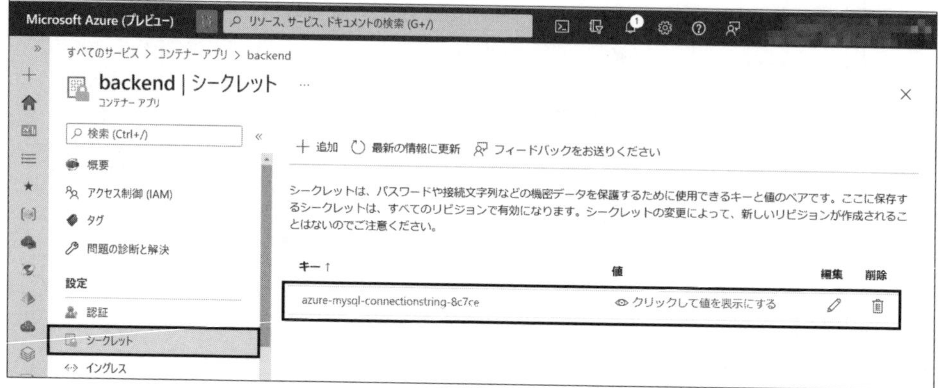

シークレットを追加、削除、または変更しても、新しいリビジョンは生成されません。シークレットを有効にするには、

- **新しいリビジョンをデプロイ**
- **既存のリビジョンを再起動**

のいずれかを行って、設定を反映してください。

Azure Portalから登録する以外にも、`az containerapp create`コマンドの`--secrets`オプションで指定できます。

```
$ az containerapp create \
  --secrets "queue-connection-string=$CONNECTION_STRING" \
```

11.4.2 » 認証・認可

Container Appsは、App Service(Web App for Containers)と同じく組込み認証と認可機能(Easy Auth)が利用できます。執筆時点で次のIDプロバイダが利用できます。

- Azure Active Directory
- Facebook
- GitHub
- Google

- Twitter
- カスタムOpenID Connect

認証と認可は、コンテナアプリケーションの各レプリカ上でサイドカーコンテナとして実行されます。これが有効になっている場合、すべてのHTTPリクエストは、アプリケーションによって処理される前に「Authentication middleware container」を通ります(**図11.33**)。

図11.33 認証・認可

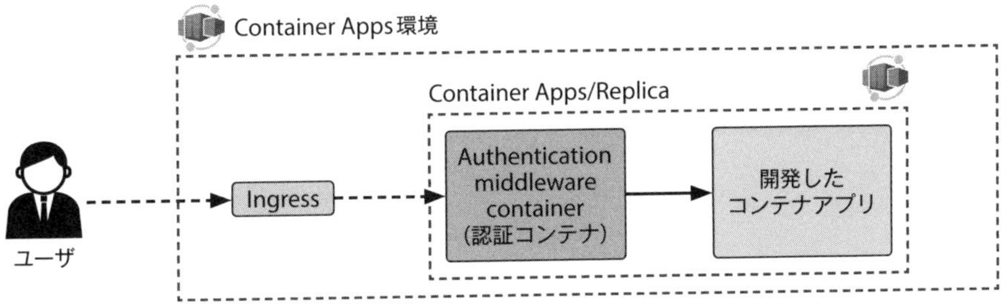

Authentication middleware containerは、アプリケーションに対して次の処理を行います。

- **指定されたIDプロバイダを使用してユーザーとクライアントを認証する**
- **認証されたセッションを管理**
- **HTTPリクエストヘッダにID情報をセットする**

認証フローは、SDK(*Software Development Kit*)を使うかどうかで**表11.6**のとおり処理が異なります。

- **プロバイダのSDKを使用しない場合**
  アプリケーションがサインインをContainer Appsに委任するケース。アプリケーションにアクセスするとプロバイダのサインインページをユーザーに表示する
- **プロバイダのSDKを使用する場合**
  モバイルアプリなどプロバイダのSDKを使用してサインインするケース(client-directed flow)。SDKで取得したトークンをContainer Appsに渡し、Easy Authのセッションに送信する

表11.6 認証フロー

手順	プロバイダのSDKを使用しない場合	プロバイダのSDKを使用する場合
サインイン	クライアントを`/.auth/login/<プロバイダ名>`にリダイレクト	クライアントはプロバイダのSDKでサインインし、認証トークン受け取り
コールバック	プロバイダは`/.auth/login/<プロバイダ名>/callback`にリダイレクト	クライアントはトークンを`/.auth/login/<プロバイダ名>`にポスト
認証済みのセッション確立	Container Appsは認証されたCookieをレスポンスに追加	Container Appsは独自の認証トークンをクライアントに返す
認証済みのコンテンツを提供	クライアントは以降のリクエストにCookieを含める(ブラウザによって自動的に処理)	クライアントは`X-ZUMO-AUTH`ヘッダで認証トークンを表示

トークンの形式はプロバイダによって異なります。Container Appsの認証・認可の詳細については公式マニュアル[注18]を参照してください。

第6章ではWeb App for Containersの組込み認証機能を使ってGoogle認証を行いました。同様にContainer Appsの組込み認証を使ってAzure Active Directoryによるサインインを設定します。

Azure Portalで「frontend」を開き「認証」をクリックして、「IDプロバイダーを追加」ボタンをクリックします(**図11.34**)。ここでIDプロバイダを「Microsoft」とし、アプリ登録の種類で「アプリの登録を新規作成する」を選び、任意の名前を入力します。また、サポートされているアカウントの種類で「現在のテナント－単一テナント」を選び「追加」ボタンをクリックします。

図11.34 IDプロバイダの追加

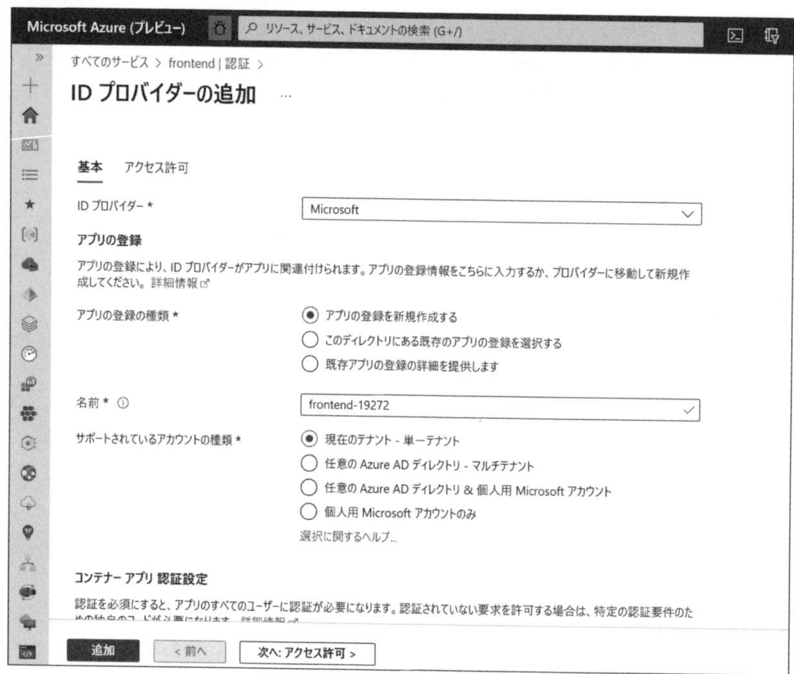

これで再度ブラウザからfrontendのエンドポイントにアクセスするとAzure ADのサインイン画面が表示されます(**図11.35**)。次にユーザーのプロファイル情報の取得の同意画面が表示されるので「Accept」をクリックします(**図11.36**)。認証に成功するとサンプルのToDoアプリケーションが表示されます。

注18 https://learn.microsoft.com/ja-jp/azure/container-apps/authentication

図11.35 Azure ADのサインイン画面

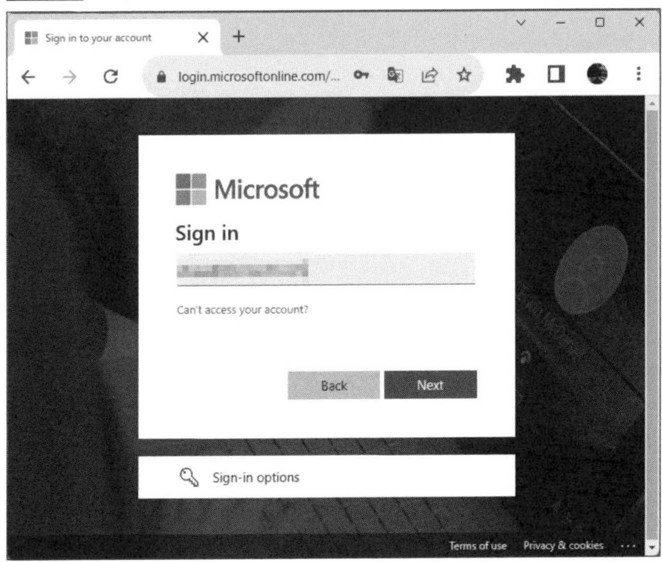

図11.36 Azure ADのユーザー同意画面

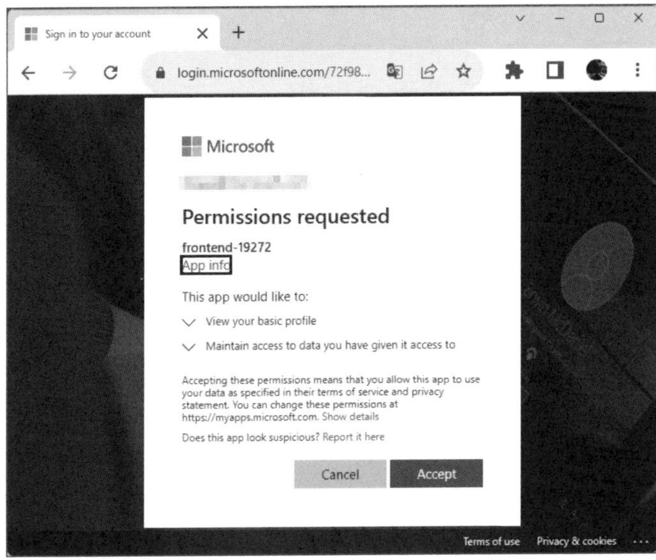

サインインとサインアウトのリンクは、/.auth/login/aadおよび/.auth/logout/aadとなります。

```
<div class="d-flex">
  <a href="/.auth/login/aad" role="button">Login</a>
  <a href="/.auth/logout/aad" role="button">Logout</a>
</div>
```

Column マルチコンテナ環境でのAPI統合管理

今回のサンプルアプリケーションでは、frontendからbackend APIに直接アクセスしましたが、セキュリティ要件によってはデータベースにアクセスするAPIを外部ネットワークに公開したくないケースやトラフィックの流量制限をしたいケースなどがあります。その場合、APIゲートウェイを置き、着信するすべてのリクエストをインターセプトして、APIを管理します。APIゲートウェイの一般的な機能には、API認証/ルーティング/流量制限/課金/監視/ポリシー/アラート/セキュリティなどがあります。

Azureの場合「API Management」注19がAPIの統合管理を行うためのサービスが利用できます。API ManagementはAPIのゲートウェイとして機能するだけでなく、開発者がAPIを利用するためのポータル機能もあります。

11.5 アプリケーション正常性の監視

クラウドネイティブなアプリケーションでは、複数のサービスがネットワークでつながり連携して1つのシステムを作ります。そのため呼び出し先サービスの障害やメンテナンス、ネットワーク遅延などでタイミングによっては応答を返せないケースもあります。さらに「コンテナのプロセスは稼働しているが、サービスとしては正しく動いていない」という場合や、アプリケーションが起動処理中でまだ外部リクエストを受け付けられない状態などもあります。そこで、インフラレイヤーの監視だけでなくアプリケーションの正常性を監視(ヘルスチェックとも呼びます)しておくことが重要です。

11.5.1 » Spring Boot Actuatorによるヘルスチェック

Spring Bootアプリケーションの場合、Spring Boot Actuator注20を使うと実行中のSpring Bootアプリケーションのヘルスチェック情報を取得できます。有効にするには、pom.xmlのdependencyに以下を追加します。

注19 https://learn.microsoft.com/ja-jp/azure/api-management/
注20 https://spring.pleiades.io/spring-boot/docs/current/reference/html/actuator.html

pom.xml
```
<dependency>
    <groupId>org.springframework.boot</groupId>
    <artifactId>spring-boot-starter-actuator</artifactId>
</dependency>
```

アプリケーションがデプロイされると、ActuatorはApplicationAvailabilityインタフェースからアプリケーションが動いているかどうか(Liveness)と、リクエスト受け付け可能な状態かどうか(Readiness)をチェックし、`/actuator/health/liveness`および`/actuator/health/readiness`エンドポイントで情報を返します。

Container Appsはヘルスチェック機能があり、失敗したときの処理を制御できます。このヘルスチェックにSpring Boot Actuatorのエンドポイントを使えます。

Container Appsがサポートするプローブは次の3つです。

- **Liveness**
  レプリカの全体的な正常性を報告する
- **Readiness**
  レプリカがトラフィックを受け入れる準備ができていることを示す
- **Startup**
  レプリカの初回起動が完了したかを報告する

◆ Liveness Probe

Liveness Probeを設定するには、Azure PortalからContainer Appsを開き、「コンテナー」➡「編集」をクリックします。「正常性プローブ」タブを選び**表11.7**の値を設定します(**図11.37**)。

表11.7 Liveness Probeの設定

項目	説明	設定値
liveness probeを有効にする	プローブを有効にするかどうか	チェックを入れる
転送	TCP/HTTP/HTTTSのいずれか	HTTP
パス	ヘルスチェックのパス	/actuator/health/liveness
ポート	ヘルスチェックのポート番号	8080
初期延期期間(秒)	コンテナが開始されてから、liveness probeまたはreadiness probeが開始されるまでの経過時間(秒)。デフォルトは0秒	30
期間(秒)	プローブを実行する頻度。デフォルトは10秒	10
タイムアウト(秒)	プローブがタイムアウトするまでの時間。デフォルトは1秒	1
成功のしきい値	失敗後にプローブが正常とみなされるために、連続して成功する回数の最小値。デフォルトは1回	1
失敗のしきい値	プローブが失敗したときに、中止するまでに試行される回数。中止するとコンテナが再起動される。デフォルトは3回	3

図11.37 Liveness Probe

Liveness Probeに設定したパスに対してヘルスチェックを送信し、HTTPステータスコードが200以上400未満以外が返った場合は、エラーとみなしコンテナを再起動します。これはプロセスの死活監視に相当します。

◆ Readiness Probe/Startup Probe

同様にReadiness Probeはパス`/actuator/health/readiness`を設定してヘルスチェックを送信します。ただし、失敗したときの挙動がLiveness Probeとは異なり、Podを再起動するのではなくロードバランサからの切り離しを行います。

つまり「アプリケーションがReadyではない＝リクエストを受け入れる準備ができていない」とみなして該当のアプリケーションにはリクエストを割り当てないようにすることで、障害の発生したアプリケーションをシステムから切り離します。

Javaの場合、起動処理に時間がかかる場合があります。そのため、これらの値を適切にチューニングして本番運用に臨む必要があります。さらに細かい制御が必要であればStartup Probe[注21]を設定するとよいでしょう。

Container Appsの単一リビジョンモードでは、ゼロダウンタイム[注22]を実現するため、新しいリビジ

注21 https://spring.pleiades.io/spring-boot/docs/current/reference/html/actuator.html#actuator.endpoints.kubernetes-probes
注22 https://learn.microsoft.com/ja-jp/azure/container-apps/application-lifecycle-management#zero-downtime-deployment

ョンを作成するとき、新しいリビジョンの準備が整うまで既存のアクティブなリビジョンは非アクティブ化されません。Ingressが有効になっている場合、新しいリビジョンの準備が整うまで既存のリビジョンにトラフィックの100%をルーティングし続けます。

新しいリビジョンは、Startup ProbeとReadiness Probeを通過すると、準備ができているとみなされます。

11.6 まとめ

本章では、Container Appsでアプリケーションを運用するときに知っておきたい、アプリケーションのデプロイ戦略や負荷に応じたオートスケール機能、ネットワークの閉域化、秘匿情報の管理、正常性監視などを解説しました。Container Appsは開発者がアプリケーションの機能開発に集中できるよう、コンテナアプリケーションを動かすために必要な機能がコンパクトに提供されているサービスです。これをうまく使いこなすことで、より早くより少ない労力でコンテナアプリケーションを開発できることがわかりました。

11.7 第3部のまとめ

第3部では、第2部で作成したToDoリストのサンプルを、マルチコンテナで構成されたサンプルにリアーキテクトしました。そしてこのサンプルをContainer Appsというマネージドサービスを活用して動かすことでアプリケーション開発と運用の流れを解説しました。フロントエンドとバックエンドの分離、REST APIによるサービス間連携、GitHub Actionsを使った継続的インテグレーション／継続的デプロイメント環境の整備、機能単位ごとの小刻みなバージョンアップ、オートスケール、ブルーグリーンデプロイやカナリアリリースなど、クラウドネイティブアプリケーションならではの技術についてを説明しました。

ただし、注意しておきたいことがあります。アプリケーションのマイクロサービス化はけっして銀の弾丸ではありません。分散システムが持つ技術的な難易度の高さや考慮すべき点も数多くあります。特に既存のアプリケーションをクラウドの恩恵を受けられるクラウドネイティブアプリケーションに移行するときには、ソースコードのみならずソフトウェアアーキテクチャを見なおすことが重要です。また技術的な側面からだけでなく、開発・運用の組織体制や文化を大きく変革していく必要もあります。これらのトレードオフを正しく理解してビジネス要件に応じて適材適所で技術を活用できる開発者を目指していきましょう！

Appendix A クラウドネイティブアプリケーションをより進化させる

A.1 Kubernetesで動かすマルチコンテナシステム

Kubernetesは、大規模な分散環境でコンテナアプリケーションを管理することを目指したオーケストレーションツールです。

Kubernetesは、Google社内で利用されているBorgというクラスタ管理システムのアーキテクチャをベースにして開発が始まりました。2014年6月にローンチされ、2015年7月にバージョン1.0となったタイミングでLinux Foundation傘下のCNCF(*Cloud Native Computing Foundation*)に移管されました。

Kubernetesは「Write Once, Run Anywhere」を標榜しており、Kubernetesで構築したアプリケーションはオンプレミスでもクラウドでも、どこでも動かせることを目指しているのが特徴です。Kubernetesは、ハードウェアインフラストラクチャを抽象化し、複数のサーバからなるクラスタを単一の膨大な計算リソースとみなします。このことで、開発者は実際のサーバを意識することなく、コンテナアプリケーションをデプロイして実行できます。また、複数のハードウェアのコンピューティングリソースを有効に活用することができます。

Kubernetesの主な機能は次のとおりです。

- **複数サーバでのコンテナ管理**
- **コンテナのデプロイ**
- **コンテナ間のネットワーク管理**
- **コンテナの負荷分散**
- **コンテナの監視**
- **コンテナのアップデート**
- **障害発生時の自動復旧**

第3部で紹介したAzure Container Apps(以降、Container Apps)は、Kubernetesをベースとしたアプリケーションの実行環境を提供するマネージドサービスで、開発者が業務ロジックを書くことに専念できるような機能を取りそろえています。しかしながら、Container AppsはKubernetes APIに直接アクセスができません。たとえばシステムの非機能要件によってはクラスタ構成をより柔軟に変更する必要があったり、Kubernetesのワーカーノードで GPUを使いたいなどの要件もあがるかもしれません。

そのような場合は、Kubernetesのマネージドサービスを利用するのが良いでしょう。Azureの場合は「Azure Kubernetes Service」注1（以降、AKS）が利用できます。開発したアプリケーションをContainer AppsからAKSに移行するのはそれほど難しくはありませんが、Kubernetes上で動かすにはマニフェストファイルと呼ばれる定義ファイルを作成する必要があります。AKSにはこのマニフェストファイルを自動で生成する機能注2が提供されています。これはDraftというオープンソースを活用して実装されています。

この機能を使うには、AKSのプレビュー機能を有効にする必要があります。次のコマンドを実行してください。

```
$ az extension add --name aks-preview
$ az extension update --name aks-preview
```

実際に第3部で使用したschedule APIのマニフェストファイルを作ってみましょう。サンプルのフォルダに移動します。

```
$ cd apps/part3/schedule/
```

次に`az aks draft create`コマンドを実行します。フォルダの中の開発言語を自動で認識して`Dockerfile`を生成します。対話式でアプリケーション名やポート番号が聞かれるので入力します。

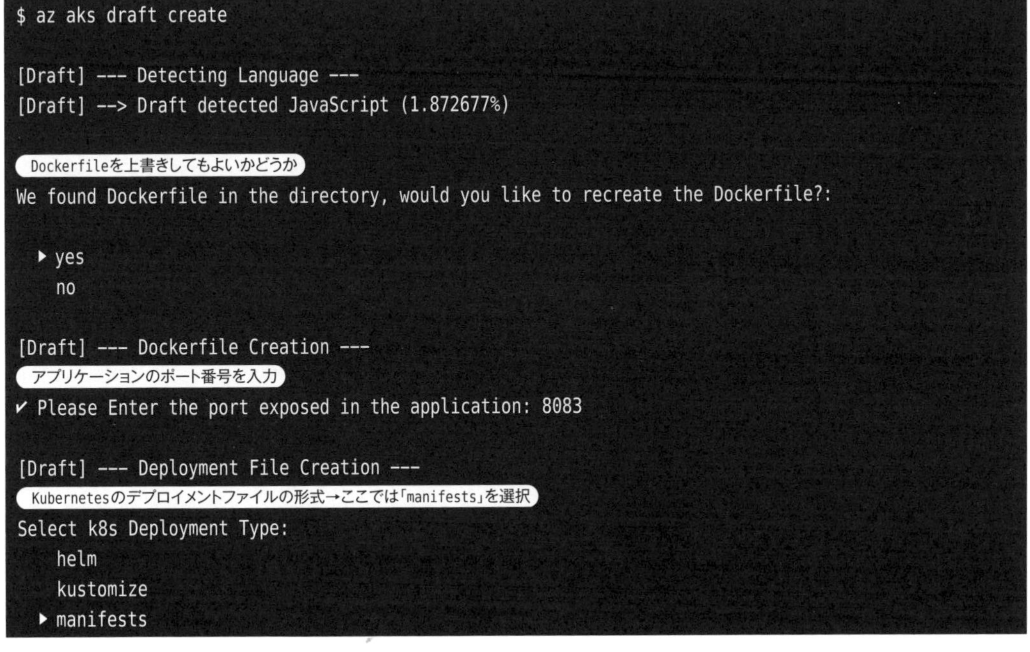
Dockerfileを上書きしてもよいかどうか
アプリケーションのポート番号を入力
Kubernetesのデプロイメントファイルの形式→ここでは「manifests」を選択

```
$ az aks draft create

[Draft] --- Detecting Language ---
[Draft] --> Draft detected JavaScript (1.872677%)

We found Dockerfile in the directory, would you like to recreate the Dockerfile?:

  ▸ yes
    no

[Draft] --- Dockerfile Creation ---
✔ Please Enter the port exposed in the application: 8083

[Draft] --- Deployment File Creation ---
Select k8s Deployment Type:
    helm
    kustomize
  ▸ manifests
```

注1 https://azure.microsoft.com/ja-jp/services/kubernetes-service/

注2 https://learn.microsoft.com/ja-jp/azure/aks/draft

```
アプリケーションのポート番号を入力
✔ Please Enter the port exposed in the application: 8083

アプリケーション名を入力
✔ Please Enter the name of the application: schedule

[Draft] --> Creating manifests Kubernetes resources...

[Draft] Draft has successfully created deployment resources for your project
[Draft] Use 'draft setup-gh' to set up Github OIDC.
```

これにより、サンプルのmanifestフォルダの中にdeployment.yamlとservice.yamlが生成されます。このマニフェストファイルを使ってアプリケーションをデプロイ、サービス公開ができます。

ただし、これはKubernetesクラスタ上でschedule APIを動かすために必要となる最低限のマニフェストファイルであり、ためしに生成されたDockerfileとマニフェストファイルを第1部で使用したTrivyを使ってスキャンすると、いくつかの脆弱性が指摘されます。

実際に本番環境で運用するには、生成されたDockerfileとマニフェストファイルをベースにしてセキュリティ要件に応じた修正を行ってください。Kubernetesで検討すべきセキュリティ対策は多岐にわたります。AKSで運用するときは「ゼロからはじめる実践Kubernetesセキュリティ」[注3]（マイナビニュース - TECH+ - 企業IT）が参考になります。

なお、マニフェストファイルの作成は執筆時点ではプレビュー機能です。詳細については公式ドキュメント[注4]を参照してください。

```
deployment.yaml
apiVersion: apps/v1
kind: Deployment
metadata:
  name: schedule
  labels:
    app: schedule
spec:
  replicas: 1
  selector:
    matchLabels:
      app: schedule
  template:
    metadata:
      labels:
        app: schedule
```

注3 https://news.mynavi.jp/techplus/article/k8ssecurity-1/
注4 https://learn.microsoft.com/ja-jp/azure/aks/draft

```
    spec:
      containers:
        - name: schedule
          image: schedule
          ports:
            - containerPort: 8083
```

service.yaml

```
apiVersion: v1
kind: Service
metadata:
  name: schedule
spec:
  type: LoadBalancer
  selector:
    app: schedule
  ports:
    - protocol: TCP
      port: 80
      targetPort: 8083
```

一般的に、Kubernetesを導入するにはハードウェアやネットワークの知識が必要です。また大規模なKubernetesクラスタを管理できるエンジニアも必要です。クラスタの管理には、インフラ全般の知識や運用経験だけでなく、高度なソフトウェア開発の知識も必要です。場合によってはKubernetes自体の開発に参加することも必要でしょう。このようなエンジニアを複数人常に安定して雇用しておける規模の会社でないと、安定して運用するのは現実的には難しいでしょう。Container AppsからAKSに移行するときは、技術的な観点からだけでなくプロジェクトの体制や運用方式などを熟考することが大事です。

A.2 分散アプリケーションランタイムDaprを使ったアプリケーション開発

クラウドネイティブなアプリケーションは、クラウドベンダーが提供するサービスやユーザーが個別で開発するシステムサービスを組み合わせて開発することで、クラウドの持ち味であるアジリティやスケーラビリティを活かせますが、次のような分散システムが本質的に持つ技術的課題を考慮する必要があります。

- **サービス間の呼び出し**
- **サービス間での状態共有**

- システム監視
- シークレットの管理
- 障害部分のみ切り離してのサービス継続

また分散システムでは一過性の障害をなくすことはできません。そのため「障害が起こってもすばやく回復させる」「一部の障害を系全体に伝播させない」というようなアプローチが重要で、具体的にはMicrosoftの公式ドキュメントの「Azureで回復性があるアプリケーションを実現するためのエラー処理」注5にまとまっています。

Microsoftは、クラウドネイティブなシステムにおいて分散処理を実装するランタイムである「Dapr(*Distributed Application Runtime*)」注6をオープンソースとして開発し、CNCFに寄贈しました。このDaprは上記の課題をアプリケーションランタイムで解決しようというアプローチをとっています。

Daprはライブラリのようにアプリケーションに組み込むのではなく、Dapr自身はコンテナあるいはプロセスとして動作し、サービスからはHTTP/gRPC経由で呼び出して利用できます。つまり、ビルディングブロックとして機能するのが特徴です(**図A.1**、**表A.1**)。

図A.1 Dapr概要
(出典:「Overview - Dapr Docs」https://docs.dapr.io/concepts/overview/)

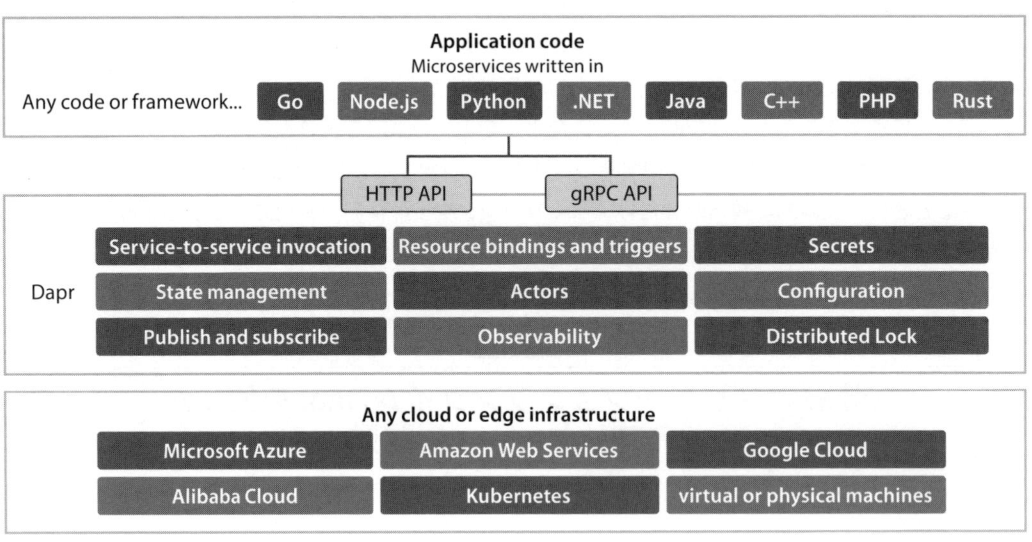

注5 https://learn.microsoft.com/ja-jp/azure/architecture/framework/resiliency/app-design-error-handling
注6 https://dapr.io/

表A.1　Daprの機能

機能	説明	参考URL
Service Invocation	リトライ、分散トレースなどのマイクロサービスに不可欠な機能をサポートするサービス間通信機能	https://docs.dapr.io/developing-applications/building-blocks/service-invocation/
State management	key-value形式の状態管理。状態を保管するコンポーネントとしてRedis、CosmosDB、MySQLなどがある	https://docs.dapr.io/developing-applications/building-blocks/state-management/
Publish & subscribe messaging	Publish/Subscribe形式のメッセージング機能	https://docs.dapr.io/developing-applications/building-blocks/pubsub/
Bindings	データベースやキュー、ファイルシステムなどにイベントを送受信する機能	https://docs.dapr.io/developing-applications/building-blocks/bindings/
Actors	アクターズパターンに関連する機能	https://docs.dapr.io/developing-applications/building-blocks/actors/
Observability	各種メトリックス、ログ、トレース機能	https://docs.dapr.io/developing-applications/building-blocks/observability/
Secrets management	秘匿情報の管理機能。AWS Secrets Manager、GCP Secrets Manager、Azure Key Vaultなどと連携可能	https://docs.dapr.io/developing-applications/building-blocks/secrets/
Configuration	アプリケーションの構成管理	https://docs.dapr.io/developing-applications/building-blocks/configuration/

具体的に第3部のサンプルの例で見てみましょう。

A.2.1 » Daprを使わない場合

frontendからbackendを直接呼び出し、データをAzure Database for MySQLに保存し、同じくbackend APIからschedule APIをコールしてスケジュールデータを取得し、画面にデータを返すアーキテクチャです(図A.2)。この場合はサービス間の呼び出しはRESTで行い、リトライ処理をアプリケーション内部で実装しました。

図A.2　サンプルのアーキテクチャ

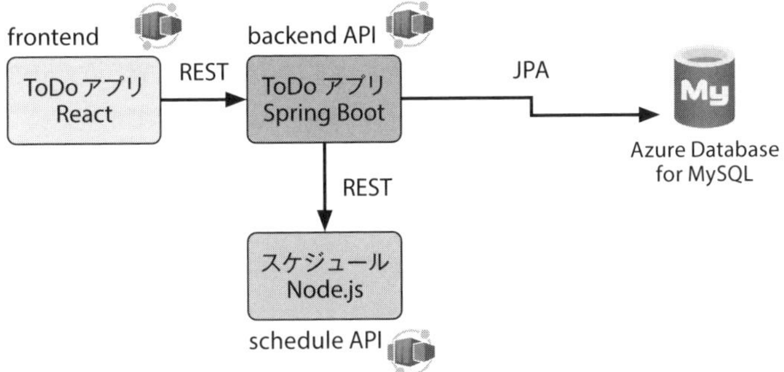

A　クラウドネイティブアプリケーションをより進化させる

データベースへの接続も言語に依存した実装になっていたため、将来的に別のデータストアを利用したい場合はコードを改修する必要があります。

A.2.2 » Daprを使った場合

上記のサンプルでは、分散システムで動かすことを考慮した実装が求められます。これをアプリケーションランタイムで実現できるのがDaprです。

Daprはコンテナアプリケーションの横でサイドカーとして動きます。コンテナアプリケーションから永続データをデータストアに書き込む場合や外部サービスを呼び出す場合は必ずDaprを経由します。その際、各アプリケーションからDaprサイドカーへはHTTP/gRPCのいずれかでlocalhostに対して通信します。そしてDaprサイドカー間で通信してデータを保存したり他のサービスを呼び出したりします(**図A.3**)。

図A.3 Daprを使った場合のアーキテクチャ

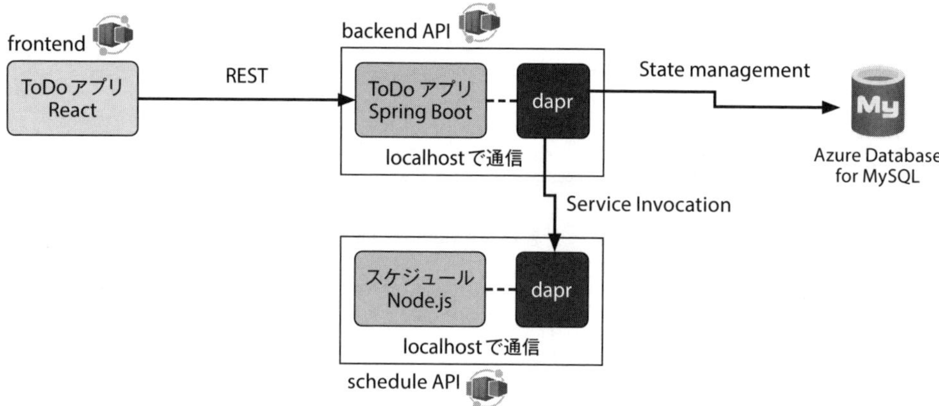

Daprにはリトライ処理やサーキットブレーカーなどの処理があらかじめ用意されています。そのためアプリケーション側で個別に実装するのではなく、Daprで吸収できます。また、今回のサンプルでは取り上げませんでしたが、Pub/Sub型のメッセージング機能などでも使えます。

Daprはパブリッククラウド、オンプレミス環境、ローカルの開発環境のいずれでも動作します。データの保存先のデータストアもAzure固有のサービスだけではありません。そのため将来的にAzure以外の環境に移行した場合も、少ない工数でアプリケーションの移植ができる可能性があります。

Container AppsではDaprの一部の機能を利用できます。興味のある方はドキュメントの「Azure Container AppsとのDapr統合」[注7]を参照してください。

注7 https://learn.microsoft.com/ja-jp/azure/container-apps/dapr-overview

索　引

C

D

E

F

G

H

執筆者プロフィール

真壁 徹（まかべ とおる）

日本マイクロソフト株式会社 シニアクラウドソリューションアーキテクト。企業におけるクラウドの可能性を信じ、ユーザーと議論、実装、改善を行う日々。アプリもインフラも好物。趣味はナイスビール。主な著書は『しくみがわかるKubernetes』（翔泳社刊）、『Microsoft Azure実践ガイド』（インプレス刊）など。

URL: https://torumakabe.github.io/
GitHub: torumakabe
Twitter: @tmak_tw

東方 雄亮（とうぼう ゆうすけ）

日本マイクロソフト株式会社でPaaS製品であるApp Serviceなどのサポートエンジニアに従事。LinuxやJavaでのアプリケーションの開発や運用、特にトラブルシューティングを得意とする。

URL: https://www.linkedin.com/in/yusuketobo
GitHub: YusukeTobo

米倉 千冬（よねくら ちふゆ）

東京エレクトロン株式会社の情シス部門でAzureの活用推進、DXの技術的支援などに従事。以前は日本マイクロソフトにてAzureを含むWebアプリ関連製品の技術サポートを担当。

谷津 秀典（やつ ひでのり）

日本マイクロソフト株式会社にてサポートエンジニアとしてPaaS製品であるAzure App Serviceを中心に担当。現職への入社前はSIer企業にてバックエンド開発とプロジェクトリーダーを経験後、フリーランスWeb系エンジニアを経て、AI系ベンチャー企業でのクラウド開発におけるリードエンジニアを担当。多様なバックグラウンドをベースとしてユーザーの技術的な問題解決の支援に従事。

阿佐 志保（あさ しほ）

日本マイクロソフト株式会社 自動車／運輸のお客様担当のクラウドソリューションアーキテクト。担当技術領域はAzureのアプリケーション開発／実行環境。趣味は野毛散策。主な著書は『しくみがわかるKubernetes』（翔泳社刊）、『プログラマーのためのVisual Studio Codeの教科書』（マイナビ出版刊）など。

URL: https://asashiho.github.io/
GitHub: asashiho

装丁……………………………西岡 裕二
本文デザイン、レイアウト、本文図版…石田 昌治（株式会社マップス）
編集アシスタント ………………北川 香織（WEB+DB PRESS編集部）
編集……………………………菊池 猛（WEB+DB PRESS編集部）

WEB+DB PRESS plusシリーズ

Azureコンテナアプリケーション開発

開発に注力するための実践手法

2023年2月22日　初版　第1刷発行

著者……………………………真壁 徹
東方 雄亮
米倉 千冬
谷津 秀典
阿佐 志保

発行者 ……………………片岡 巌
発行所 ……………………株式会社技術評論社
東京都新宿区市谷左内町21-13
電話　03-3513-6150　販売促進部
03-3513-6175　雑誌編集部
印刷／製本 ………………昭和情報プロセス株式会社

ISBN978-4-297-13269-9 C3055
Printed in Japan

●お問い合わせ

本書の内容に関するご質問につきましては、下記の宛先まで書面にてお送りいただくか、小社ホームページの該当書籍コーナーからお願いいたします。お電話によるご質問、および本書に記載されている内容以外のご質問には、一切お答えできません。あらかじめご了承ください。
また、ご質問の際には「書籍名」と「該当ページ番号」、「お客様のパソコンなどの動作環境」、「お名前とご連絡先」を明記してください。

【宛先】
〒162-0846
東京都新宿区市谷左内町21-13
株式会社技術評論社　雑誌編集部
『Azureコンテナアプリケーション開発』質問係
URL https://gihyo.jp/book/2023/978-4-297-13269-9

お送りいただきましたご質問には、できる限り迅速にお答えするよう努力しておりますが、ご質問の内容によってはお答えするまでに、お時間をいただくこともございます。回答の期日をご指定いただいても、ご希望にお応えできかねる場合もありますので、あらかじめご了承ください。
なお、ご質問の際に記載いただいた個人情報は質問の返答以外の目的には使用いたしません。また、質問の返答後は速やかに破棄いたします。